高等职业教育本科新形

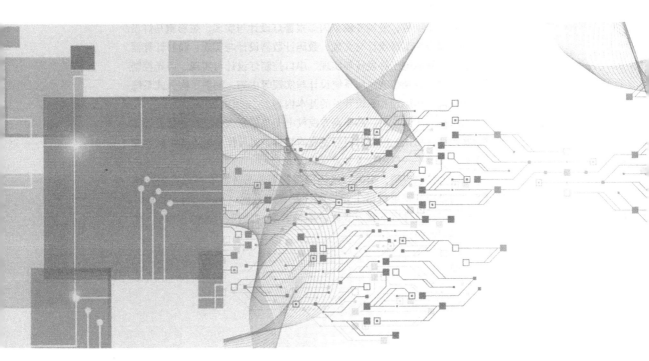

嵌入式应用开发
项目教程

主 编 ◎ 夏伏洋　姚紫阳

参 编 ◎ 李　进　焦静静　曾　正

机械工业出版社
CHINA MACHINE PRESS

本书以 Arm 架构 Cortex-M3 内核的 STM32F103C8T6 微控制器为核心,以项目化和任务分解的方式组织教学,从基础到专业、从简单到复杂,将嵌入式系统开发技术所用到的知识点和技能点有机融合到项目中,达到"学有所思,学以致用"的目的。

本书共 9 个项目,分别介绍了闪烁报警灯设计与实现、炫彩跑马灯设计与实现、风扇控制器设计与实现、数码计数器设计与实现、简易计算器设计与实现、智能电子钟设计与实现、串口控制灯设计与实现、声光控制灯设计与实现,以及智能家居系统设计与实现等内容,涵盖了嵌入式系统的基本知识、工作原理和系统开发的基本内容。

本书可作为职业本科、高职高专院校电子与信息大类、自动化类计算机、物联网、自动化、控制工程等专业的教材,也可作为嵌入式系统开发自学者和工程技术人员的参考书。

本书配有微课视频,扫描二维码即可观看。另外,本书配有电子课件,需要的教师可登录机械工业出版社教育服务网(www.cmpedu.com)免费注册,审核通过后下载,或联系编辑索取(微信:13261377872,电话:010-88379739)。

图书在版编目(CIP)数据

嵌入式应用开发项目教程 / 夏伏洋,姚紫阳主编.
北京:机械工业出版社,2025.5. --(高等职业教育本科新形态系列教材). -- ISBN 978-7-111-78030-4

Ⅰ.TP368.1

中国国家版本馆 CIP 数据核字第 2025A4T148 号

机械工业出版社(北京市百万庄大街 22 号 邮政编码 100037)
策划编辑:和庆娣   责任编辑:和庆娣 马 超
责任校对:杨 霞 王小童 景 飞 责任印制:张 博
固安县铭成印刷有限公司印刷
2025 年 6 月第 1 版第 1 次印刷
184mm×260mm · 16.25 印张 · 413 千字
标准书号:ISBN 978-7-111-78030-4
定价:65.00 元

电话服务   网络服务
客服电话:010-88361066   机 工 官 网:www.cmpbook.com
        010-88379833   机 工 官 博:weibo.com/cmp1952
        010-68326294   金 书 网:www.golden-book.com
封底无防伪标均为盗版   机工教育服务网:www.cmpedu.com

前言

随着科技的蓬勃发展和技术的日新月异，嵌入式系统已广泛应用于社会的各个角落，人们在日常生活中用到的手机以及接触到的家用电器，如电饭锅、电磁炉、冰箱、洗衣机、空调等，都是嵌入式系统设备。在工业领域中，数控机床、自动化生产线、机器人等，也都是嵌入式系统设备。智能交通、智慧医疗、智慧农业、智慧城市以及无人驾驶等诸多领域，都广泛部署了嵌入式系统设备。因此，可以毫不夸张地说，嵌入式设备是当今社会现代化和智能化的基石。学好嵌入式应用开发技术对社会的发展和进步至关重要。

本书以实际的嵌入式应用项目为主线，系统全面地介绍了STM32嵌入式应用开发所涉及的知识，按照从易到难、从基础到复杂，以完成项目所需的知识和技能来组织教材内容。每个项目根据其复杂程度分解为2~3个具体任务，将嵌入式系统开发相关知识点、职业岗位基本技能与任务实施有机融合在一起，把知识、技能的学习融入项目完成的过程中。

0. 课程简介

本书知识结构紧密而有序，项目内容由浅入深，辅以线上视频教学资源及丰富的案例项目，极大地提升了本书的实用性和价值。教师可以方便地在课后案例项目的基础上进行拓展教学，巩固所学知识点，培养学生解决问题的实际能力。

本书既提供了Proteus仿真软件的任务案例，又强化了嵌入式系统开发中硬件设计方面教学，配有完整的硬件开发板，所有的项目都能下载到开发板进行程序的运行和调试。

本书配套的硬件开发板可以选择让学生自己动手将所有元器件焊接好，也可以选择现成的硬件开发板套件或使用仿真软件。自己动手焊接的好处是，使学生对硬件有更深刻的认识，也锻炼了作为嵌入式工程师应具有的基本焊接技能，培养学生的学习兴趣。每个项目的思考与练习提供了知识点相关的上机操作题目，以达到巩固所学知识的效果。教师可以根据学生的接受度和课程实际情况灵活地把握授课内容和节奏，并合理安排时间对思考与练习进行讲解和答疑。项目教学参考学时分配表如下所示。

参考学时分配表

项目号	项目名称	项目简述	理实课时	课后练习
项目1	闪烁报警灯设计与实现	新建项目工程完成程序的编译下载调试	2~4	0~4
项目2	炫彩跑马灯设计与实现	使用STM32的I/O口编程控制LED灯工作	6~8	0~4
项目3	风扇控制器设计与实现	学会识别按键并控制继电器、蜂鸣器工作	6~8	0~4
项目4	数码计数器设计与实现	学会数码管硬件设计和动态显示的方法	6~8	0~4
项目5	简易计算器设计与实现	使用矩阵键盘和数码管实现计算器运算功能	8~10	0~4
项目6	智能电子钟设计与实现	使用STM32定时器在OLED屏幕上显示电子钟	8~10	0~4

（续）

项目号	项目名称	项目简述	理实课时	课后练习
项目7	串口控制灯设计与实现	使用STM32串口实现数据收发、控制设备工作	8~10	0~4
项目8	声光控制灯设计与实现	通过声音和光照传感器实现声光控制灯的功能	8~10	2~6
项目9	智能家居系统设计与实现	手机App显示传感器数据、控制开发板的设备	8~12	2~8

　　本书是"嵌入式应用开发"课程的配套教材，读者可以通过智慧职教MOOC加入在线课程的学习。

　　本书电路图中的符号保留了绘图软件自带的符号，有些可能与国家标准符号不一致，读者可查阅相关资料。

　　本书由夏伏洋、姚紫阳担任主编，李进、焦静静、曾正担任参编。本书的编写得到了无锡英臻科技股份有限公司的大力支持，在此表示感谢。

　　由于编者水平有限，加之时间仓促，书中难免有疏漏和不足之处，敬请广大读者批评指正。

编　者

二维码资源清单

名　称	二维码	页　码	名　称	二维码	页　码
0. 课程简介		Ⅲ	3.1 按键		53
1.1 嵌入式系统		1	3.1.4 按键硬件设计		55
1.2 STM32 微控制器		4	3.2 端口输入库函数		55
1.3 STM32 固件库		8	3.3 任务1　按键控制 LED 灯系统设计		57
1.3 任务1　新建 STM32 工程模板		8	3.4 继电器和蜂鸣器		62
1.4 STM32 开发板		15	3.4.2 继电器电路设计		63
1.5.1 Proteus 仿真软件简介		18	3.5 任务2　风扇控制器系统设计		64
1.5.3 系统设计与实现		22	4.1 数码管基本概念		72
2.1.3 炫彩跑马灯硬件设计		27	4.2 数码管工作原埋		74
2.2 GPIO 端口		28	4.3 数码管硬件设计		76
2.3 任务1　点亮 LED 灯系统设计		38	4.4 任务1　数码管静态显示系统设计		79
2.4 I/O 端口位操作		41	4.5 任务2　数码计数器系统设计		86
2.5 任务2　炫彩跑马灯系统设计		46	5.1 矩阵键盘		91

（续）

名　称	二维码	页　码	名　称	二维码	页　码
5.2 矩阵键盘工作原理		92	7.3 任务 1　串口发送 LED 状态		163
5.3 任务 1　矩阵键盘键值显示		94	7.4 任务 2　串口控制 LED 灯系统设计		168
5.4.1 认识 STM32 中断		103	8.1 传感器		178
5.4.3　STM32 中断优先级		108	8.2 声音传感器硬件设计		181
5.5 任务 2　中断法键值显示		110	8.3 任务 1　声控灯系统设计		183
5.6 任务 3　简易计算器系统设计		113	8.4 光照传感器硬件设计		187
6.1 STM32 系统时钟		121	8.5 A/D 转换技术		190
6.2 SysTick 定时器		124	8.6.1 STM32 ADC 简介		194
6.3 任务 1　LED 精确时间闪烁		126	8.6.2 ADC 相关寄存器		198
6.4 任务 2　OLED 显示屏信息显示		129	8.7 任务 2　声光控制灯系统设计		206
6.5 STM32 定时器		136	9.1 温湿度传感器 DHT11		212
6.5.3 STM32 定时器相关库函数		142	9.2 任务 1　智能风扇系统设计		216
6.6 任务 3　智能电子钟系统设计		144	9.3 WiFi 模块		222
7.1 串行通信		151	9.4 任务 2　WiFi 控制设备		228
7.2 STM32 串口		155	9.5 任务 3　智能家居控制系统设计		237

目录

项目 1
闪烁报警灯设计与实现

学习目标

学会使用 Keil5 软件进行程序开发和调试，下载程序到 STM32 核心板以完成对板载 LED 灯的闪烁报警控制功能，并通过 Proteus 软件对程序进行仿真。

【知识目标】

1. 了解嵌入式系统的定义、特点和应用；
2. 理解 STM32 微控制器的分类和命名规则；
3. 了解 STM32F103C8T6 芯片的特征；
4. 掌握利用固件库新建 STM32 工程模板的方法；
5. 掌握 STM32 核心板电路各模块的工作原理；
6. 掌握 Keil5、Proteus、Altium Designer 软件的安装方法；
7. 掌握闪烁报警灯程序的开发、调试、仿真和下载方法。

【能力目标】

1. 具有安装、使用 Keil5、Proteus 等工具的能力；
2. 具有 STM32 芯片识别的能力；
3. 具有新建 STM32 工程并下载调试的能力。

【素养目标】

- 增强学生的国家使命感和民族自豪感。
- 培养学生认真负责的工作态度和安全意识。

1.1 嵌入式系统

1.1 嵌入式系统

1.1.1 嵌入式系统定义

在现代社会中，嵌入式设备可以说是无处不在，手机、智能手表、充电宝中都内置了嵌入式系统。当人们与汽车、电梯、电视、机顶盒、游戏机等设备交互时，往往也会忽视了其中嵌入式系统的作用。嵌入式系统隐藏在设备内部，用来实现设备功能，对外是"隐形"的，正是此特性将嵌入式计算机与通用计算机区分开。

嵌入式系统是当前计算机领域热门的技术之一，也是物联网、人工智能和大数据等技术实现的基础。随着移动互联网、物联网的迅猛发展，嵌入技术日渐普及，嵌入式应用不断丰富，嵌入式产品不断融入人们的日常生活中，从随身携带的手机、智能手表到家庭中的高清电视、智能冰箱、机顶盒、电饭锅、遥控器，再到工业生产、汽车中的电子设备，嵌入式系统技术无处不在。在网络通信、工业控制、智能家居、智慧医疗、智能交通、航空航天、军工武器等领域，嵌入式系统发挥着越来越重要的作用。

IEEE（电气电子工程师学会）对嵌入式系统的定义为："用于控制、监视或者辅助设备、机器和车间运行的装置"。国内普遍认同的嵌入式系统定义为：**嵌入式系统是以应用为中心，以计算机技术为基础，软硬件可裁剪，适用于对功能、可靠性、成本、体积、功耗有严格要求的专用计算机系统。**

在上述关于嵌入式系统定义的说明中，有下列要点。

1）以应用为中心：强调嵌入式系统的目标是满足用户的特定需求，而不像计算机是定位在通用信息处理。就绝大多数嵌入式系统而言，用户打开电源或仅需少量配置操作即可直接使用其功能，无须二次开发。

2）以计算机技术为基础：嵌入式系统的核心部件处理器可以看成一个微型化的计算机，嵌入式系统处理器内部集成了 CPU、内存、Flash 以及一系列的硬件接口。它们围绕计算机基本原理，集成特定的专用设备，就形成了一个嵌入式系统。

3）软硬件可裁剪：嵌入式系统的应用场景很多，它们带来了差异性极大的设计指标要求（如功能、性能、可靠性、成本、功耗）。实际上，很难有一套通用方案能够满足所有系统的要求，因此，根据需求灵活裁剪软硬件，以组建符合要求的特定系统，已成为嵌入式技术发展的必然趋势。

4）专用性：嵌入式系统的应用场合大多对可靠性、实时性有较高要求，这就决定了服务于特定应用的专用系统是嵌入式系统的主流模式，它并不强调系统的通用性和可扩展性，这与普通计算机设备有着本质区别。这种专用性通常也意味着嵌入式系统是一个软硬件紧密集成的系统，能更有效地提高系统的可靠性，降低成本，并提供更优质的用户体验。

1.1.2 嵌入式系统特点

早期的嵌入式系统以 8 位的 51 系列单片机为典型代表，现在的嵌入式系统则以 32 位低功耗 Arm 内核处理器为典型代表。相较于早期的 8 位单片机系统，现在的嵌入式系统在复杂性和功能上都有很大的提升，形成了以 Arm 微控制器为核心的主流嵌入式系统技术。嵌入式系统与通用计算机系统因使用场合不同，而使其独具如下特点。

（1）系统集成度高

嵌入式系统是将先进的计算机技术、半导体技术、电子技术、传感器技术、通信技术以及控制技术与各行业的具体应用相结合的产物，这一特点决定了它必然是一个技术密集、资金密集、不断创新的技术集成系统。

（2）系统专用性强

嵌入式系统是针对具体应用的专用系统，个性化强，软件和硬件结合紧密。软硬件的相互依赖性很强，两者必须协同设计，以共同实现预定功能，并满足性能、成本和可靠性等方面的严格要求。一般，要针对特定硬件进行软件的开发和移植，并根据硬件的变化和增减对软件进行修改。

（3）系统可靠性高

嵌入式设备产品广泛应用于工业企业生产线控制中，一旦发生故障，可能导致生产过程混乱，引发生产线停工、产品报废、设备损坏等严重后果。当嵌入式设备产品应用于航空航天、军工武器等领域时，故障的发生，可能会造成无可挽回的重大损失。因此可以说，可靠性是嵌入式系统的生命线。

（4）系统成本低

成本是嵌入式产品竞争的关键因素，尤其是在消费类电子产品领域。成本决定了嵌入式产品的市场存活能力，因此，有效地控制成本是嵌入式研发人员必须牢记的一条原则。例如，代码的长度和执行效率会直接影响内存使用量，在保证性能不受影响的前提下，尽量减少代码存储空间和执行空间，是降低成本的重要手段。在满足设备功能和可靠性的情况下，选择嵌入式处理器时应秉承"够用"的原则，避免出现处理器功能过剩的情况。

（5）特定的开发环境

通用计算机具有完善的人机交互界面，在上面增加一些应用程序和开发环境，即可实现对自身的开发。嵌入式系统自身资源有限，开发时大多将开发平台建立在硬件资源丰富的计算机或工作站上，它们统称为宿主机。应用程序的编辑、编译、链接等过程在宿主机上完成，生成能在嵌入式设备上运行的可执行程序。最后将可执行程序固化在存储芯片中，以提高运行速度和系统可靠性。

1.1.3 嵌入式系统应用

嵌入式系统的应用非常广泛，已经深入到智能家居、工业控制、智慧交通、智慧城市、智慧医疗、智慧农业等各个领域。

（1）智能家居领域

智能家居是嵌入式系统设备最常见的应用领域，如冰箱、空调、洗衣机、电饭锅、电磁炉、洗碗机、微波炉等设备内部都集成了控制系统工作的专用电路板，能够完成设备工作的特定功能。近年来，家用电器和设备的网络化、智能化程度越来越高，可以将开关、插座、空调、洗衣机、电动窗帘等设备加入到互联网中，通过语音操控设备工作，也可以通过手机对设备进行远程控制。

（2）工业控制领域

在工业控制领域中，嵌入式系统技术的应用非常广泛。一方面，它可以用于智能控制系统，通过工厂设备的自动化和实时监测实现高度智能的产品生产线。例如，在生产线上，嵌入式系统通过实时监测温度、湿度与压力等参数，实现了全过程的自动化和全面监控。另一方面，嵌入式系统还可以应用于智能物流管理系统，通过实时的传感器数据采集和分析，实现仓库货物的智能分拣、精准定位和高效运输，提升物流配送效果。

（3）智慧交通领域

在车辆导航、流量控制、信息监测与汽车服务方面，嵌入式系统技术已经获得了广泛的应用。以智能交通信号灯为例，传统的交通信号灯主要基于定时控制，无法实时根据交通流量和路况进行调整，容易导致拥堵和效率低下。采用嵌入式系统的智能交通信号灯，能够实时分析交通数据，进行智能调度，提高交通效率。此外，嵌入式系统还可以应用于车辆定位和导航系统，通过全球卫星定位系统（如 GPS 和北斗系统等）技术，提供准确的导航和交通信息，帮助驾驶员选择最佳的路线和避开拥堵路段。

（4）智慧城市领域

智能水务系统是指利用嵌入式系统技术和现代信息技术手段，实现对城市水资源的高效管理和监控，其中嵌入式系统主要应用于流量监测控制、水压监测、水质监测等方面。流量监测控制通过安装电动阀门，实现对水流的精准控制，避免水浪费和水质变化。水压监测通过压力传感器，实时监测城市水压变化，为水资源调度提供基础数据。水质监测通过水质传感器，实时监测水质数据，预测水质变化趋势，提供水质预警服务。

智能能源系统，利用嵌入式系统技术和现代信息技术手段，实现对城市能源的高效管理和利用。嵌入式系统主要应用于无线抄表、电能负载监测、分布式能源管理等方面。电能负载监测通过电能传感器，实时监测电能负载数据，为电力调度和用电安全提供支持。分布式能源管理通过分布式发电、储能和控制设备，进行联网控制和协同调度，实现对城市能源的可持续利用和管理。

（5）智慧医疗领域

智慧医疗系统，通过打造健康档案区域医疗信息平台，利用最先进的物联网技术，实现患者与医务人员、医疗机构、医疗设备之间的互动，逐步实现信息化。使用嵌入式技术的未来智慧医疗的核心是通过将传感器技术、RFID 技术、无线通信技术、数据处理技术、网络技术、视频检测识别技术等综合应用于整个医疗管理体系中，以实现智能化识别、定位、追踪、监控和管理，从而建立实时、准确、高效的医疗控制和管理系统。

（6）智慧农业领域

智慧养殖系统，通过传感器、无线采集终端等负责监测收集的设备，配合云平台和控制柜等设备，将养殖过程的气体监测、供水监测、能耗监测、禽畜生长状况等串连起来，通过云平台实现科学化、标准化、智能化的养殖管理。其主要目的是降低人工在大规模养殖中管理不当等问题。

1.2　STM32 微控制器

1.2.1　STM32 微控制器简介

STM32，从字面上来理解，ST 是意法半导体公司名称，M 是 Microelectronics 的缩写，32 表示 32 位。合起来理解，STM32 代表 Arm Cortex-M 内核的 32 位微控制器。STM32 系列微控制器具有丰富的外设配置；为低功耗应用设计的一组完整的节电模式，适用于多种应用场合，如电力电子系统、网络设备、医疗设备、家用电器、办公设备、工业控制系统等。

Arm 公司成立于 20 世纪 90 年代初，致力于处理器内核研究。Arm 即 Advanced RISC Machines 的缩写。Arm 公司本身不生产芯片，只设计内核，并转让设计许可，由合作伙伴公司来生产各具特色的芯片。

Arm 的版本分为两类：内核版本和处理器版本。内核版本也就是 Arm 架构，如 Armv1、Armv2、Armv3、Armv4、Armv5、Armv6、Armv7、Armv8 等。处理器版本也就是 Arm 处理器，如 Arm1、Arm3、Arm7、Arm9、Arm11、Arm Cortex 系列，这也是通常意义上所指的 Arm 版本。Arm 公司于 2004 年推出了 Arm Cortex-M3 内核，后续又分别推出了 A 系列、R 系列和 M 系列内核。

1. A 系列

A 系列即 Application Processors（应用处理器），是面向移动计算、智能手机、服务器等应用的高端处理器。这类处理器运行在很高的时钟频率（超过 1 GHz）上，支持 Linux、Android、Windows 和移动操作系统等完整版本的操作系统所需的内存管理单元（MMU）。如果开发的产品需要运行上述其中一个操作系统，则需要选择此系列处理器。

2. R 系列

R 系列即 Real-time Processors（实时处理器），是面向实时应用的高性能处理器系列，如硬盘控制器、汽车传动系统和无线通信的基带控制等。多数实时处理器不支持 MMU，不过通常具有 MPU、Cache 和其他针对工业应用设计的存储器功能。实时处理器运行在比较高的时钟频率（如 200 MHz~1 GHz，甚至更高）上，响应延迟非常低。虽然实时处理器不能运行完整版本的 Linux 和 Windows 操作系统，但是支持大量的实时操作系统（如 RTOS）。

3. M 系列

M 系列即 Microcontroller Processors（微控制器处理器）。微控制器处理器通常设计成面积很小和能效比很高，且其流水线很短，最高时钟频率很低（虽然市场上有此类的处理器可以运行在 200 MHz 之上），因此，Arm 微控制器处理器广泛应用在单片机和深度嵌入式系统上。Cortex-M 处理器家族更多地集中在低性能端，但是这些处理器相比传统的 8 或 16 位单片机在性能方面仍然强大很多。例如，Cortex-M4 和 Cortex-M7 处理器应用在许多高性能的微控制器产品中，最大时钟频率可以达到 400 MHz。

1.2.2　STM32 系列处理器分类

STM32 系列处理器是由意法半导体公司开发生产的 32 位处理器，专为高性能、低成本、低功耗的嵌入式应用而设计。STM32 有很多系列，从内核上分为 Cortex-M0、Cortex-M3、Cortex-M4 和 Cortex-M7，每个内核又分为主流、高性能和低功耗三种。

从单纯学习的角度出发，可以选择 F1 和 F4。F1 代表了基础型，基于 Cortex-M3 内核，主频为 72 MHz；F4 代表了高性能，基于 Cortex-M4 内核，主频为 180 MHz。

STM32 系列的 F4 相比 F1 除了内核不同和主频的提升以外，其明显特色就是带了 LCD 控制器和摄像头接口，支持 SDRAM，这个区别在项目选型上会被优先考虑。但是从初学用户来说，还是首选 F1 系列，因为其目前相关资料最多，其中市场占有率较高的就是 F1 系列的 STM32。STM32 处理器分类见表 1-1。

表 1-1　STM32 处理器分类

CPU 位数	内核	系列	描述
32	Cortex-M0	STM32F0	入门级
		STM32L0	低功耗
	Cortex-M3	STM32F1	基础型，主频为 72 MHz
		STM32F2	高性能
		STM32L1	低功耗

（续）

CPU 位数	内　核	系　列	描　　述
32	Cortex-M4	STM32F3	通用型
		STM32F4	高性能，主频为 180 MHz
		STM32L4	低功耗
	Cortex-M7	STM32F7	高性能
8	STM8 内核	STM8S	标准系列
		STM8AF	标准系列的汽车应用
		STM8AL	低功耗的汽车应用
		STM8L	低功耗

STM32F1 系列处理器是基于 Cortex-M3 内核的基础型微控制器，该类型处理器又可以分为表 1-2 中几个不同系列。

表 1-2　STM32F1 系列处理器分类

系列名	主频 /MHz	存　储　器	外　　设	应用场合
STM32F101	36	16 KB ~ 1 MB Flash、4 ~ 80 KB SRAM	1 个 12 位 ADC、10 个 16 位通用定时器、2 个 I^2C、3 个 SPI 和 5 个 US-ART	适合简单控制的应用，实现了最佳性价比，如传感控制、电能表、报警系统等
STM32F102	48	16 ~ 128 KB Flash、4 ~ 16 KB SRAM	1 个 12 位 ADC、3 个 16 位通用定时器、2 个 I^2C、2 个 SPI、1 个 USB 和 3 个 USART	面向需要 USB 的应用，如鼠标、键盘等
STM32F103	72	16 KB ~ 1 MB Flash、4 ~ 96 KB SRAM	3 个 12 位 ADC、10 个 16 位通用定时器、2 个 PWM 定时器、2 个 I^2C、2 个 I^2S、3 个 SPI、1 个 SDIO、5 个 US-ART、1 个 USB 和 1 个 CAN	适合需要更多功能和更高性能的应用，如电机驱动器、医疗和手持设备、GPS平台、工业应用、逆变器等
STM32F105/107	72	64 ~ 256 KB Flash、64 KB SRAM	2 个 12 位 ADC、4 个 16 位通用定时器、1 个 PWM 定时器、2 个 I^2C、3 个 SPI、2 个 I^2S、5 个 USART、1 个全速 USB OTG 和 2 个 CAN。只有 STM32F107×× 支持以太网	面向需要连接功能和实时性能的应用，如工业控制、安全应用控制面板、UPS 和家用音响

1.2.3　STM32 的命名规则

例如，STM32 系列产品是按照如图 1-1 所示格式来命名的，具体含义如下。

1）产品系列：STM32 是基于 Arm Cortex-M3 内核设计的 32 位微控制器。

2）产品类型：F 代表通用类型。

3）产品子系列：101 是基本型、102 是 USB 基本型（USB 2.0 全速设备）、103 是增强型、105 或 107 是互联型。

4）引脚数目：T 是 36 脚、C 是 48 脚、R 是 64 脚、V 是 100 脚、Z 是 144 脚。

5）闪存容量：4 是 16 KB、6 是 32 KB、8 是 64 KB、B 是 128 KB、C 是 256 KB、D 是 384 KB、E 是 512 KB。

6）封装：H 是 BGA、T 是 LQFP、U 是 VFQFPN、Y 是 WLCSP64。

7）温度范围：6 是工业级温度范围-40~85℃、7 是工业级温度范围-40~105℃。

图 1-1　STM32 系列产品命名规则

1.2.4　STM32F103C8T6 微控制器

1. 芯片参数

STM32F103C8T6 是一款基于 Cortex-M3 内核设计的 32 位微控制器，它属于通用类型增强型子系列，拥有 48 个引脚、闪存容量为 64 KB，采用的是 LQFP 封装，温度范围是-40~85℃。其基本参数见表 1-3。

表 1-3　STM32F103C8T6 基本参数

内核	Cortex-M3
存储	Flash：64 KB；SRAM：20 KB
GPIO	37 个 GPIO，分别为 PA0~PA15、PB0~PB15、PC13~PC15、PD0 和 PD1
ADC	3 个 12 bit ADC，其中 ADC 1 支持 16 路外部通道模拟信号测量、两路内部通道信号测量（温度传感器通道、内部参考电压通道）
Timers	4 个 16 bit 定时器/计数器，分别为 TIM1、TIM2、TIM3、TIM4
	TIM1 带"死区"插入，常用于产生 PWM 来控制电机
	两个看门狗定时器：独立看门狗（IWDG）、窗口看门狗（WWDG）
	一个 24 bit 向下计数的滴答定时器 SysTick
工作电压、温度	2~3.6 V、-40~85℃
通信串口	2 个 I²C，2 个 SPI，3 个 USART，1 个 CAN
系统时钟	内部 8 MHz 时钟 HSI 最高可倍频到 64 MHz，外部 8 MHz 时钟 HSE 最高可倍频到 72 MHz

2. 引脚说明

该芯片共有 48 个引脚，可根据芯片手册上面说明的引脚功能来使用芯片，如 VDD 引脚接 3.3 V 电源，VSS 引脚接地。引脚使用说明如下。

- 电源引脚：VBAT、VDD、VSS、VDDA、VSSA。
- 晶振引脚：主晶振 OSC32_IN、OSC32_OUT，RTC 晶振 OSC_IN、OSC_OUT。
- 复位引脚：NRST。
- SWD 下载引脚：SWDIO（PA13）、SWDCLK（PA14）。
- 启动方式引脚：BOOT0、BOOT1（PB2）。
- GPIO 引脚：PA0~15、PB0~15、PC13。

1.3 任务 1 新建 STM32 工程模板

1.3 STM32 固件库

任务要求

新建一个基于 STM32 固件库的 Keil μVision 5 的工程模板，方便以后新建项目工程时直接复制使用该工程模板。

1.3.1 新建工程模板目录结构

1.3 任务 1 新建 STM32 工程模板

1. 新建工程模板文件夹

在计算机的 "STM32 程序代码" 文件夹下新建一个名为 "11_STM32_项目模板" 的文件夹，将其作为基于 STM32 固件库的工程模板目录，如图 1-2 所示。使用时只需要复制这个文件夹，并将名称中的 "项目模板" 改成对应的功能即可。

图 1-2 新建工程模板文件夹

说明：对于文件夹名称，其中 "11" 中的前一个 1 表示项目号，后一个 1 表示任务号，"STM32" 表示使用 STM32 芯片作为核心，"项目模板" 表示该项目实现的主要功能。

2. 新建五个文件夹

在 "11_STM32_项目模板" 工程模板目录下，新建 CORE、DRV、OBJ、STM32F10x_FWLib 和 USER 五个文件夹，如图 1-2 所示。

- CORE 用来存放核心文件和启动文件；
- DRV 用来存放用户编写的设备驱动程序文件；
- OBJ 用来存放编译过程文件以及 hex 文件；
- STM32F10x_FWLib 用来存放意法半导体公司提供的库函数源码文件；
- USER 除了用来存放工程文件以外，还用来存放主函数文件等。

3.　CORE 文件夹

先把官方固件库 Libraries\CMSIS\CM3\CoreSupport 下面的 core_cm3. c 和 core_cm3. h 文件复制到 CORE 文件夹，然后把官方固件库 Libraries \ CMSIS \ CM3 \ DeviceSupport \ STSTM32F10x\startup\arm 下面的 startup_stm32f10x_md. s 文件也复制到 CORE 文件夹，如图 1-3 所示。

图 1-3　CORE 文件夹

本书采用的是 STM32F103C8T6 芯片，该芯片的 Flash 大小是 64 KB，属于中等容量产品，所以启动文件选用 startup_stm32f10x_md. s 文件。若 Flash 容量大小为 16～32 KB，则属于小容量产品，可选择 ld. s 文件；若 Flash 容量大小为 64～128 KB，则属于中等容量产品，可选择 md. s 文件；若 Flash 容量大小为 256～512 KB，则属于大容量产品，可选择 hd. s 文件；若 Flash 容量大小在 512 KB 以上，则属于超大容量产品，可选择 xl. s 文件。

4.　STM32F10x_FWLib 文件夹

把官方固件库 Libraries\STM32F10x_StdPeriph_Driver 下面的 src 和 inc 文件夹复制到 STM32F10x_FWLib 文件夹，如图 1-4 所示。

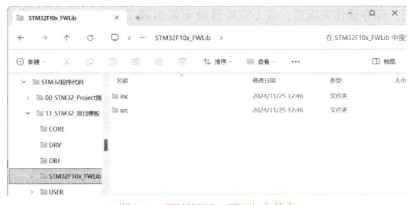

图 1-4　STM32F10x_FWLib 文件夹

其中，src 存放的是固件库的 ".c" 文件，inc 存放的是对应的 ".h" 文件（头文件）。每个外设都对应一个 ".c" 文件和一个 ".h" 文件。

5. USER 文件夹

先把官方固件库 Libraries\CMSIS\CM3NDeviceSupport\ST\STM32F10x 下面的 stm32f10x.h、system_stm32f10x.c、system_stm32f10x.h 文件复制到 USER 文件夹，然后把官方固件库 Project\STM32F10x_StdPeriph_Template 下面的 stm32f10x_conf.h、stm32f10x_it.c、stm32f10x_it.h 文件也复制到 USER 文件夹，如图 1-5 所示。

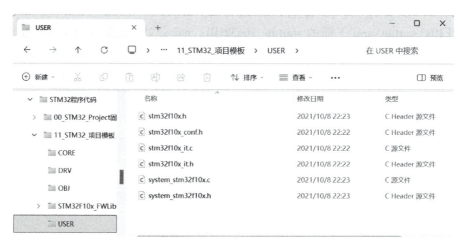

图 1-5 USER 文件夹

1.3.2 新建 Keil5 项目工程

在建立的 11_STM32_项目模板\USER 文件夹中使用 Keil5 创建项目工程文件，工程文件名为 STM32PRJ。

1. 运行 Keil μVision 5 软件

双击桌面上的 Keil μVision 5 图标，进入 Keil μVision 5 集成开发环境。

2. 新建工程项目

单击菜单 Project→New μVision Project，在弹出的路径设置对话框里，把保存工程文件目录定位到 "11_STM32_项目模板\USER"，然后将工程文件命名为 "STM32PRJ"，单击 "保存" 按钮。保存操作完成后，在 USER 目录下就出现了以 ".uvprojx" 为扩展名的工程文件。

3. 芯片选择

选择芯片的 "Select Device Target 'Target1'" 对话框中，选择本项目使用的芯片 STM32F103C8T6，依次选择 STMicroelectronics → STM32F1 Series → STM32F103 → STM32F103C8 即可。如果使用的是其他系列的芯片，选择相应的型号就可以了，如图 1-6 所示。

单击 "OK" 按钮，在弹出 "Manage Run-Time Enviroment" 页面下面单击 "Cancel" 按钮，然后就可以看到新建工程后的界面，如图 1-7 所示。在开发软件左侧的工程列表框中，会出现 Project：STM32PRJ→Target 1→Source Group 1 层次结构的目录列表。

图1-6 新建工程芯片选择

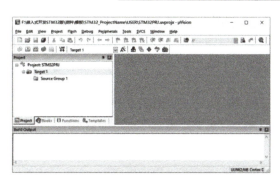

图1-7 新建工程目录结构

1.3.3 Keil5 项目文件配置

在新建 STM32 的工程后，需要将"11_STM32_项目模板"文件夹下面的固件库文件添加到工程项目中，此时需要在工程目录下新建对应的 4 个目录组，分别为 CORE、DRV、STM32F10x_FWLib 和 USER，并添加相应的文件。

1. 创建目录组

使用 Keil5 打开 STM32PRJ 工程，在 Target 1 目录上单击右键，在弹出的快捷菜单上选择"Manage Project Items"选项，或者直接单击工具栏中的🔧按钮，打开项目管理配置界面，如图1-8所示。

在 Groups 栏中双击 Source Group 1，将组名改成 CORE。然后单击"Groups"栏（中间栏）上的"新建"按钮，新建一个组 DRV，再用同样的方法分别创建 STM32F10x_FWLib 和 USER 组，如图1-9所示。

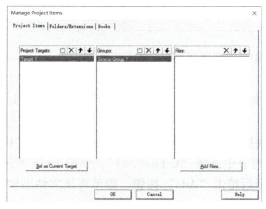

图1-8 项目管理配置界面

图1-9 在 Groups 中新建组

2. 添加组文件

选中 CORE 组，单击"Add Files"按钮，弹出添加组文件对话框，选择"11_STM32_项目模板\CORE"目录里的 core_cm3.c 和 startup_stm32f10x_md.s 文件，如图1-10所示，单击"Add"按钮，把两个文件添加到 CORE 组中，如图1-11所示。

采用同样的方法，分别为 STM32F10x_FWLib 和 USRE 组，添加 11_STM32_项目模板\STM32F10x_FWLib\src 和 USER 目录里所有的扩展名为".c"的源程序文件，结果如

图 1-12 和图 1-13 所示。

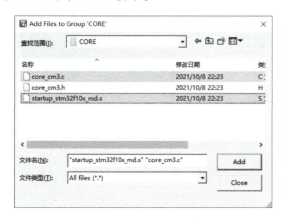

图 1-10　添加组文件对话框

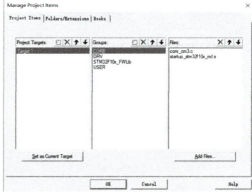

图 1-11　CORE 组文件

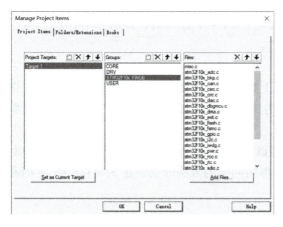

图 1-12　STM32F10x_FWLib 组文件

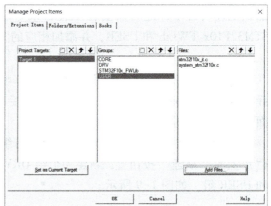

图 1-13　USER 组文件

三个项目组文件全部添加完成后，单击项目管理配置界面的"OK"按钮。

3. 添加 main. c 文件

在将所有项目组及项目组下的文件都添加到工程后，再将用户编写代码的主文件 main. c 添加到工程中。

选中 USER 组，然后单击右键，在弹出的快捷菜单上选择"Add New Item to Group 'US-ER'"，如图 1-14 所示。在弹出的界面的左侧列表中选择"C File(. c)"，如图 1-15 所示，然后在下方 Name 文本框中输入文件名 main，最后单击"Add"按钮，即可将该文件添加到工程的 USER 组中。

USER 组中文件的位置可以随意调整，通过鼠标左键选中并拖动即可。在 main. c 文件中必须包含 stm32f10x. h 头文件，然后编写 main()函数，此函数是项目工程代码的入口位置。

在单片机的主程序中，在写程序的时候，总是写一个 while(1)语句，以此让程序进入一个无限"死循环"中，其目的是让程序一直保持运行状态。这些程序最终要下载到单片机的 Flash 中，如果没有此"死"循环，程序运行完后会跳出 main()函数，可能会跳转到未定义的存储空间执行代码，就会引发一些意想不到的错误。main. c 文件程序代码架构如图 1-16 所示。

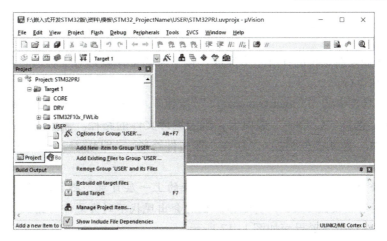

图 1-14　USER 组添加文件

图 1-15　创建一个 C 源文件

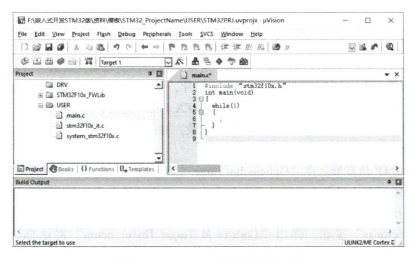

图 1-16　main.c 文件程序代码架构

1.3.4 Keil5 项目工程配置

使用 Keil5 创建新工程的任务基本完成，接下来的工作就是对工程进行配置，使得工程能够正确编译和运行。

1）单击工具栏中的"Target Options..."按钮，在弹出的"Options for Target'Target 1'"对话框中，选择"C/C++"选项卡，添加编译文件的路径。需要添加的路径有核心文件路径..\CORE、驱动文件路径..\DRV、库文件路径..\STM32F10x_FWLib\inc 和用户文件路径..\USER。

说明：路径中的"..\"表示当前工作路径的上一层目录。添加路径的工作非常重要，必须设置正确，否则使用 Keil5 工具编译工程时会出现找不到头文件的错误。

"C/C++"选项卡配置界面如图 1-17 所示。

2）单击"Include Paths"框右侧的"..."按钮，弹出"Folder Setup"对话框，然后把 CORE、DRV、STM32F10x_FWLib\inc 和 USER 子目录都添加进去，如图 1-18 所示。此操作是为了设定编译器的头文件包含路径，在以后的任务中会经常用到。

图 1-17 "C/C++"选项卡配置界面　　　　图 1-18 编译路径添加界面

3）配置全局宏定义。在"C/C++"选项卡配置界面的"Preprocessor Symbols"区域的"Define"文本框中填写"STM32F10X_MD,USE_STDPERIPH_DRIVER"，如图 1-19 所示。配置完成后，单击"OK"按钮，保存配置修改。

库函数 V3.6 版配置和选择外设，会通过宏定义进行，因此需要配置一个全局宏定义变量，否则编译会出错。因为所用芯片是中容量芯片，所以使用 STM32F10X_MD。

4）在"Output"选项卡中，选中"Create HEX File"选项，单击"Select Folder for Objects..."按钮，在弹出的对话框中选中 OBJ 目录，如图 1-20 所示，单击"OK"按钮，工程编译文件都会放到 OBJ 目录。

5）插入 DAP 仿真器。在"Options for Target'Target 1'"对话框中打开"Debug"选项卡，如图 1-21 所示。

6）在"Use"单选按钮后面的下拉列表框中选择"CMSIS-DAP Debugger"，然后单击其右侧的"Settings"按钮，弹出"Cortex-M Target Driver Setup"对话框，选择"Flash Download"选项卡，如图 1-22 所示。

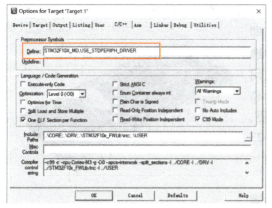

图 1-19　全局宏定义配置

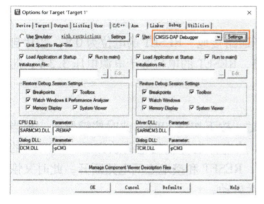

图 1-21　配置 "Debug" 选项卡

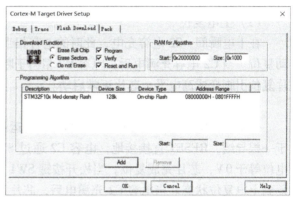

图 1-20　配置 "Output" 选项卡

图 1-22　配置 "Flash Download" 选项卡

将 "Reset and Run" 前面的复选框打上√，确保程序下载到芯片后可以直接运行。如果该项目前面没有打勾，那么程序下载到芯片后不会直接运行，需要手动按下核心板上的复位按钮，重新启动芯片后才可以运行刚才下载的程序。

7）单击工具栏上的 "Build"（编译）按钮或者 "Rebuild"（重新编译）按钮，都可以对工程进行编译。"Rebuild" 按钮会对工程中的所有文件重新进行编译并生成可执行文件，因此重编译时间较长。若只修改部分代码，则单击工具栏中的 "Build" 按钮即可。

8）工程编译无误后，会在 OBJ 文件夹下生成 STM32PRJ. hex 目标文件。单击工具栏上的 "Download" 按钮，将编译好的目标文件下载到 STM32F103C8T6 芯片上运行。

基于 STM32 标准固件库的 Keil μVision 5 工程已经完成，以上工程可作为项目开发的工程模板。开发新项目时直接复制使用该工程，省去了库文件复制、新工程创建、文件添加、工程配置等一系列烦琐的工作，为以后的项目开发工作带来了极大的便利。

1.4　STM32 开发板

1.4 STM32 开发板

1.4.1　STM32 核心板

STM32 系列芯片都是贴片封装的，引脚数量多且引脚之间的距离小，所以直接焊接的难度较大，稍有不慎就可能会导致芯片报废。对于成本控制、电路板空间要求不高的场合，可以选择基于 STM32 最小系统制作的核心板，即在单片机最小系统外围加上电源指示灯、启动选择设置电路、LED 灯和引脚接口电路等。使用 STM32 核心板模块可以大大简化项目电路设计和芯片焊接要求，使得硬件设计变得更加简单方便、简洁高效。STM32F103C8T6 核心板实物如图 1-23 所示。

图 1-23　STM32F103C8T6 核心板实物

1. 复位电路

STM32F103C8T6 主芯片的复位引脚为第 7 脚 NRST（N 表示低电平复位），RESET 端连接第 7 脚。芯片复位分为以下两种类型。

（1）上电复位

在上电瞬间，C2 电容充电，此时的电容相当于通路接地，RESET 的电位为 0 V，芯片自动复位。当 C2 电容充满电后，电容 C2 相当于断路，RESET 的电位等于电源电压 3.3 V，芯片复位引脚变成高电平，芯片正常启动。

（2）手动复位

手动复位电路如图 1-24 所示。芯片正常运行时，按下按键 SW1，此时按键导通，相当于一根导线，RESET 直接接地，电容 C2 通过 SW1 放电，电容上的电荷放完后，RESET 的电位等于 0 V，芯片完成复位。当松开按键 SW1 后，RESET 和接地之间电路断开，此时又恢复到上电复位状态。当电容 C2 充满电后，芯片正常启动。

2. SWD 程序下载接口

核心板 SWD 下载接口电路如图 1-25 所示。使用 SWD 方式下载时，速度更快、更加方便简单。需要使用单片机上的 PA13/SWDIO、PA14/SWCLK 引脚，再加上电源和接地，组成四脚的接口，占用空间小，可节省一部分电路板的空间。

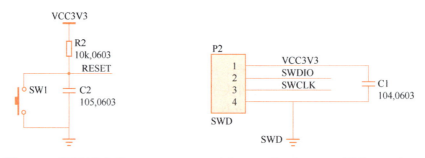

图 1-24　手动复位电路　　　　　图 1-25　核心板 SWD 下载接口电路

3. 启动模式设置电路

STM32 核心板的启动模式由单片机芯片的 BOOT0 与 BOOT1 引脚决定。电路设计时，BOOT0 和 BOOT1 引脚用跳线帽连接以实现高、低电平的选择。

启动模式分为内嵌 Flash 启动模式（正常启动模式）、ROM 启动模式、内存启动模式。启动模式与引脚高、低电平的对应关系见表 1-4，芯片复位的四个时钟周期内会通过读取 BOOT0 和 BOOT1 引脚的电平情况确定芯片的启动模式。

表 1-4　启动模式设置

启动模式选择引脚		启 动 模 式	说　　明
BOOT1	BOOT0		
X	0	内嵌 Flash 启动	主闪存存储器被选为启动区域
0	1	ROM 启动	系统存储器被选为启动区域
1	1	内存启动	内置 SRAM 被选为启动区域

注：其中 X 表示 0 或 1。

（1）内嵌 Flash 启动

将主 Flash 地址 0x08000000 映射到 0x00000000，这样代码启动之后就相当于从 0x08000000 开始。内嵌 Flash 是 STM32 内置的 Flash，作为芯片内置的 Flash，是正常的工作模式。一般使用 JTAG 或者 SWD 模式下载的程序，就会下载到这个里面，重启后也直接从这里启动程序。

（2）ROM 启动

从 ROM 地址 0x1FFFF000 开始执行代码。ROM 是芯片内部一块特定的区域，芯片出厂时在这个区域预置了一段启动区（Bootloader），就是通常说的 ISP 程序。这个区域的内容在芯片出厂后没有人能够修改或擦除，即它是一个 ROM 区。启动的程序功能由厂家设置。ROM 存储的其实就是 STM32 自带的 Bootloader 代码。

（3）内存启动

将 SRAM 地址 0x20000000 映射到 0x00000000，这样程序启动之后就相当于从 0x20000000 开始。SRAM 没有程序存储的能力，一般用于程序调试。假如只修改了代码中的一小部分，然后就需要重新擦除整个 Flash，比较费时，可以考虑从这个模式启动代码，用于快速的程序调试，等程序调试完成后，再将程序下载到 Flash 中。

4. LED 灯电路

核心板 LED 灯电路如图 1-26 所示。核心板上有两个 LED 灯，一个为电源指示灯，接通电源后该 LED 灯亮；另一个是 PC13 引脚控制的 LED 灯，将控

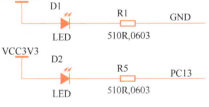

图 1-26　核心板 LED 灯电路

制程序下载到芯片中，控制引脚输出高电平来控制 LED 灯的亮灭，可以用来测试核心板是否正常。

1.4.2　STM32 硬件开发板

使用 STM32F103C8T6 核心板作为主控芯片，则硬件开发板如图 1-27 所示。

STM32 硬件开发板包含核心板、电源模块（电源芯片、USB 供电口和电源指示灯）、LED 灯、OLED 屏、继电器、有源蜂鸣器、六位共阴极数码管、矩阵键盘、串口、WiFi 模块、声音传感器、光敏电阻和温湿度传感器。使用时需要先通过仿真器下载程序到 STM32F103C8T6 处理器中，运行程序时可以通过仿真器供电，也可以通过 USB 电源线供电。

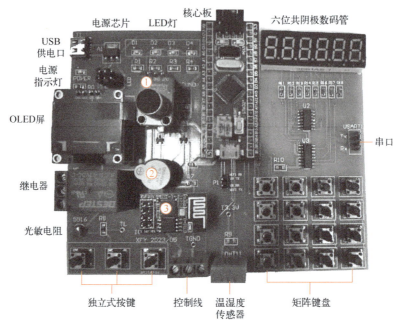

图 1-27 STM32 硬件开发板
①—声音传感器 ②—有源蜂鸣器 ③—WiFi 模块

1.5 任务 2 闪烁报警灯系统设计

任务要求

使用 STM32F103C8T6 核心板，其上的 PC13 引脚连接 LED 灯。使用工程模板，编写 C 语言程序来控制核心板上的 LED 灯闪烁。

1.5.1 Proteus 仿真软件简介

1.5.1 Proteus
仿真软件简介

Proteus 软件是英国 Labcenter Electronics 公司推出的 EDA 工具软件。它是较好的仿真单片机及外围器件的工具，从原理图布图、代码调试到单片机与外围电路协同仿真，一键切换到 PCB 设计，真正实现了从概念到产品的完整设计。Proteus 具有以下四大功能模块。

1. 智能原理图设计

- 丰富的元器件库：超过 27000 种元器件，可方便地创建新元器件。
- 智能的元器件搜索：通过模糊搜索可以快速定位所需的元器件。
- 智能化的连线：自动连线功能使连接导线变得简单快捷，大大缩短绘图时间。
- 支持总线结构：使用总线元器件和总线布线使电路设计简明清晰。

2. 完善的电路仿真

- 超过 27000 种仿真元器件：可以通过内部原型或使用厂家的 SPICE 文件自行设计仿真元器件，Labcenter Electronics 也在不断地发布新的仿真元器件，还可导入第三方发布的仿真元器件。

- 丰富的虚拟仪器：13 种虚拟仪器，包括示波器、逻辑分析仪、信号发生器、直流电压/电流表、交流电压/电流表、逻辑探头、虚拟终端、SPI 调试器、I^2C 调试器等，面板操作逼真。
- 生动的仿真显示：用色点显示引脚的数字电平，导线以不同颜色表示其对地电压大小，结合动态元器件（如电机、显示元器件、按钮）的使用，可以使仿真更加直观生动。

3. 独特的单片机协同仿真

- 支持主流的 CPU 类型，如 Armv7、8051/52、AVR、PIC10/12、dsPIC33、HC11、BasicStamp、8086、MSP430 等。随着版本升级，CPU 类型还在增加，如即将支持 Cortex、DSP 处理器。
- 支持通用外设模块，如字符 LCD 模块、图形 LCD 模块、LED 点阵、数码管、键盘/按键、电机、RS-232 虚拟终端、电子温度计等。

4. 实用的 PCB 设计平台

- 从原理图到 PCB 的快速通道：在完成原理图设计后，一键便可进入 ARES 的 PCB 设计环境，实现从概念到产品的完整设计。
- 先进的自动布局/布线功能：支持元器件的自动/人工布局，支持无网格自动布线或人工布线，支持引脚交换/门交换功能，使 PCB 设计更为合理。

1.5.2　仿真电路设计

STM32F103C8T6 核心板上有一个由芯片的 PC13 引脚控制的 LED 灯，可以先由仿真电路测试程序的运行效果，若仿真电路的运行效果和实际电路运行效果一致，则可以检查程序是否有问题。使用仿真电路调试程序的方法可以大大提高程序的开发效率。

1. Proteus 创建新项目工程

在指定目录下创建"仿真"文件夹，在其中使用 Proteus 创建一个新工程。创建新工程的方法如下。

1）依次单击"File"→"New Project"，弹出新项目创建的名称和路径设置界面，如图 1-28 所示，输入项目名称 STM32project. pdsprj，选择路径后单击"Next"按钮。

2）保持默认选择"Create a schematic from the selected template"，接着选择"DEFAULT"，然后单击"Next"按钮，如图 1-29 所示。

图 1-28　创建新项目名称和路径设置

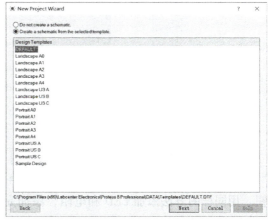

图 1-29　创建原理图设置

3）保持默认选择"Do not create a PCB layout"，单击"Next"按钮，如图1-30所示。

4）保持默认选择"No Firmware Project"，单击"Next"按钮，如图1-31所示。

图1-30　不创建PCB布局

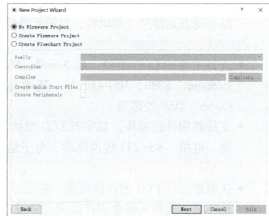

图1-31　不使用固件工程

5）在"Summary"页面中，单击"Finish"按钮完成工程创建，此时新创建的Proteus仿真工程会出现在主窗口中。

2. LED灯仿真电路设计

1）在主界面上，先单击"Component Mode"按钮，然后单击"P"按钮，如图1-32所示。

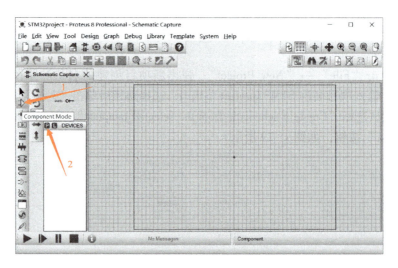

图1-32　获取新元件

2）弹出"Pick Devices"界面，如图1-33所示。在"Keywords"文本框中输入"STM32F103"，在右侧显示界面列表中选中"STM32F103C8"芯片，然后单击"确定"按钮。用同样的方法添加LED和电阻，添加完成后，在主界面的"Device"列表中显示已经添加的元器件名称。

3）单击选中列表中的STM32F103C8芯片，此时鼠标光标移到原理图区域时会变成铅笔的形状，单击两次鼠标左键，把芯片放置到画布中。用同样的方法，把 LED 和电阻也放置到画布中。

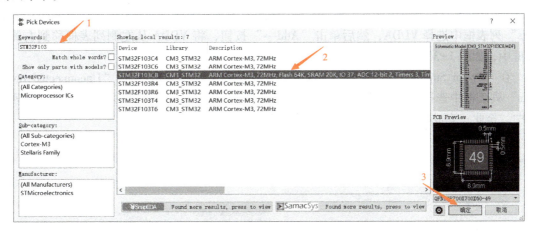

图 1-33　添加 STM32F103C8 芯片

4）根据核心板电路原理图上 PC13 连接 LED 灯的要求，调整好元器件位置，放置电源符号。在界面左侧的工具栏列表中找到"Terminal Mode"按钮图，在右侧的列表中选择"POWER"，将其放置到画布中。

5）元器件和电源符号都放置好后，可以按住〈Ctrl〉键利用鼠标滚轮进行电路放大。在用鼠标单击电阻的一端后，其光标变成铅笔形状，铅笔移动时可以拉长导线以连接到芯片的 PC13 引脚。用同样的方法连接好 LED 和电源，PC13 连接 LED 仿真电路，如图 1-34 所示。

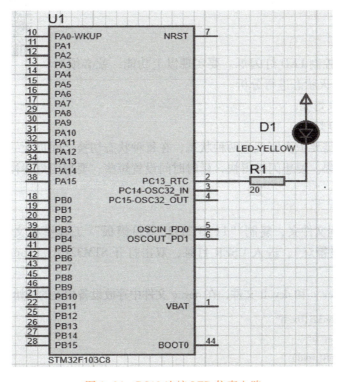

图 1-34　PC13 连接 LED 仿真电路

6）仿真电路设计好后，需要进行系统电源供电网配置。依次单击"Design"→"Configure Power Rails..."，打开电源供电网配置界面。在"Power Supplies"区域的"Name"下拉列表中选择 VCC/VDD，在"Voltage"后面的文本框中输入 3.3，在"Unconnected power nets"列表框中选择 VDDA，然后单击"Add→"按钮，将 VDDA 从左侧列表框移到右侧列表框中，如图 1-35 所示。

在"Power Supplies"区域的"Name"下拉列表中选择 GND，在"Unconnected power nets"列表框中选择 VSSA，然后单击"Add→"按钮，将 VSSA 从左侧列表框移到右侧列表框中。至此，完成电源供电网配置，如图 1-36 所示。

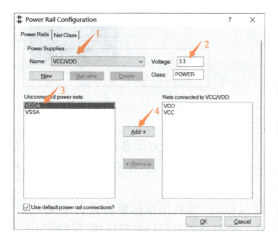

图 1-35　电源供电网配置界面　　　　　图 1-36　完成电源供电网配置

1.5.3　系统设计与实现

1.5.3 系统设计与实现

1. LED 灯闪烁功能分析

下面编写程序控制 LED 灯闪烁。要实现以上功能，就必须对四个 LED 灯的亮、灭状态进行分析。

- 状态 1：LED 灯亮。
- 状态 2：LED 灯灭。

编写程序时只需要依次实现这两种状态，在每种状态切换之间加上一定的延时时间，就可以实现闪烁的效果。要想闪烁得快，延时时间设置短些；要想闪烁得慢，延时时间可以设置长些。

2. LED 灯闪烁功能实现

1）创建新工程文件夹，复制"11_STM32_项目模板"工程模板文件夹，将其改名为"12_STM32_闪烁报警灯"，进入 USER 目录，双击打开 STM32PRJ.uvprojx 工程，进入工程主界面。

2）分别创建 dev.c 和 dev.h 文件，在 dev.c 文件中存放设备相关的初始化函数，代码如下。

```
#include "stm32f10x.h"
#include "dev.h"
void pc13_init(void)
{
```

```
    GPIO_InitTypeDef GPIO_I;                         //定义端口配置结构体变量
    RCC_APB2PeriphClockCmd(RCC_APB2Periph_GPIOC, ENABLE);   //端口 C 时钟使能

    GPIO_I. GPIO_Pin = GPIO_Pin_13;                  //PC13 引脚
    GPIO_I. GPIO_Speed = GPIO_Speed_50MHz;
    GPIO_I. GPIO_Mode = GPIO_Mode_Out_PP;            //推挽输出
    GPIO_Init(GPIOC, &GPIO_I);
}
```

dev. h 文件中存放对应的函数声明，代码如下。

```
#ifndef _DEV_H
#define _DEV_H
void pc13_init(void);
#endif
```

3）创建系统包含头文件 all_system. h，项目所需的所有头文件都放在此文件中。

```
#include "stm32f10x. h"
#include "dev. h"
```

4）在打开工程界面左侧列表中，找到 main. c 文件，添加如下代码。

```
/ * * * * * * * * * * * * * * * * * * * * * *
Function：PC13 控制
Describe：使用核心板上的 PC13 引脚控制 LED 灯闪烁
* * * * * * * * * * * * * * * * * * * * * * /
#include "all_system. h"
void delayms(int m)
{
    int i,j;
    for(i=0;i<m;i++)
        for(j=0;j<10000;j++);
}
int main(void)
{
    pc13_init();                                    //调用 PC13 引脚初始化函数
    while(1)
    {
        GPIO_ResetBits(GPIOC,GPIO_Pin_13);          //设置 PC13 引脚输出低电平
        delayms(500);
        GPIO_SetBits(GPIOC,GPIO_Pin_13);            //设置 PC13 引脚输出高电平
        delayms(500);
    }
}
```

3. 工程编译及调试

（1）仿真调试

1）使用 Proteus 软件打开"仿真"文件夹中的工程，双击芯片打开配置界面。

2）双击芯片元件，设置晶振频率为 72 MHz，单击"Program File"后面的文件选择按钮，打开文件选择对话框，选择"OBJ"下的".hex"文件后，单击"打开"按钮，如图 1-37 所示。

3）单击右上角的"OK"按钮回到工程主界面，单击左下角的运行按钮 ▶，使程序在仿真电路上运行，运行效果如图 1-38 所示。

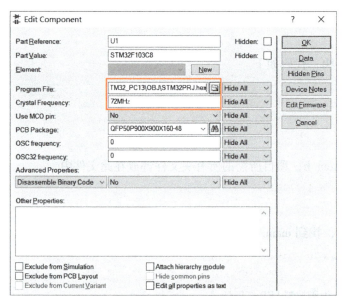

图 1-37　STM32F103C8 芯片参数设置

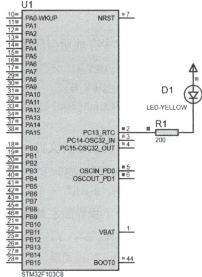

图 1-38　仿真电路运行效果

4）最后，单击结束运行按钮 ■，可以结束仿真程序的运行。

（2）下载调试

程序编译无误后通过仿真器下载代码到芯片中运行，在核心板上可以看到 PC13 引脚控制的 LED 灯在闪烁。

通过改变延时函数 delayms 里的参数值可改变 LED 灯闪烁的频率。值越大，LED 灯闪烁频率越慢；值越小，LED 灯闪烁频率越快。

思考与练习

一、简答题

1. 嵌入式系统的定义是什么？
2. 嵌入式系统具有哪些特点？
3. 嵌入式系统的应用领域有哪些？
4. 简述 STM32 系列处理器的分类。
5. 简述 STM32 处理器的命名规则。
6. 简述 STM32 核心板的硬件组成。
7. 核心板上的 PC13 引脚连接的 LED 灯是如何工作的？
8. 如何改变 STM32 控制的 LED 灯的闪烁频率？

二、上机操作

1. 安装 Keil5 软件，导入 STM32F1 系列芯片包，搭建 STM32 开发环境。

2. 安装 Proteus 8.13 软件，搭建 STM32 项目的虚拟仿真运行环境。

3. 安装 Altium Designer 21 软件，搭建硬件电路设计的开发环境。

4. 创建以自己姓名首字母命名的 STM32 工程并进行工程配置。

5. 通过编程实现，使核心板上的 LED 灯按低频率闪烁 3 次、高频率闪烁 3 次的方式进行报警。

6. 通过编程实现，使核心板上的 LED 灯按 1 次长亮、3 次短亮的方式进行报警。

项目 2
炫彩跑马灯设计与实现

学习目标

学会炫彩跑马灯硬件电路的设计方法，编写程序控制开发板上的 4 个 LED 灯，使得 4 个 LED 灯实现跑马灯功能。

【知识目标】

1. 掌握炫彩跑马灯硬件电路的设计方法；
2. 了解寄存器映射的概念；
3. 掌握 STM32 的 GPIO 端口基本结构及使用方法；
4. 掌握控制 LED 灯亮、灭的程序设计方法；
5. 掌握延时函数的设计方法；
6. 了解 STM32 的 I/O 端口位操作方法；
7. 掌握炫彩跑马灯程序的设计、仿真及调试方法。

【能力目标】

1. 具有炫彩跑马灯硬件电路设计能力；
2. 具有控制 STM32 的引脚输出高、低电平的能力；
3. 具有控制各种样式的炫彩跑马灯运行的能力。

【素养目标】

- 强化学生的绿色环保、节约能源的意识。
- 培养学生正确的价值观和职业态度。

2.1 炫彩跑马灯

2.1.1 LED 灯简介

发光二极管（LED）是日常生活和单片机系统中一种常用的发光器件，其实物如图 2-1 所示。与普通二极管一样，LED 由一个 PN 结构成，具有单向导电的特性。LED 封装形式多样，可分为直插式封装（直插 LED）和贴片式封装（贴片 LED）两大类。

图 2-1　LED 实物

在直插式封装的两条引脚中，较长的一条是正极，较短的一条为负极。直插 LED 一般应用在功耗和尺寸都没有严格要求的电路中。

贴片式封装有不同的封装尺寸，如常用的 0805、0603 等。0805 代表的是英寸，由长和宽组成，即 0.08 in×0.05 in，因为 1 in = 25.4 mm，所以 0.08×25.4≈2.0 mm，0.05×25.4≈1.2 mm，所以英制尺寸 0805 对应的公制尺寸是 2012，20 是代表长度，12 代表宽度。**在这些封装底部有"T"字形或三角形符号，"T"字中"横"的一侧是正极；三角形符号的"底边"一侧是正极，"角"一侧是负极。**

贴片式封装 LED 的结构是一块很小的晶片被封装在环氧树脂里面。它非常小，非常轻，直流驱动，超低功耗。一般来说，贴片式封装 LED 的工作电压是 2~3.6 V，工作电流是 0.02~0.03 A。

2.1.2　炫彩跑马灯简介

节假日时，商场、酒店和公园等场所经常会用彩灯进行装扮，烘托节日气氛。其中有一种彩灯是通过很多个 LED 灯组合成一条细长的灯带，可以有很多种点亮方式，如炫彩跑马灯方式和流水灯方式。

炫彩跑马灯是指多个 LED 灯按固定顺序和一定的时间间隔依次点亮，每次只亮一个灯，下一个灯亮时，前一个灯灭，直到最后一个灯亮后，再从第一个灯开始，从而重复之前的过程。

流水灯是指多个 LED 灯按固定顺序和一定的时间间隔轮流点亮，点亮下一个灯时，之前的灯保持点亮状态，直到所有灯都被点亮后再从头开始重复之前的过程。

2.1.3　炫彩跑马灯硬件设计

炫彩跑马灯对应的开发板上的 4 个 LED，分别为 D1、D2、D3 和 D4，分别连接了 STM32 芯片的 PA0、PA1、PA2 和 PA3 引脚，其硬件电路原理图如图 2-2 所示。

1. LED 灯亮的条件

LED 内部为一个 PN 结，当 PN 结截止时，没有电流流过，LED 灯熄灭；当 PN 结导通时，有电流流过，LED 灯亮。要使得 PN 结导通，那么必须在 PN 结两端加正向电压，且两端的电压差大于 LED 的导通电压。

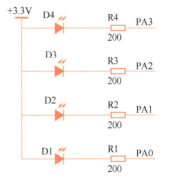

图 2-2　炫彩跑马灯
硬件电路原理图

2. 限流电阻计算

LED 也是二极管，那么就会有正向的导通电压。硅二极管的正向导通压降为 0.6~0.8 V，锗二极管的正向导通压降为 0.2~0.3 V，而 LED 的导通压降一般为 1.8 V（也有 4.2 V 的），因此不能把它当成一个电阻，而应是一个内阻会变的元器件。它的两端的电压（管压降）是固定的，流过它的电流的大小是由限流电阻决定的。LED 灯的电流一般为 10~20 mA，如果电流太小，则灯不够亮；电流太大，又会损坏 LED。

因此，设电源电压为 V_{CC}，LED 的管压降为 U_{led}，需要的 LED 电流为 I_a，可得出限流电阻的计算公式为：$R_1 = (V_{CC} - U_{led})/I_a$。

设 V_{CC} 为 3.3 V，电流为 8 mA，贴片式封装发光二极管导通压降 $U_{led} = 1.8$ V，根据上述公式计算可得 $R_1 = (3.3 - 1.8)/0.008 = 187.5\ (\Omega)$，所以炫彩跑马灯电路中限流电阻近似选择 200 Ω。

3. LED 点亮方式

根据电路原理图可知，4 个 LED 灯为共阳极连接 3.3 V 电源，引脚接限流电阻后接单片机引脚，那么只需要控制单片机引脚输出低电平 0 V，就可以满足 LED 灯亮的条件，使得 LED 灯点亮；控制单片机引脚输出高电平 3.3 V，那么 LED 灯两边的电压差为 0，LED 灯就会熄灭。

由以上分析可知，控制 LED 灯的亮灭状态就变成了控制单片机引脚输出的高低电平，输出低电平时 LED 灯亮，输出高电平时 LED 灯灭。

2.2　GPIO 端口

2.2 GPIO 端口

2.2.1　寄存器

在计算机科学中，寄存器（Register）是一个高速存储单元，用于存储计算机程序执行过程中所需的数据、指令地址或状态信息。它是计算机体系结构中至关重要的组成部分，对计算机的运算速度和性能有至关重要的影响。

1. 寄存器定义

寄存器是一种特殊的存储单元，位于中央处理器（CPU）内部，具有非常高的存取速度。在 CPU 中，寄存器被用来暂时存储数据、指令地址和状态信息，以便 CPU 在执行指令时能够快速访问这些数据。寄存器的数量、类型和功能因不同的 CPU 架构而异，但通常都会包括一些基本的寄存器，如数据寄存器、地址寄存器、状态寄存器等。

2. 寄存器的分类

- 数据寄存器（Data Register）：存储操作数、中间结果以及最终数据。数据寄存器通常包括多字节的存储空间，以支持各种数据类型的运算。
- 地址寄存器（Address Register）：存储内存地址或外设地址。当 CPU 需要访问内存或外设时，它首先会将目标地址存储在地址寄存器中，然后执行相应的读写操作。
- 状态寄存器（Status Register）：存储 CPU 的状态信息，如奇偶校验位、中断标志位等。这些状态信息对 CPU 的控制逻辑和异常处理至关重要。
- 指令寄存器（Instruction Register）：存储当前正在执行的指令。CPU 从内存中读取指令后，会将其存储在指令寄存器中，并对其进行解码和执行。

除了上述基本寄存器，还有一些特殊寄存器，如浮点寄存器、向量寄存器等，用于支持特定的数据类型和运算。

3. 寄存器的功能

- 数据存储与访问：寄存器是 CPU 内部的高速存储单元，能够快速存储和访问数据。CPU 在执行指令时，可以直接从寄存器中读取数据或将数据写入寄存器，从而避免频繁访问内存带来的性能瓶颈。
- 指令解码与执行：CPU 从内存中读取指令后，会将其存储在指令寄存器中，并对其进行解码。解码后的指令会告诉 CPU 需要执行哪些操作以及需要访问哪些寄存器。CPU 根据指令的要求，从相应的寄存器中读取数据或写入数据，并执行相应的运算操作。
- 地址生成与访问：当 CPU 需要访问内存或外设时，它首先会将目标地址存储在地址寄存器中。然后，CPU 根据地址寄存器中的值生成实际的物理地址，并通过内存控制器或外设接口访问目标设备。
- 状态管理与控制：状态寄存器用于存储 CPU 的状态信息，如奇偶校验位、中断标志位等。这些状态信息对 CPU 的控制逻辑和异常处理至关重要。CPU 会根据状态寄存器的值来决定是否执行中断操作、是否进行异常处理等。

4. 寄存器与内存的区别

尽管寄存器和内存都是用于存储数据的设备，但它们之间存在显著的差异，具体如下。

- 存储位置：寄存器位于 CPU 内部，而内存则位于 CPU 外部。由于寄存器与 CPU 之间的物理距离较近，因此其访问速度远高于内存。
- 容量与成本：寄存器的容量相对较小，但成本较高。相比之下，内存的容量较大，但成本较低。因此，在实际应用中，通常使用内存来存储大量的数据，而使用寄存器来存储关键的数据和指令。
- 用途：寄存器主要用于存储 CPU 在执行指令过程中所需的数据、指令地址和状态信息；而内存则主要用于存储程序和数据，以供 CPU 随时调用。

2.2.2　端口基本结构

通用输入/输出（General Purpose Input/Output，GPIO）端口用于感知外界信号（输入模式）和控制外部设备（输出模式），是 STM32 的一种外设，与大部分芯片引脚直接连接。其引脚可以供用户通过程序自由控制使用。简单来说，STM32 可控制芯片的 GPIO 引脚与外部设备连接，从而实现与外部通信、控制以及数据采集的功能。GPIO 最简单的功能之一是输出高低电平。GPIO 还可以被设置为输入功能，用于读取按键等输入信号。很多高级外设功能引脚是与 GPIO 共用的。

STM32 的每个 I/O 端口都可以通过自由编程设置它的工作模式。一般来说，要控制外部设备或元器件工作，需要设置为输出模式；读取外部设备的数据或者工作状态时，需要设置为输入模式。很多 I/O 端口是 5 V 电平兼容的，这些 I/O 端口在与 5 V 的外设连接的时候很有优势，不需要另外设置电压转换电路，具体哪些 I/O 端口是 5 V 电平兼容的，可以从该芯片的数据手册内关于引脚描述的章节中查到（I/O Level 标记为 FT 的 I/O 端口就是 5 V 电平兼容的）。GPIO 端口基本结构如图 2-3 所示。

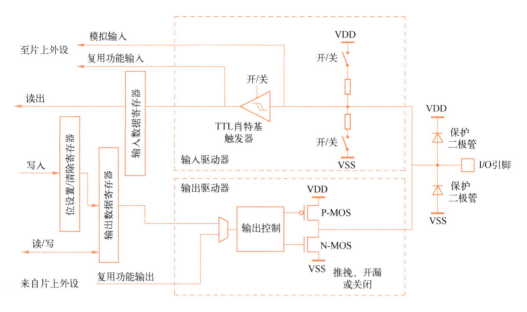

图 2-3　GPIO 端口基本结构

1. 端口工作模式

在 STM32 单片机里,对 GPIO 端口的配置种类有 8 种,包括 4 种输入模式和 4 种输出模式,具体如下。

1) GPIO_Mode_AIN:模拟输入。

2) GPIO_Mode_IN_FLOATING:浮空输入。

3) GPIO_Mode_IPD:下拉输入。

4) GPIO_Mode_IPU:上拉输入。

5) GPIO_Mode_Out_OD:开漏输出。

6) GPIO_Mode_Out_PP:推挽输出。

7) GPIO_Mode_AF_OD:复用功能的开漏输出。

8) GPIO_Mode_AF_PP:复用功能的推挽输出。

2. 端口寄存器

STM32 每个 I/O 端口使用时都需要配置其工作模式、工作速度等参数,这些参数都是由端口寄存器配置的,配置完后才能使用对应的端口。这些配置寄存器有以下 7 个。

- 两个配置模式的 32 位端口配置寄存器 CRL 和 CRH。
- 两个 32 位的数据寄存器 IDR 和 ODR。
- 一个 32 位的位设置/清除寄存器 BSRR。
- 一个 16 位的位清除寄存器 BRR。
- 一个 32 位的锁存寄存器 LCKR。

(1) 端口低位配置寄存器 CRL

I/O 端口低位配置寄存器 CRL 控制每个 I/O 端口 (A~G) 的低 8 位 I/O 端口的模式和输出速率。每个 I/O 端口占用 CRL 的 4 位,高两位为 CNF,低两位为 MODE。CRL 寄存器的各位如图 2-4 所示。

31	30	29	28	27	26	25	24	23	22	21	20	19	18	17	16
CNF7[1:0]		MODE7[1:0]		CNF6[1:0]		MODE6[1:0]		CNF5[1:0]		MODE5[1:0]		CNF4[1:0]		MODE4[1:0]	
rw	rw	rw	rw	rw	rw	rw	rw	rw	rw	rw	rw	rw	rw	rw	rw

15	14	13	12	11	10	9	8	7	6	5	4	3	2	1	0
CNF3[1:0]		MODE3[1:0]		CNF2[1:0]		MODE2[1:0]		CNF1[1:0]		MODE1[1:0]		CNF0[1:0]		MODE0[1:0]	
rw	rw	rw	rw	rw	rw	rw	rw	rw	rw	rw	rw	rw	rw	rw	rw

图 2-4 CRL 寄存器的各位

CNF 位表示在输入和输出状态下的工作模式。I/O 端口工作模式配置见表 2-1。

表 2-1 STM32 I/O 端口工作模式配置

状 态	CNF[1:0]	说 明
输入	00	模拟输入模式
	01	浮空输入模式（复位后的状态）
	10	上拉/下拉输入模式
	11	保留
输出	00	通用推挽输出模式
	01	通用开漏输出模式
	10	复用功能推挽输出模式
	11	复用功能开漏输出模式

1）在 stm32f10x_gpio.h 头文件里，I/O 端口工作模式的 GPIOMode_TypeDef 枚举类型定义如下。

```
typedef enum
{
    GPIO_Mode_AIN = 0x0,
    GPIO_Mode_IN_FLOATING = 0x04,
    GPIO_Mode_IPD = 0x28,
    GPIO_Mode_IPU = 0x48,
    GPIO_Mode_Out_OD = 0x14,
    GPIO_Mode_Out_PP = 0x10,
    GPIO_Mode_AF_OD = 0x1C,
    GPIO_Mode_AF_PP = 0x18
} GPIOMode_TypeDef;
```

GPIOMode_TypeDef 枚举类型成员有 8 个，表示 8 种工作模式，见表 2-2。

表 2-2 STM32 I/O 端口工作模式说明

GPIO_Mode	说 明
GPIO_Mode_AIN	模拟输入
GPIO_Mode_IN_FLOATING	浮空输入
GPIO_Mode_IPD	下拉输入
GPIO_Mode_IPU	上拉输入

（续）

GPIO_Mode	说　明
GPIO_Mode_Out_OD	开漏输出
GPIO_Mode_Out_PP	推挽输出
GPIO_Mode_AF_OD	复用功能的开漏输出
GPIO_Mode_AF_PP	复用功能的推挽输出

MODE 位为 00 表示输入状态，其他为输出状态。I/O 端口输出速率配置见表 2-3。

表 2-3　STM32 I/O 端口输出速率配置

MODE[1:0]	说　明
00	输入模式
01	最大输出速率为 10 MHz
10	最大输出速率为 2 MHz
11	最大输出速率为 50 MHz

2）在 stm32f10x_gpio. h 头文件里，I/O 端口输出速率的 GPIOSpeed_TypeDef 枚举类型定义如下。

```
typedef enum
{
GPIO_Speed_10MHz = 1,
GPIO_Speed_2MHz,
GPIO_Speed_50MHz
}GPIOSpeed_TypeDef;
```

该寄存器的复位值为 0x44444444，CNF 位设置为 01，MODE 位设置为 00，复位默认值就是配置端口为浮空输入模式。

例如，要设置 PA 口第 3 引脚 PA3 为推挽输出模式，输出速率为 50 MHz，代码如下。

```
GPIOA→CRL &= 0xFFFF0FFF;     //清除第 3 引脚原来的设置
GPIOA→CRL |= 0x00003000;     //设置第 3 引脚为 0011
```

（2）端口高位配置寄存器 CRH

CRH 的作用和 CRL 类似，CRL 控制的是端口低 8 位输出口，而 CRII 控制的是端口高 8 位输出口。这里就不对 CRH 做详细介绍了。

例如，要设置 PB 口第 12 引脚 PB12 为上拉输入模式，代码如下。

```
GPIOB→CRH &= 0xFFF0FFFF;     //清除第 12 引脚原来的设置
GPIOB→CRH |= 0x00080000;     //设置第 12 引脚为 1000
```

（3）端口输入数据寄存器 IDR

端口输入数据寄存器 IDR，只用了低 16 位，该寄存器为只读寄存器，并且只能以 16 位的形式读出。该寄存器的各位描述如图 2-5 所示。

IDR0~IDR15 读出的数据分别对应端口的 0~15 引脚的状态，如果引脚上是低电平信号，则读出的数据为 0；如果引脚上是高电平信号，则读出的数据为 1。

31	30	29	28	27	26	25	24	23	22	21	20	19	18	17	16
保留															

15	14	13	12	11	10	9	8	7	6	5	4	3	2	1	0
IDR15	IDR14	IDR13	IDR12	IDR11	IDR10	IDR9	IDR8	IDR7	IDR6	IDR5	IDR4	IDR3	IDR2	IDR1	IDR0
r	r	r	r	r	r	r	r	r	r	r	r	r	r	r	r

位31:16	保留，始终读为0。
位15:0	IDRy[15:0]：端口输入数据(y=0...15) (Port input data) 这些位只读并只能以字(16位)的形式读出。读出的值为对应I/O口的状态。

图 2-5 IDR 寄存器的各位描述

要想知道某个引脚的电平状态，先读取 IDR 寄存器，再看对应的位是 0 还是 1 就可以了，使用起来非常方便。

例如，读取 PA 端口引脚的状态的代码如下。

```
unsigned char sta = 0;
sta = GPIOA→IDR;
```

读取 PB 端口第 15 个引脚的状态的代码如下。

```
bool bitsta = 0;
bitsta = GPIOB→IDR & 0x8000;
```

（4）端口输出数据寄存器 ODR

端口输出数据寄存器 ODR，也只用了低 16 位，该寄存器为读写寄存器。该寄存器的各位描述如图 2-6 所示。

31	30	29	28	27	26	25	24	23	22	21	20	19	18	17	16
保留															

15	14	13	12	11	10	9	8	7	6	5	4	3	2	1	0
ODR15	ODR14	ODR13	ODR12	ODR11	ODR10	ODR9	ODR8	ODR7	ODR6	ODR5	ODR4	ODR3	ODR2	ODR1	ODR0
rw	rw	rw	rw	rw	rw	rw	rw	rw	rw	rw	rw	rw	rw	rw	rw

位31:16	保留，始终读为0。
位15:0	ODRy[15:0]：端口输出数据(y=0...15) (Port output data) 这些位可读可写并只能以字(16位)的形式操作。 注：对于GPIOx_BSRR(x=A...E)，可以分别对各个ODR位进行独立的设置/清除。

图 2-6 ODR 寄存器的各位描述

向 ODR 寄存器低 16 位 ODR0 ~ ODR15 写入数据后，在端口的第 0 ~ 15 引脚输出对应的电平信号，如果写入数据 0，则对应引脚输出低电平 0 V；如果写入数据 1，则对应引脚输出高电平 3.3 V。

例如，控制 GPIOA 端口第 5 引脚 PA5 输出高电平。

```
GPIOA→ODR = 0x20;      //方法一：二进制00100000，第5位置1，其他各位都置0
GPIOA→ODR |= 0x20;     //方法二：二进制00100000，第5位置1，其他各位保持不变
```

一般使用方法二进行设置。在设置端口寄存器时只需要设置好指定位数据，对其他的位应该保持不变，以免在程序开发中对其他功能造成影响。

读 ODR 寄存器时，根据读出的数据可以知道对应引脚输出状态，如果读到 0，则说明对应引脚上是低电平信号；如果读到 1，则说明对应引脚上是高电平信号。

例如，控制 GPIOB 端口第 4~7 引脚 PB4~PB7 和第 15 引脚 PB15 输出高电平。

> GPIOB→ODR |= 0x80F0; //二进制 1000000011110000，第 4~7 位和第 15 位置 1,其他各位保持不变

（5）端口位设置/清除寄存器 BSRR

端口位设置/清除寄存器 BSRR 的作用类似于 ODR 寄存器，都可以用来设置 I/O 端口是输出 0 还是 1。BSRR 寄存器的各位描述如图 2-7 所示。

31	30	29	28	27	26	25	24	23	22	21	20	19	18	17	16
BR15	BR14	BR13	BR12	BR11	BR10	BR9	BR8	BR7	BR6	BR5	BR4	BR3	BR2	BR1	BR0
w	w	w	w	w	w	w	w	w	w	w	w	w	w	w	w
15	14	13	12	11	10	9	8	7	6	5	4	3	2	1	0
BS15	BS14	BS13	BS12	BS11	BS10	BS9	BS8	BS7	BS6	BS5	BS4	BS3	BS2	BS1	BS0
w	w	w	w	w	w	w	w	w	w	w	w	w	w	w	w

位31:16	BRy：清除端口 x 的位 y（y=0...15）（Port x Reset bit y） 这些位只能写入并只能以字(16位)的形式操作。 0：对对应的 ODRy 位不产生影响 1：清除对应的 ODRy 位，即置为0 注：如果同时设置了 BSy 和 BRy 的对应位，BSy 位起作用。
位15:0	BSy：设置端口 x 的位 y（y=0...15）（Port x Set bit y） 这些位只能写入并只能以字(16位)的形式操作。 0：对对应的 ODRy 位不产生影响 1：设置对应的 ODRy 位为1

图 2-7　BSRR 寄存器的各位描述

BSRR 寄存器的低 16 位是位设置寄存器 BS0~BS15，高 16 位是位清除寄存器 BR0~BR15。BSRR 寄存器的第 $n(n \leqslant 16)$ 位置 1，则 ODR 寄存器的第 n 位被设置为 1；BSRR 寄存器的第 $n(n>16)$ 位置 1，则 ODR 寄存器的第 $n-16$ 位被设置为 0。

例如，设置 PA 端口第 10 脚输出高电平，其他引脚保持不变，代码如下。

> GPIOA→BSRR = 0x400;

或者：

> GPIOA→BSRR = 1<<10;

设置 PB 端口第 10 引脚输出低电平，代码如下。

> GPIOB→BSRR = 1<<(16+10);

（6）端口位清除寄存器 BRR

端口位清除寄存器 BRR 只用了低 16 位，它的作用是清除 ODR 寄存器中对应位，即 BRR 寄存器的第 n 位置 1，则 ODR 寄存器的第 n 位被设置为 0。BRR 寄存器的功能与 BSRR 寄存器的高 16 位的功能相同，其各位描述如图 2-8 所示。

例如，设置 PB 端口第 10 引脚输出低电平，代码如下。

> GPIOB→BRR = 1<<10;

31	30	29	28	27	26	25	24	23	22	21	20	19	18	17	16
							保留								

15	14	13	12	11	10	9	8	7	6	5	4	3	2	1	0
BR15	BR14	BR13	BR12	BR11	BR10	BR9	BR8	BR7	BR6	BR5	BR4	BR3	BR2	BR1	BR0
w	w	w	w	w	w	w	w	w	w	w	w	w	w	w	w

位31:16	保留。
位15:0	BRy：清除端口x的位y（y=0...15）(Port x Reset bit y) 这些位只能写入并只能以字(16位)的形式操作。 0：对对应的ODRy位不产生影响 1：清除对应的ODRy位，即置为0

图 2-8　BRR 寄存器的各位描述

2.2.3　时钟源和端口时钟库函数

本节介绍时钟源和端口时钟库函数。

1. 时钟源

在 STM32 中，有 4 个时钟源，分别为 HSI、HSE、LSI、LSE。

1）HSI 是高速内部时钟，由 RC 振荡器提供，频率为 8 MHz。

2）HSE 是高速外部时钟，可接石英/陶瓷谐振器，或者接外部时钟源，频率范围为 4～16 MHz。

3）LSI 是低速内部时钟，由 RC 振荡器提供，频率为 40 kHz。

4）LSE 是低速外部时钟，可接频率为 32.768 kHz 的石英晶体。

PLL 为锁相环倍频输出，其时钟输入源可选择为 HSI/2、HSE 或者 HSE/2。倍频可选择为 2～16 倍，但是其输出频率最大不得超过 72 MHz。

2. 端口时钟库函数

默认情况下，STM32 芯片端口时钟都是关闭的，这样可以节省能源，降低芯片的功耗。在使用 STM32 芯片的端口时，必须打开对应端口的时钟，这样才可以对端口引脚进行操作。打开端口时钟的方法是调用 RCC_APB2PeriphClockCmd( )库函数，该函数位于 stm32f10x_rcc.c 文件中。

RCC_APB2PeriphClockCmd( )库函数的功能是使能 GPIO×对应的外设时钟，函数定义如下。

    void RCC_APB2PeriphClockCmd(uint32_t RCC_APB2Periph, FunctionalState NewState);

第一个参数 RCC_APB2Periph 表示挂载在 APB2 总线上的外设时钟类型；第二个参数 NewState 表示使能状态。

例如，开启端口 A 和端口 B 的时钟，代码如下。

    RCC_APB2PeriphClockCmd(RCC_APB2Periph_GPIOA|RCC_APB2Periph_GPIOB,ENABLE);

其中，RCC_APB2Periph_GPIOA 和 RCC_APB2Periph_GPIOB 是在 stm32f10x_rcc.h 头文件中定义的。挂载在 APB2 总线上的端口外设时钟定义如下。

```
#define RCC_APB2Periph_AFIO          ((uint32_t)0x00000001)
#define RCC_APB2Periph_GPIOA         ((uint32_t)0x00000004)
#define RCC_APB2Periph_GPIOB         ((uint32_t)0x00000008)
#define RCC_APB2Periph_GPIOC         ((uint32_t)0x00000010)
#define RCC_APB2Periph_GPIOD         ((uint32_t)0x00000020)
#define RCC_APB2Periph_GPIOE         ((uint32_t)0x00000040)
#define RCC_APB2Periph_GPIOF         ((uint32_t)0x00000080)
#define RCC_APB2Periph_GPIOG         ((uint32_t)0x00000100)
```

以上定义包含了 STM32 所有类型芯片的 APB2 总线挂载外设的宏定义，不同的芯片外设数量不同，如 STM32F103C8T6 芯片就没有端口 E、F、G 等。

2.2.4 端口输出库函数

下面介绍 5 种端口输出库函数。

1. 端口初始化 GPIO_Init( ) 函数

GPIO_Init( )函数的功能是对端口的指定引脚、工作模式和工作速度进行初始化设置。芯片引脚在使用之前必须进行初始化配置，也就是设置端口相应寄存器 CRL 和 CRH 的值。函数定义如下。

```
void GPIO_Init(GPIO_TypeDef * GPIO×, GPIO_InitTypeDef * GPIO_InitStruct);
```

第一个参数 GPIO×是结构体 GPIO_TypeDef 的指针变量，用于确定读哪个端口，它的取值范围为 GPIOA～GPIOG。GPIO_TypeDef 结构体在 stm32f10x.h 中的定义如下。

```
typedef struct
{
    __IO uint32_t CRL;
    __IO uint32_t CRH;
    __IO uint32_t IDR;
    __IO uint32_t ODR;
    __IO uint32_t BSRR;
    __IO uint32_t BRR;
    __IO uint32_t LCKR;
} GPIO_TypeDef;
```

第二个参数 GPIO_InitStruct 是结构体 GPIO_InitTypeDef 的指针变量，用于配置引脚的引脚号、工作速度和工作模式。GPIO_InitTypeDef 结构体在 stm32f10x_gpio.h 中的定义如下。

```
typedef struct
{
    uint16_t GPIO_Pin;
    GPIOSpeed_TypeDef GPIO_Speed;
    GPIOMode_TypeDef GPIO_Mode;
} GPIO_InitTypeDef;
```

例如，设置端口 A 的 0～3 引脚为推挽输出模式，工作速度为 50 MHz。

```
GPIO_InitTypeDef GPIO_I;        //定义端口配置结构体变量
RCC_APB2PeriphClockCmd(RCC_APB2Periph_GPIOA,ENABLE);          //端口 A 时钟使能
GPIO_I.GPIO_Pin = GPIO_Pin_0|GPIO_Pin_1|GPIO_Pin_2|GPIO_Pin_3;    //0~3 引脚
GPIO_I.GPIO_Speed = GPIO_Speed_50MHz;                  //工作速度为 50 MHz
GPIO_I.GPIO_Mode = GPIO_Mode_Out_PP;                   //推挽输出
GPIO_Init(GPIOA, &GPIO_I);                            //端口初始化配置
```

2. 设置引脚高电平状态 GPIO_SetBits() 函数

GPIO_SetBits() 函数的功能是设置指定端口的指定引脚输出高电平, 也就是设置端口的 BSRR 寄存器低 16 位中引脚对应位的值写入 1。函数定义如下。

```
uint8_t GPIO_SetBits(GPIO_TypeDef * GPIO×, uint16_t GPIO_Pin);
```

第一个参数 GPIO× 是结构体 GPIO_TypeDef 的指针变量, 用于确定读哪个端口, 它的取值范围为 GPIOA~GPIOG。

第二个参数 GPIO_Pin 是短整型变量, 用于确定读哪个引脚, 它的取值为 GPIO_Pin_×, 其中×的取值范围为 0~15。

例如, 设置端口 A 的第 2 引脚输出高电平的代码如下。

```
GPIO_SetBits(GPIOA,GPIO_Pin_2);
```

采用寄存器的实现方法:

```
GPIOA→BSRR|=1<<2;
```

3. 设置引脚低电平状态 GPIO_ResetBits() 函数

GPIO_ResetBits() 函数的功能是设置指定端口的指定引脚输出低电平, 也就是设置端口的 BRR 寄存器低 16 位中引脚对应位的值写入 1。函数定义如下。

```
uint8_t GPIO_ResetBits(GPIO_TypeDef * GPIO×, uint16_t GPIO_Pin);
```

例如, 设置端口 B 的第 9 引脚输出低电平的代码如下。

```
GPIO_ResetBits(GPIOB,GPIO_Pin_9);
```

采用寄存器的实现方法:

```
GPIOB→BRR|=1<<9;
```

4. 设置引脚位电平状态 GPIO_WriteBit() 函数

GPIO_WriteBit() 函数的功能是设置指定端口的指定引脚输出电平状态 (高电平或者低电平)。函数定义如下。

```
uint8_t GPIO_WriteBit(GPIO_TypeDef * GPIO×, uint16_t GPIO_Pin, BitAction Bitval);
```

例如, 设置端口 A 的第 2 引脚输出高电平的代码如下。

```
GPIO_WriteBit(GPIOA,GPIO_Pin_2,Bit_SET);
```

设置端口 B 的第 9 引脚输出低电平的代码如下。

```
GPIO_WriteBit(GPIOB,GPIO_Pin_9,Bit_RESET);
```

其中, Bit_SET 和 Bit_RESET 为枚举类型, 它们在 stm32f10x_gpio.h 中的定义如下。

```
typedef enum
{ Bit_RESET = 0,
  Bit_SET
}BitAction;
```

5. 设置端口电平状态 GPIO_Write( )函数

GPIO_Write( )函数的功能是设置指定端口的指定引脚输出电平状态，也就是设置端口的 ODR 寄存器低 16 位的值。函数定义如下。

uint8_t GPIO_Write(GPIO_TypeDef ∗ GPIO×, uint16_t PortVal);

例如，设置端口 A 的所有引脚输出高电平的代码如下。

GPIO_Write(GPIOA,0xFFFF);

2.3　任务 1　点亮 LED 灯系统设计

2.3 任务 1 点亮 LED 灯系统设计

 任务要求

使用开发板上的 4 个 LED 灯，实现 D1、D2 亮，D3、D4 灭的功能。

2.3.1　仿真电路设计

根据硬件电路原理图设计 LED 灯硬件仿真电路，4 个发光二极管 D1~D4 分别通过 PA0~PA3 引脚连接 STM32 芯片。

1）复制并粘贴"12_STM32_闪烁报警灯"文件夹，然后将文件夹名改成"21_STM32_点亮 LED 灯"，接着打开目录中的"仿真"文件夹，双击打开 STM32project. pdsprj 仿真工程。

2）根据任务要求，选取 4 个 LED 灯和 4 个电阻放置在单片机芯片左侧，并将电阻都改成 200 Ω。将 4 个 LED 灯所有的阳极连在一起后连接到电源，阴极分别连接 4 个电阻后再分别接到 STM32F103C8 芯片的 PA0~PA3 引脚上。LED 灯硬件仿真电路如图 2-9 所示。

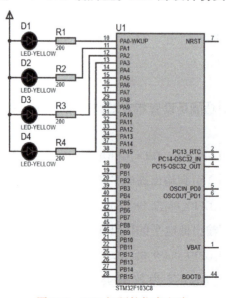

图 2-9　LED 灯硬件仿真电路

2.3.2　程序工作流程

编写程序控制 D1、D2 点亮，其他两个灯熄灭。根据硬件仿真电路分析可知，要让 D1、D2 亮，必须设置 PA0、PA1 引脚输出低电平 0，使得发光二极管 D1、D2 两端的电压差大于导通电压。

根据端口输出操作库函数可知，使用 GPIO_ResetBits( ) 或者 GPIO_WriteBit( ) 函数，可以设置端口引脚输出低电平信号。

功能分析如下。

- PA0 引脚输出低电平 0，D1 亮。
- PA1 引脚输出低电平 0，D2 亮。
- PA2 引脚输出高电平 1，D3 灭。
- PA3 引脚输出高电平 1，D4 灭。

2.3.3　系统设计与实现

下面进行系统设计与实现。

1. 点亮 LED 灯功能实现

1）打开 dev.c 和 dev.h 文件，分别添加 4 个 LED 灯的初始化函数和相关头文件。在 dev.c 中添加如下代码。

```
void led_init(void)
{
    GPIO_InitTypeDef GPIO_I;                                    //定义端口配置结构体变量
    RCC_APB2PeriphClockCmd(RCC_APB2Periph_GPIOA, ENABLE);       //端口 A 时钟使能
    GPIO_I.GPIO_Pin = GPIO_Pin_0|GPIO_Pin_1|GPIO_Pin_2|GPIO_Pin_3;  //0~3 引脚
    GPIO_I.GPIO_Speed = GPIO_Speed_50MHz;      //工作速度为 50 MHz
    GPIO_I.GPIO_Mode = GPIO_Mode_Out_PP;       //推挽输出
    GPIO_Init(GPIOA, &GPIO_I);                 //端口初始化
    GPIO_Write(GPIOA,0x0F);                    //初始 4 个灯灭
}
```

2）在 dev.h 中添加上述函数的声明语句：

```
void led_init(void);
```

3）展开该系统的工程文件，单击其中的 main.c 文件，在该文件中输入如下代码。

```
/*********************
Function：点亮 LED 灯
Describe：点亮 D1、D2，熄灭 D3、D4
*********************/
#include "all_system.h"
int main(void)
{
    led_init();                                //调用 LED 灯连接引脚初始化函数
    while(1)
    {    //方法一
```

```
        GPIO_ResetBits(GPIOA,GPIO_Pin_0);        //D1 亮
        GPIO_ResetBits(GPIOA,GPIO_Pin_1);        //D2 亮
        GPIO_SetBits(GPIOA,GPIO_Pin_2);          //D3 灭
        GPIO_SetBits(GPIOA,GPIO_Pin_3);          //D4 灭
    }
}
```

说明：方法一程序是通过 GPIO_SetBits() 和 GPIO_ResetBits() 函数对引脚逐个配置实现的，也可以将相同功能统一配置，如方法二：

```
//方法二
GPIO_ResetBits(GPIOA,GPIO_Pin_0|GPIO_Pin_1);     //D1、D2 亮
GPIO_SetBits(GPIOA,GPIO_Pin_2|GPIO_Pin_3);       //D3、D4 灭
```

下面的方法三程序使用 GPIO_WriteBit() 函数实现，此函数只能对引脚逐个进行置 0 或置 1 操作。

```
//方法三
GPIO_WriteBit(GPIOA,GPIO_Pin_0,Bit_RESET);       //D1 亮
GPIO_WriteBit(GPIOA,GPIO_Pin_1,Bit_RESET);       //D2 亮
GPIO_WriteBit(GPIOA,GPIO_Pin_2,Bit_SET);         //D3 灭
GPIO_WriteBit(GPIOA,GPIO_Pin_3,Bit_SET);         //D4 灭
```

2. 工程编译及调试

（1）仿真调试

1）使用 Proteus 软件打开"仿真"文件夹中的工程。

2）双击芯片打开配置界面，单击"Program File"右侧的按钮，打开文件选择对话框，选择"OBJ"目录下的可执行 hex 文件后单击"打开"按钮。

3）单击右上角的"OK"按钮回到工程主界面，单击左下角的"运行"按钮，使程序在仿真电路上运行，仿真效果如图 2-10 所示。

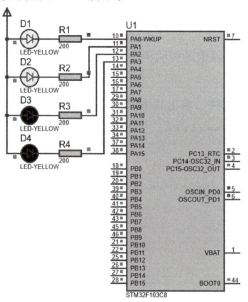

图 2-10　点亮 LED 灯仿真效果

如果需要停止仿真运行，则单击"停止运行"按钮即可。如果程序仿真运行后，看不到以上效果，那么说明存在硬件电路或者软件程序故障，需要对电路设置和软件程序进行仔细分析与排查，直到运行结果正确为止。

（2）下载调试

程序编译无误后在 Proteus 仿真软件中运行，看到实际的运行效果后，通过仿真器，将代码下载到芯片中运行，在开发板上可以看到 D1、D2 灯亮，D3、D4 灯灭。

2.4　I/O 端口位操作

2.4 I/O 端口位操作

2.4.1　位带操作

1. 位带区与位带别名区

51 单片机是被广泛使用的低端 8 位单片机，在控制 51 单片机 I/O 引脚时，只需要向某一个 I/O 端口赋值，就可以实现对应 I/O 端口输出高或低电平。例如 P1.5 = 1，表示 51 单片机的 P1 口的第 5 引脚输出高电平；P2.3 = 0，表示 51 单片机的 P2 口的第 3 引脚输出低电平。那么 STM32 可不可以像 51 单片机那样，直接对引脚进行操作呢？答案是可以，这就用到了位带操作。

位带操作就是把每个寄存器中的每个位都膨胀为一个 32 位的字，当访问这些字的时候就达到了访问寄存器中对应位的目的，如图 2-11 所示。

例如，BSRR 寄存器有 32 位，那么可以映射到 32 个地址上，访问这 32 个地址就达到访问 32 位的目的。这样的话，往某个地址写 1 就会达到往对应的位写 1 的目的，同样，往某个地址写 0 就会达到往对应的位写 0 的目的。

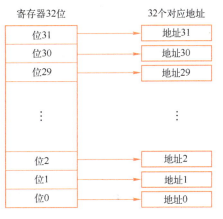

图 2-11　位带区位别名转换

若支持位带操作，则可以使用普通的加载/存储指令来对单一的寄存器位进行读写操作。在 STM32 芯片中，有两个区域实现了位带操作，其中一个是 SRAM 区的最低 1 MB 范围，另一个则是片上外设区的最低 1 MB 范围。这两个区域中的寄存器除了可以通过对应的地址访问以外，还可以使用位带操作的方式单独访问寄存器中的每一位。

支持位带操作的两个内存区域的范围是：

0x20000000～0x200FFFFF（SRAM 区中的最低 1 MB 范围）和 0x40000000～0x400FFFFF（片上外设区中的最低 1 MB 范围）。

位带区中位对应别名区的范围为：

0x22000000～0x23FFFFFF 和 0x42000000～0x43FFFFFF。

2. 片上外设位带区地址映射

在 stm32f10x.h 头文件中，对 SRAM 区的位带区和位带别名区的基址进行了宏定义，代码如下。

```
#define SRAM_BASE        ((uint32_t)0x40000000)    //宏定义了 SRAM 区的位带区的基址
#define SRAM_BB_BASE     ((uint32_t)0x42000000)    //宏定义了位带别名区的基址
```

假设将片上外设区的位带区的某个位（bit）所在的字节地址记为 A，位序号记为 n（n 的值为 0~7），则该位在位带别名区的地址为：

$$AliasAddr=0x42000000+((A-0x40000000)\times8+n)\times4$$
$$=0x42000000+(A-0x40000000)\times32+n\times4$$

上式中的"4"表示一个字有4字节，"8"表示一字节有8位。片上外设中的位带区地址映射关系见表2-4。

表 2-4　片上外设中的位带区地址映射关系

位带区地址	位带别名区地址
0x40000000. 0	0x42000000
0x40000000. 1	0x42000004
0x40000000. 2	0x42000008
0x40000000. 3	0x4200000C
0x40000000. 4	0x42000010
…	…
0x40000000. 31	0x4200007C
…	…
0x400FFFFC. 31	0x43FFFFFC

3. 位带 I/O 操作

位带 I/O 操作对硬件 I/O 密集型的底层程序非常有用。若使用位带 I/O 操作，就可以很容易地控制 GPIO 引脚输出高低电平，从而控制 LED 灯的点亮与熄灭。这样，就不需要使用寄存器操作或者调用库函数 GPIO_SetBits( )和 GPIO_ResetBits( )来操作了。位带 I/O 操作能使代码更加简洁。

在 C 编译器中，若想使用位带 I/O 操作，最简单的做法之一就是使用 define 宏定义一个位带别名区的地址。例如，现在需要对 GPIOA 端口 ODR 寄存器的第 2 位置 0，可以将位带别名区地址设置为 0。GPIOA 端口 ODR 寄存器的地址为 0x4001080C，它的第 2 位经过位带别名区映射后的地址为 $0x42000000+(0x4001080C-0x40000000)\times32+2\times4$，宏定义代码如下。

```
#define PA     *((volatile unsigned long *)(0x4001080C))
#define PA2    *((volatile unsigned long *)(0x42000000+(0x4001080C-0x40000000)*32+2*4))
```

不使用位带 I/O 操作，代码如下。

```
PA &= ~0x04;
```

使用位带 I/O 操作，代码如下。

```
PA2 = 0;
```

volatile 关键字提醒编译器，其后所定义的变量随时都有可能改变，因此在编译后的程序每次需要存储或读取这个变量的时候，都会直接从变量地址中读取数据。如果没有 volatile 关键字，则编译器可能优化读取和存储，暂时使用寄存器中的值，此时如果这个变量由其他程序更新了，则将出现不一致的现象。

对于被 volatile 关键字修饰的变量,编译器与运行时都会注意到这个变量是共享的,因此不会将对该变量的操作与其他内存操作一起重排序。volatile 类型变量不会被缓存在寄存器或者对其他处理器不可见的地方,因此在读取 volatile 类型的变量时总会返回最新写入的值。

2.4.2 位带操作宏定义

下面介绍位带操作宏定义。

1. 外设基地址宏定义

在 stm32f10x.h 中进行了外设基地址宏定义 PERIPH_BASE、外设总线 APB1 基地址宏定义 APB1PERIPH_BASE、外设总线 APB2 基地址宏定义 APB2PERIPH_BASE 和 AHB 总线基地址宏定义 AHBPERIPH_BASE,定义如下。

```
#define PERIPH_BASE          ((uint32_t)0x40000000)
#define APB1PERIPH_BASE      PERIPH_BASE
#define APB2PERIPH_BASE      (PERIPH_BASE + 0x10000)
#define AHBPERIPH_BASE       (PERIPH_BASE + 0x20000)
```

2. 端口基地址宏定义

STM32 的 GPIO 端口都是挂载在 APB2 总线上的,在 stm32f10x.h 文件中,端口外设 GPIOA ~ GPIOG 的基地址宏定义 GPIOA_BASE ~ GPIOG_BASE 如下。

```
#define GPIOA_BASE           (APB2PERIPH_BASE + 0x0800)
#define GPIOB_BASE           (APB2PERIPH_BASE + 0x0C00)
#define GPIOC_BASE           (APB2PERIPH_BASE + 0x1000)
#define GPIOD_BASE           (APB2PERIPH_BASE + 0x1400)
#define GPIOE_BASE           (APB2PERIPH_BASE + 0x1800)
#define GPIOF_BASE           (APB2PERIPH_BASE + 0x1C00)
#define GPIOG_BASE           (APB2PERIPH_BASE + 0x2000)
```

GPIOA_BASE 的地址后面加上了 0x0800,这里的 0x0800 就是 GPIOA 端口相对于 APB2 总线基地址的偏移地址,其他端口的地址相对于 APB2 总线基地址的偏移以此类推。

3. 端口寄存器地址宏定义

知道了每个端口的基地址后,再找出每个端口的输出寄存器 ODR 和输入寄存器 IDR 的地址,根据要设置的 ODR 或者 IDR 中的某个位,确定该位映射后的位带别名地址,最后写入数据到位带别名地址,就可以设置寄存器中对应位的值。

1)在 stm32f10x.h 中,端口寄存器的结构体定义如下。

```
typedef struct
{
    __IO uint32_t CRL;
    __IO uint32_t CRH;
    __IO uint32_t IDR;
    __IO uint32_t ODR;
    __IO uint32_t BSRR;
```

```
    __IO uint32_t BRR;
    __IO uint32_t LCKR;
} GPIO_TypeDef;
```

2）根据 GPIO_TypeDef 结构体定义可知，ODR 寄存器的偏移地址为 12，IDR 的偏移地址为 8。端口输出寄存器 ODR 地址的宏定义如下。

```
#define GPIOA_ODR_Addr    （GPIOA_BASE+12）//0x4001080C
#define GPIOB_ODR_Addr    （GPIOB_BASE+12）//0x40010C0C
#define GPIOC_ODR_Addr    （GPIOC_BASE+12）//0x4001100C
#define GPIOD_ODR_Addr    （GPIOD_BASE+12）//0x4001140C
#define GPIOE_ODR_Addr    （GPIOE_BASE+12）//0x4001180C
#define GPIOF_ODR_Addr    （GPIOF_BASE+12）//0x40011A0C
#define GPIOG_ODR_Addr    （GPIOG_BASE+12）//0x40011E0C
```

3）端口输入寄存器 IDR 地址的宏定义如下。

```
#define GPIOA_IDR_Addr    （GPIOA_BASE+8）//0x40010808
#define GPIOB_IDR_Addr    （GPIOB_BASE+8）//0x40010C08
#define GPIOC_IDR_Addr    （GPIOC_BASE+8）//0x40011008
#define GPIOD_IDR_Addr    （GPIOD_BASE+8）//0x40011408
#define GPIOE_IDR_Addr    （GPIOE_BASE+8）//0x40011808
#define GPIOF_IDR_Addr    （GPIOF_BASE+8）//0x40011A08
#define GPIOG_IDR_Addr    （GPIOG_BASE+8）//0x40011E08
```

4. 位带区映射地址

（1）BITBAND 宏定义

将位带区寄存器地址 addr 中的第 n 位转换成对应的位带别名地址，宏定义如下。

```
#define BITBAND(addr, bitnum) ((addr & 0xF0000000)+0x2000000
+((addr &0xFFFFF)<<5)+(bitnum<<2))
```

其中，BITBAND 为带参数的宏，addr 为位带区寄存器地址，bitnum 为操作寄存器位序号。以设置端口 A 的 ODR 的第 2 位为例（addr＝0x4001080C，bitnum＝2），计算过程如下。

1）外设 addr & 0xF0000000，保留最高 4 位，结果：0x40000000，得到外设基地址。

2）+0x2000000，结果：0x42000000，得到外设位带别名区基地址。

3）（addr &0xFFFFF），保留低 20 位，结果：0x1080C，得到寄存器的偏移地址。

4）<<5，左移 5 位，等价于乘以 32，结果：0x210180。

5）（bitnum<<2），左移 2 位，等价于乘以 4，结果：0x8。

6）BITBAND(0x4001080C, 2)的计算结果为：0x42210188。

（2）MEM_ADDR 和 BIT_ADDR 宏定义

设置端口 A 的输出寄存器 ODR 的第 2 位为 0，可以根据转换后得到的该位别名地址 0x42210188，将 0 写入到地址 0x42210188。宏定义如下。

```
#define MEM_ADDR(addr)    *((volatile unsigned long    *)(addr))
#define BIT_ADDR(addr,bitnum)    MEM_ADDR(BITBAND(addr,bitnum))
```

1) MEM_ADDR(addr)宏定义的作用是通过指针直接访问指定 addr 地址。

2) BIT_ADDR(addr,bitnum)宏定义的作用是结合 BITBAND 和 MEM_ADDR 两个宏定义的功能，通过 BITBAND 得到转换的位带别名地址，MEM_ADDR 通过指针访问该地址。

5. I/O 操作宏定义

针对端口输入和输出寄存器分别定义直接访问位的宏定义，代码如下。

```
#define PAout(n)    BIT_ADDR(GPIOA_ODR_Addr,n)    //A 端口输出
#define PAin(n)     BIT_ADDR(GPIOA_IDR_Addr,n)    //A 端口输入
#define PBout(n)    BIT_ADDR(GPIOB_ODR_Addr,n)    //B 端口输出
#define PBin(n)     BIT_ADDR(GPIOB_IDR_Addr,n)    //B 端口输入
...
```

有了以上 I/O 操作宏定义，对单片机引脚输出高低电平的设置的代码就变得非常简单了。例如，要设置 PA2 引脚输出高电平，PA5 引脚输出低电平，代码如下。

```
PAout(2)=1;
PAout(5)=0;
```

读取单片机引脚的数据的代码也变得很简单。例如，读取 PB8 引脚电平状态，如果是高电平，则 D1 点亮；如果是低电平，则 D1 熄灭，代码如下。

```
if (PBin(8)==1)              //读取 PB8 引脚电平状态，判断是否为高电平
    PAout(0)=0;              //PA0 输出低电平，D1 点亮
else
    PAout(0)=1;              //PA0 输出高电平，D1 熄灭
```

2.4.3 端口位操作程序

在 DRV 文件夹下新建一个 ioconfig.h 头文件，在该头文件中写入端口位带操作的宏定义，以后编程中只需要包含此头文件就可以直接对端口输入/输出引脚进行操作了。ioconfig.h 头文件定义如下。

```
#ifndef _IOCONFIG_H
#define _IOCONFIG_H
//位带操作
//I/O 端口操作宏定义
#define BITBAND(addr, bitnum) ((addr & 0xF0000000)+0x2000000+((addr & 0xFFFFF)<<5)+(bitnum<<2))
#define MEM_ADDR(addr)    *((volatile unsigned long   *)(addr))
#define BIT_ADDR(addr, bitnum)    MEM_ADDR(BITBAND(addr, bitnum))
//I/O 端口输出地址映射
#define GPIOA_ODR_Addr    (GPIOA_BASE+12) //0x4001080C
#define GPIOB_ODR_Addr    (GPIOB_BASE+12) //0x40010C0C
#define GPIOC_ODR_Addr    (GPIOC_BASE+12) //0x4001100C
#define GPIOD_ODR_Addr    (GPIOD_BASE+12) //0x4001140C
#define GPIOE_ODR_Addr    (GPIOE_BASE+12) //0x4001180C
```

```
#define GPIOF_ODR_Addr        (GPIOF_BASE+12) //0x40011A0C
#define GPIOG_ODR_Addr        (GPIOG_BASE+12) //0x40011E0C
//I/O 端口输入地址映射
#define GPIOA_IDR_Addr        (GPIOA_BASE+8) //0x40010808
#define GPIOB_IDR_Addr        (GPIOB_BASE+8) //0x40010C08
#define GPIOC_IDR_Addr        (GPIOC_BASE+8) //0x40011008
#define GPIOD_IDR_Addr        (GPIOD_BASE+8) //0x40011408
#define GPIOE_IDR_Addr        (GPIOE_BASE+8) //0x40011808
#define GPIOF_IDR_Addr        (GPIOF_BASE+8) //0x40011A08
#define GPIOG_IDR_Addr        (GPIOG_BASE+8) //0x40011E08
//I/O 端口操作,n 的值为 0~15
#define PAout(n)        BIT_ADDR(GPIOA_ODR_Addr,n)    //A 端口输出
#define PAin(n)         BIT_ADDR(GPIOA_IDR_Addr,n)    //A 端口输入
#define PBout(n)        BIT_ADDR(GPIOB_ODR_Addr,n)    //B 端口输出
#define PBin(n)         BIT_ADDR(GPIOB_IDR_Addr,n)    //B 端口输入
#define PCout(n)        BIT_ADDR(GPIOC_ODR_Addr,n)    //C 端口输出
#define PCin(n)         BIT_ADDR(GPIOC_IDR_Addr,n)    //C 端口输入
#define PDout(n)        BIT_ADDR(GPIOD_ODR_Addr,n)    //D 端口输出
#define PDin(n)         BIT_ADDR(GPIOD_IDR_Addr,n)    //D 端口输入
#define PEout(n)        BIT_ADDR(GPIOE_ODR_Addr,n)    //E 端口输出
#define PEin(n)         BIT_ADDR(GPIOE_IDR_Addr,n)    //E 端口输入
#define PFout(n)        BIT_ADDR(GPIOF_ODR_Addr,n)    //F 端口输出
#define PFin(n)         BIT_ADDR(GPIOF_IDR_Addr,n)    //F 端口输入
#define PGout(n)        BIT_ADDR(GPIOG_ODR_Addr,n)    //G 端口输出
#define PGin(n)         BIT_ADDR(GPIOG_IDR_Addr,n)    //G 端口输入
#endif
```

2.5　任务 2　炫彩跑马灯系统设计

2.5 任务 2 炫彩跑马灯系统设计

任务要求

开发板上的 4 个 LED 灯分别为 D1、D2、D3 和 D4，编写程序来控制开发板上的 4 个 LED 灯轮流点亮，实现跑马灯功能。

2.5.1　程序工作流程

编写程序控制 D1、D2、D3、D4 按顺序依次点亮，且每次只亮一个 LED 灯。跑马灯程序流程图如图 2-12 所示。

要实现以上功能，就必须对 4 个灯每次点亮时的状态进行分析。

1）状态 1：D1 亮，D2 灭，D3 灭，D4 灭。

2）状态 2：D1 灭，D2 亮，D3 灭，D4 灭。

3）状态 3：D1 灭，D2 灭，D3 亮，D4 灭。

4）状态 4：D1 灭，D2 灭，D3 灭，D4 亮。

编写程序时只需要依次实现这 4 种状态，在状态切换之间加上一定的延时时间，就可以

实现跑马灯的效果。要想跑马灯跑得快，延时时间可以设置短些；要想跑马灯跑得慢些，延时时间可以设置长些。

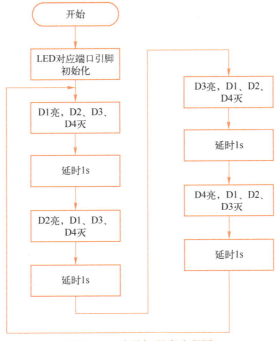

图 2-12　跑马灯程序流程图

2.5.2　系统设计与实现

下面进行系统设计与实现。

1. 跑马灯程序功能实现

复制并粘贴"21_STM32_点亮 LED 灯"文件夹，将文件夹名改成"22_STM32_炫彩跑马灯"，在 DRV 文件夹下，创建 dly.c 和 dly.h 文件，然后，在工程左侧列表框中选中 DRV 目录后单击鼠标右键，在弹出的快捷菜单中选择"Add Files to Group 'DRV'…"，在弹出的界面中选择 DRV 目录下的 dly.c 文件，然后单击"Add"按钮，如图 2-13 所示。此时，dly.c 文件会添加到工程的 DRV 目录中，如图 2-14 所示。

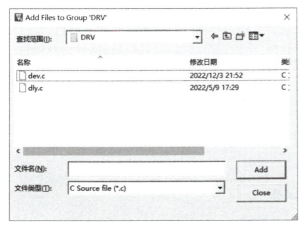

图 2-13　添加已有文件对话框

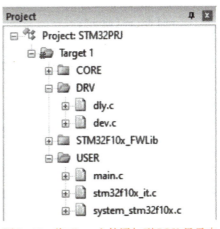

图 2-14　将 dly.c 文件添加到 DRV 目录中

1) dly. c 文件中程序代码如下。

```c
#include "stm32f10x. h"
#include "dly. h"
void dly_1us( )
{
    __nop( );__nop( );__nop( );__nop( );__nop( );__nop( );__nop( );__nop( );__nop( );__nop( );
    __nop( );__nop( );__nop( );__nop( );__nop( );__nop( );__nop( );__nop( );__nop( );__nop( );
    __nop( );__nop( );__nop( );__nop( );__nop( );__nop( );__nop( );__nop( );__nop( );__nop( );
    __nop( );__nop( );__nop( );__nop( );__nop( );__nop( );__nop( );__nop( );__nop( );__nop( );
    __nop( );__nop( );__nop( );__nop( );__nop( );__nop( );__nop( );__nop( );__nop( );__nop( );
    __nop( );__nop( );__nop( );__nop( );
}
void dly_us( int m)
{
    while( --m)
    {
        dly_1us( );
    }
}
void dly_ms( int m)
{
    uint32_t n=m * 1000;
    while( --n)
    {
        dly_1us( );
    }
}
```

2) 单击 dly. h 文件，写入如下代码。

```c
#ifndef _DLY_H
#define _DLY_H
void dly_us( int m);
void dly_ms( int m);
#endif
```

3) 单击 all_system. h 文件，写入如下代码。

```c
#include "ioconfig. h"
#include "dly. h"
```

4) 单击 main. c 文件，写入如下代码。

```c
/ * * * * * * * * * * * * * * * * * * * * *
Function：跑马灯
Describe：控制开发板上 4 个 LED 灯依次点亮
* * * * * * * * * * * * * * * * * * * * */
#include "all_system. h"
```

```
#define T 1000                                    //延时时间为 1 秒
int main(void)
{
    led_init();                                   //调用 LED 灯连接引脚初始化函数
    while(1)
    {
        //方法一
        GPIO_ResetBits(GPIOA,GPIO_Pin_0);         //PA0 输出低电平，D1 亮
        //PA1、PA2、PA3 输出高电平，D1、D2、D3 灭
        GPIO_SetBits(GPIOA,GPIO_Pin_1|GPIO_Pin_2|GPIO_Pin_3);
        dly_ms(T);
        GPIO_ResetBits(GPIOA,GPIO_Pin_1);         //PA1 输出低电平，D2 亮
        GPIO_SetBits(GPIOA,GPIO_Pin_0|GPIO_Pin_2|GPIO_Pin_3);
        dly_ms(T);
        GPIO_ResetBits(GPIOA,GPIO_Pin_2);         //PA2 输出低电平，D3 亮
        GPIO_SetBits(GPIOA,GPIO_Pin_0|GPIO_Pin_1|GPIO_Pin_3);
        dly_ms(T);
        GPIO_ResetBits(GPIOA,GPIO_Pin_3);         //PA3 输出低电平，D4 亮
        GPIO_SetBits(GPIOA,GPIO_Pin_0|GPIO_Pin_1|GPIO_Pin_2);
        dly_ms(T);
    }
}
```

说明： 方法一部分还可以使用位操作的方式实现，代码如下。

```
//方法一的另一种实现方式：位操作
D1=0;D2=1;D3=1;D4=1;
dly_ms(T);
D1=1;D2=0;D3=1;D4=1;
dly_ms(T);
D1=1;D2=1;D3=0;D4=1;
dly_ms(T);
D1=1;D2=1;D3=1;D4=0;
dly_ms(T);
```

跑马灯还可以通过 GPIO_Write( ) 函数来实现（见下面的方法二），可以一次性配置 4 个引脚的输出状态，代码如下。

```
//方法二
//状态一：D1 亮，D2 灭，D3 灭，D4 灭，00001110
GPIO_Write(GPIOA,0x0E);
dly_ms(DT);
//状态二：D1 灭，D2 亮，D3 灭，D4 灭，00001101
GPIO_Write(GPIOA, 0x0D);
dly_ms(DT);
//状态三：D1 灭，D2 灭，D3 亮，D4 灭，00001011
```

```
GPIO_Write(GPIOA, 0x0B);
dly_ms(DT);
//状态四: D1 灭, D2 灭, D3 灭, D4 亮, 00000111
GPIO_Write(GPIOA,0x07);
dly_ms(DT);
```

在跑马灯中 LED 灯数量少的时候, 可以通过上述两种方法实现, 而当 LED 灯有 8 个或者 16 个时, 用上述方法实现时就会出现很多重复代码, 程序编写效率低。此时, 可以通过循环移位的方式实现跑马灯。在 main 函数前面定义三个变量 i、m 和 n, 如下面的代码如示。

```
//通过循环移位方式实现多个跑马灯
m=0x01;                    //赋初始值
for(i=0;i<4;i++)
{
    n=~m;
    GPIO_Write(GPIOA,n);
    dly_ms(DT);
    m<<=1;                 //右移一位
}
```

说明: C 语言中的取反操作符 "~" 的功能是将二进制数全部取反。在变量 m=0x01 时, 执行 "n=~m;" 语句后, n 的值变为 0xFE。

C 语言中移位操作符 "<<" 的功能是将变量对应的二进制数向左移动一位, 最高位丢弃, 最低位补 0。在变量 m=0x01 时, 执行 "m<<=1;" 语句后, m 的值变为 0x02。

2. 工程编译及调试

(1) 仿真调试

使用 Proteus 软件打开 "仿真" 文件夹中的工程, 双击芯片打开配置界面, 选择编译好的 hex 文件后单击 "OK" 按钮。回到工程主界面, 单击左下角的运行图标按钮, 使程序在仿真电路上运行, 运行效果如图 2-15 所示。

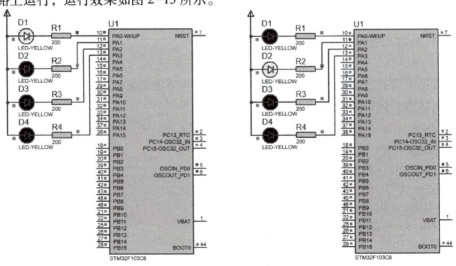

图 2-15　跑马灯仿真运行效果

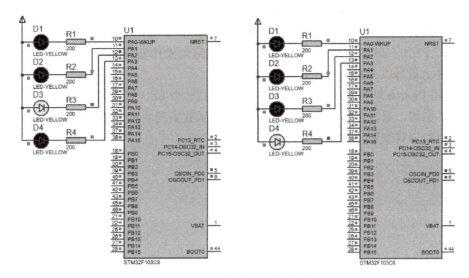

图 2-15 跑马灯仿真运行效果（续）

（2）下载调试

程序编译无误后在 Proteus 仿真软件中运行，看到实际的运行效果后，通过仿真器将代码下载到芯片中运行，可以在开发板上看到跑马灯的运行效果。

思考与练习

一、简答题

1. STM32 微处理器的总线包含哪些部分？

2. 数据存储时，是以小端格式存放的，什么是小端格式？

3. 什么是寄存器？什么是寄存器映射？

4. 简述发光二极管的亮灯条件。

5. STM32 端口的工作模式有哪些？

6. STM32 的时钟源有哪些？

7. 条件编译指令#ifndef 有什么作用？

8. STM32 的位带操作是如何实现的？

9. 如何改变跑马灯的工作频率？

二、上机操作

1. 通过编程方式，使用库函数 GPIO_SetBits 和 GPIO_ResetBits 实现 4 个 LED 灯 D1、D3、D2、D4 轮流点亮，循环运行。

2. 通过编程方式，使用库函数 GPIO_WriteBit 实现 4 个 LED 灯 D1、D2、D3、D4 依次点亮，在 4 个灯全部点亮后全部熄灭，然后循环运行。

3. 通过编程方式，使用库函数 GPIO_Write 实现 4 个 LED 灯一次长亮、两次短亮闪烁。

4. 通过编程方式，以 D1~D4 作为 4 位二进制数（D1 为最低位，1 表示亮，0 表示灭）实现对核心板上的 LED 灯闪烁进行计数功能，核心板上的 LED 灯每亮 1 次，二进制数加 1，当加到16时，自动转变成0并重新计数。

5. 使用Proteus软件绘制LED电路，D1～D8共8个LED灯共阴极接地，阳极分别接PA4～PA7、PB10～PB13引脚。通过编程方式，使用位操作实现8个LED灯的跑马灯功能，在仿真软件上运行以观察跑马灯效果。

6. 使用Proteus软件绘制LED电路，D1～D8共8个LED灯共阳极接电源，阴极分别接PB8～PB15引脚。通过循环方式操作GPIO_Write函数实现8个LED灯的跑马灯功能，在仿真软件上运行以观察跑马灯效果。

项目 3
风扇控制器设计与实现

学习目标

学会使用开发板上的三个独立式按键，控制继电器工作，按第一个按键设置操作时的声音提示开启，再次按第一个按键设置操作时的声音提示关闭；按下第二个按键，继电器闭合，风扇转；按下第三个按键，继电器断开，风扇停。

【知识目标】

1. 了解按键的结构及抖动产生的原因；
2. 掌握独立式按键硬件电路设计方法；
3. 掌握 STM32 端口复用功能及禁止 JTAG 功能的方法；
4. 掌握按键控制 LED 灯的程序设计方法；
5. 了解继电器、蜂鸣器的工作原理；
6. 掌握继电器、蜂鸣器控制电路的设计方法；
7. 掌握风扇控制器的程序设计方法。

【能力目标】

1. 具有设计独立式按键硬件电路的能力；
2. 具有读取 STM32 I/O 端口引脚电平状态的能力；
3. 具有使用按键控制继电器、蜂鸣器工作的能力。

【素养目标】

- 树立学生遵纪守法、规范编程的意识。
- 激发学生的创新潜能，鼓励他们勇敢开拓、积极实践。

3.1 按键

3.1 按键

3.1.1 按键的分类

按键是嵌入式系统中常用的一种输入设备，通过按键，可以修改参数或者执行操作指令等。

按键按照结构原理可分为两类：一类是触点式开关按键，如机械式开关、导电橡胶式开关等；另一类是无触点式开关按键，如电气式按键、磁感应按键等。前者造价低，后者寿命长。目前，嵌入式系统中最常用的按键是触点式开关按键。

按键按照封装形式分为直插式按键和贴片式按键，如图 3-1 所示。

图 3-1　常用的按键外观

按键作为常用的输入设备，又分为独立式按键和矩阵式键盘两大类。在按键数量较少时，可使用独立式按键；在按键数量较多时，为了节省单片机引脚数量，一般使用矩阵式键盘。

3.1.2　按键抖动

嵌入式系统中所用的按键一般都是机械式开关，具有一定的弹性，按键在按下和松开的瞬间均伴随有一连串的抖动，其波形如图 3-2 所示。

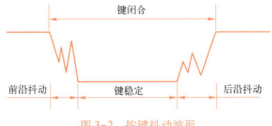

图 3-2　按键抖动波形

按键抖动时间由按键的机械特性决定，一般为 5~10 ms。按键抖动期间引起的电压信号的波动，可能使 CPU 误读为多次按键操作，从而引起按键被多次按下的误判。为了保证 CPU 对按键的一次闭合仅做一次处理，所以必须去除抖动，消除干扰信号。按键去除抖动有两种方法：硬件消抖和软件消抖，常用的方法为软件消抖。

软件消抖的基本原理是：在检测到有按键按下时，不是立即认定此按键已被按下，而是先执行一个 5~10 ms（具体时间应根据所使用的按键进行调整）的延时程序，再确认该按键电平是否仍然保持闭合状态，若仍然保持，则确认该按键被按下。

常见的软件消抖方法是，检测到按键闭合后，执行一个延时程序，延时为 5~10 ms，在前沿抖动消失后再次检测按键的状态，如果仍保持闭合状态的电平，则确认真正有按键按下；当检测到按键释放后，也要有 5~10 ms 的延时，待后沿抖动消失后才能转入该按键的处理程序。

3.1.3　独立式按键

独立式按键中的每一个按键都需要单独占用一个单片机的端口引脚，如图 3-3 所示。按键使用时需要接上拉电阻 R1（一般为 10 kΩ 电阻），确保在按键断开时端口引脚 PA0 有确

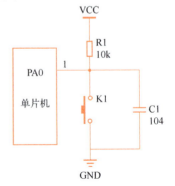

图 3-3　按键电容滤波电路

定的高电平状态。此电路中 C1 为滤波电容 104，可以实现硬件消抖，当按键产生抖动时，电容会通过充放电过程来平滑抖动信号，从而输出稳定的电平信号。

　　按键电路在初始上电后，PA0 点的电压在上拉电阻的作用下保持高电平状态，当按键 K1 被按下时，它所对应的端口 PA0 引脚电平由高电平变成低电平；当按键松开后，PA0 引脚电平又恢复为高电平状态。若有多个按键，则按键之间是相互独立的，按下任何一个按键对其他按键的状态没有任何影响。这种电路的优点是电路配置灵活，软件结构简单，但占用端口引脚的资源多，适合少量按键的情况。

　　STM32 系列单片机的端口可以通过软件配置，引脚内部带上拉电阻，设计按键电路时可以不接上拉电阻。

3.1.4　按键硬件设计

　　按键控制中的 LED 部分即跑马灯项目中所用到的发光二极管，按键部分硬件电路如图 3-4 所示，按键 K1、K2 和 K3 的一端接地，另一端分别接单片机的引脚 PB4、PB5 和 PB6。单片机中的 PB3 和 PB4 引脚也是功能复用引脚 JTDO 与 NJTRST，虽然核心板

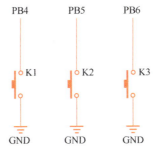

图 3-4　按键部分硬件电路

3.1.4 按键硬件设计

中未使用 JTAG 下载模式，但也有这两个引脚。这两个引脚上电默认为 JTAG 下载模式，使用时需要关闭此模式，让引脚回归为普通 I/O 端口功能。

　　按键 K1、K2 和 K3 都具有两种状态：闭合状态和断开状态。闭合状态下，其连接到单片机的引脚直接接地，为低电平状态；断开状态下，其连接到单片机的引脚，由于内部上拉电阻的作用而处于高电平状态。

　　对于单片机来说，它需要通过连接到按键的引脚来感知按键的状态，即单片机要能够识别出按键对应的单片机引脚上电平的高低。

　　此时单片机就需要"读"引脚上的电平状态，如果读到 1，则说明引脚为高电平状态，对应的按键为断开状态；如果读到 0，则说明引脚为低电平状态，对应的按键为闭合状态。

　　STM32F103 单片机引脚都具有内部上拉功能，不需要再外接上拉电阻，只需要在引脚初始化时，设置为上拉输入模式。

3.2　端口输入库函数

3.2 端口输入库函数

3.2.1　端口复用和禁用 JTAG 功能

　　下面介绍端口复用和禁用 JTAG 功能。

1. 端口复用

　　STM32 单片机的引脚一般作为普通的输入/输出引脚使用，但是芯片内部也有很多内置外设，它们也需要通过引脚与外界进行信息交流。此时就会发现单片机的引脚数量有限，如果每个内置外设都要单独占用引脚，普通的引脚就不够用了。

　　所以芯片设计师就想到了一个办法，同一个引脚，平常可以作为普通引脚使用，但是它还有另一个隐藏的身份，就是某个内置外设的输入输出引脚。当需要用到这个外设的时候，这个普通的引脚就可以变成相关外设的引脚，这就是端口复用。端口复用可以节省单片机引

脚数量，使得引脚的利用效率最大化。

STM32 外设的外部引脚是与 GPIO 复用的。默认情况下，这些 GPIO 端口只能作为普通的 I/O 端口进行输入和输出，如果把这些 GPIO 端口的引脚复用为内置外设的功能引脚，通过这些 GPIO 端口的引脚就可以使用内置外设了，这个过程称为端口复用。但不是每一个引脚都有对应的复用功能。

2. 禁用 JTAG 功能

STM32 的引脚可设置为普通 I/O 功能、复用功能、重映射功能。其中普通 I/O 功能、复用功能用得比较多。端口复用和重映射都与单片机的 I/O 端口有关系，其中端口复用是指将一个 I/O 端口赋予多个功能，通过设置 I/O 端口的工作模式来实现不同的功能。

STM32 的 PB3、PB4、PA13、PA14、PA15 默认是 JTAG 用的引脚，若要当成普通 I/O 端口使用，则需要使用库函数 GPIO_PinRemapConfig( ) 进行配置，以关闭 JTAG 功能。该函数定义如下。

```
void GPIO_PinRemapConfig(uint32_t GPIO_Remap, FunctionalState NewState);
```

第一个参数是整型变量 GPIO_Remap，它用来确定需要端口重映射的外设功能名称，对应于 JTAG 的外设功能名称如下。

1) GPIO_Remap_SWJ_JTAGDisable：PB3、PB4、PA15 作为普通 I/O 端口引脚，PA13、PA14 用于 SWD 下载调试。

2) GPIO_Remap_SWJ_Disable：PB3、PB4、PA13、PA14、PA15 这 5 个引脚全为普通 I/O 端口引脚，但不能再用于 JTAG 和 SWD 仿真器调试。

3) GPIO_Remap_SWJ_NoJTRST：PB4 可为普通 I/O 端口，JTAG 和 SWD 正常使用，但 JTAG 没有复位功能。

第二个参数是 NewState，取值为 ENABLE 或者 DISABLE。

说明：在关闭引脚的 JTAG 功能之前，必须开启 RCC_APB2Periph_AFIO 时钟，因为用到外设的重映射功能就需要使能 AFIO 的时钟，代码如下。

```
RCC_APB2PeriphClockCmd(RCC_APB2Periph_AFIO, ENABLE);
GPIO_PinRemapConfig(GPIO_Remap_SWJ_JTAGDisable, ENABLE);
```

3.2.2 读引脚状态库函数

下面介绍几种读引脚状态库函数。

1. 读输入引脚位状态 GPIO_ReadInputDataBit( ) 函数

GPIO_ReadInputDataBit( ) 函数的功能是读取指定端口的指定引脚输入值，也就是读取端口的 IDR 输入寄存器中引脚对应位的值，读取结果为 0 或者 1。

```
uint8_t GPIO_ReadInputDataBit(GPIO_TypeDef * GPIO×, uint16_t GPIO_Pin);
```

第一个参数 GPIO× 是结构体 GPIO_TypeDef 的指针变量，用于确定读哪一个端口，它的取值范围为 GPIOA~GPIOG。

第二个参数 GPIO_Pin 是短整型变量，用于确定读哪一个引脚，它的取值为 GPIO_Pin_×，其中×的取值范围为 0~15。

例如，读取端口 A 的第 5 引脚输入电平状态的代码如下。

```
unsigned char pin=0;        //引脚电平状态值: 0 表示低电平, 1 表示高电平
pin=GPIO_ReadInputDataBit(GPIOA,GPIO_Pin_5);
```

采用寄存器的实现方法：

> pin＝（GPIOA→IDR>>5)&0x01；

2. 读输入引脚端口状态 GPIO_ReadInputData( ) 函数

GPIO_ReadInputData( ) 函数的功能是读取指定端口全部 16 个引脚的输入值，即读取端口的 IDR 输入寄存器的值，读取结果为 16 位的二进制数。

> uint16_t GPIO_ReadInputData(GPIO_TypeDef * GPIO×)；

例如，读取端口 A 的引脚输入电平状态的代码如下。

> unsigned short port；　　//引脚电平状态值为 16 位，对应 16 个引脚输入状态
> port＝GPIO_ReadInputData(GPIOA)；

采用寄存器的实现方法：

> port＝GPIOA→IDR；

3. 读输出引脚位状态 GPIO_ReadOutputDataBit( ) 函数

GPIO_ReadOutputDataBit( ) 函数的功能是读取指定端口的指定引脚输出值，也就是读取端口的 ODR 输出寄存器中引脚对应位的值，读取结果为 0 或者 1。

> uint8_t GPIO_ReadOutputDataBit(GPIO_TypeDef * GPIO×, uint16_t GPIO_Pin)；

例如，读取端口 B 的第 10 引脚输出电平状态的代码如下。

> unsigned char pin＝0；　　//引脚电平状态值：0 表示低电平，1 表示高电平
> pin＝GPIO_ReadOutputDataBit(GPIOB,GPIO_Pin_10)；

采用寄存器的实现方法：

> pin＝（GPIOB→ODR>>10)&0x01；

4. 读输出引脚端口状态 GPIO_ReadOutputData( ) 函数

GPIO_ReadOutputData( ) 函数的功能是读取指定端口全部 16 个引脚的输出值，也就是读取端口的 ODR 输出寄存器的值，读取结果为 16 位的二进制数。

> uint8_t GPIO_ReadOutputData(GPIO_TypeDef * GPIO×)；

例如，读取端口 B 的引脚输出电平状态的代码如下。

> unsigned short port；　　//引脚电平状态值为 16 位，对应 16 个引脚输出状态
> port＝GPIO_ReadOutputData(GPIOB)；

采用寄存器的实现方法：

> port＝GPIOA→ODR；

3.3　任务 1　按键控制 LED 灯系统设计

3.3 任务 1　按键控制 LED 灯系统设计

 任务要求

对于开发板上的三个独立式按键 K1、K2 和 K3，按下 K1 时，控制 LED 灯 D1 点亮或熄灭；按下 K2 时，控制 LED 灯 D2 点亮或熄灭；按下 K3 时，控制 LED 灯 D3、D4 同时点亮

或熄灭。

3.3.1　仿真电路设计

下面通过 Altium Designer 软件设计独立式按键硬件电路原理图，要求按键 K1、K2、K3 分别连接 STM32F103C8 芯片的 PB4、PB5、PB6 引脚。

1）复制并粘贴 "22_STM32_炫彩跑马灯" 文件夹，将文件夹名改成 "31_STM32_按键控制 LED 灯"，打开该目录中的 "仿真" 文件夹，双击打开 STM32project. pdsprj 仿真工程。

2）单击主界面左侧列表 "Device" 上的 "P" 按钮，打开元件选取界面 "Pick Devices"，在左上角的 "Keywords" 文本框中输入 "button"，然后选中右侧列表框里的 "BUTTON" 元件，最后单击 "确定" 按钮，如图 3-5 所示。

3）在主界面的 "Device" 列表中单击 Button 元件，放置三个按键到右侧画布中，并排列好位置，然后分别连接 PB4 到 K1、PB5 到 K2、PB6 到 K3。按键控制 LED 灯的硬件电路如图 3-6 所示。

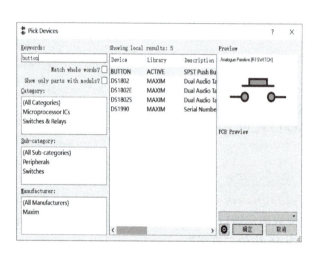

图 3-5　选取 Button 元件

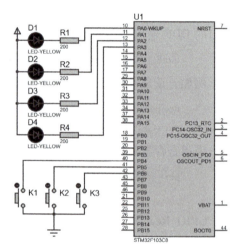

图 3-6　按键控制 LED 灯的硬件电路

3.3.2　程序工作流程

通过编写程序，实现按下 K1 时控制 LED 灯。按键控制 LED 灯主程序流程图如图 3-7 所示。

根据按键硬件电路分析可知，单片机必须能够识别出哪个按键被按下了，这可通过调用按键扫描函数 key_scan( )实现，该函数的程序流程图如图 3-8 所示。

根据被按下的不同按键，来确定要执行的任务。要识别按键，就需要循环不断地读引脚上的电平。根据端口位操作定义可知，使用 PBin(×)，×为 PB 口的引脚号，可以读出端口引脚电平信号。功能分析如下。

1）初始时，设置 4 个 LED 灯都熄灭。

2）调用按键扫描函数 key_scan( )，识别 K1、K2 和 K3 中哪一个按键被按下了。

3）根据识别的结果，分析：

① 如果按下的是 K1，则控制 D1 状态取反；

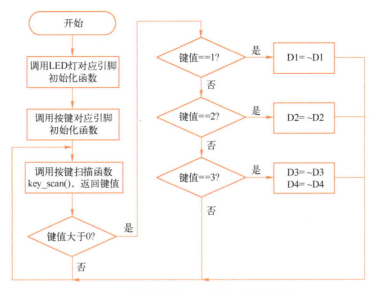

图 3-7　按键控制 LED 灯主程序流程图

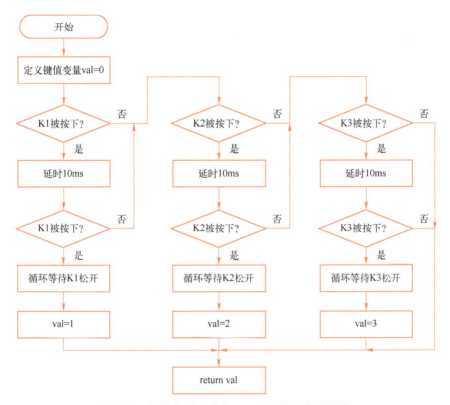

图 3-8　按键扫描函数 key_scan( ) 的程序流程图

② 如果按下的是 K2，则控制 D2 状态取反；
③ 如果按下的是 K3，则控制 D3、D4 状态取反。

3.3.3　系统设计与实现

下面进行系统设计与实现。

1. 按键控制 LED 灯功能实现

进入工程文件夹下的 DRV 目录，创建两个文件，文件名分别为 key.c 和 key.h，并将 key.c 文件添加到工程中。

（1）key.h 文件

key.h 头文件中的代码如下。

```
#ifndef _KEY_H
#define _KEY_H
#include "ioconfig.h"
#define   K1 PBin(4)
#define   K2 PBin(5)
#define   K3 PBin(6)
void key_init(void);
u8 key_scan(void);
#endif
```

（2）key.c 文件

key.c 文件中的代码如下。

```
#include "stm32f10x.h"
#include "key.h"
void key_init(void)
{
    GPIO_InitTypeDef GPIO_I;        //定义端口配置结构体变量
    RCC_APB2PeriphClockCmd(RCC_APB2Periph_GPIOB|RCC_APB2Periph_AFIO, ENABLE);
    GPIO_PinRemapConfig(GPIO_Remap_SWJ_JTAGDisable, ENABLE);
    GPIO_I.GPIO_Pin = GPIO_Pin_4|GPIO_Pin_5|GPIO_Pin_6;   //4~6引脚
    GPIO_I.GPIO_Speed = GPIO_Speed_50MHz;
    GPIO_I.GPIO_Mode = GPIO_Mode_IPU;                     //上拉输入
    GPIO_Init(GPIOB, &GPIO_I);
}
u8 key_scan(void)
{
    u8 val=0;
    if(K1==0)                   //读PB4，结果为0，按键K1被按下
    {
        dly_ms(10);             //软件延时去抖
        if(K1==0)
        {
            while(K1==0);
            val=1;
        }
    }
    if(K2==0)                   //读PB5，结果为0，按键K2被按下
    {
```

```
                dly_ms(10);
                if(K2==0)
                {
                    while(K2==0);
                    val=2;
                }
            }
            if(K3==0)              //读 PB6,结果为 0,按键 K3 被按下
            {
                dly_ms(10);
                if(K3==0)
                {
                    while(K3==0);
                    val=3;
                }
            }
        }
        return val;
}
```

（3）main. c 文件

在系统头文件 all_system. h 中加入 key. h，然后单击 main. c 文件，在该文件中输入如下代码。

```
/*********************
Function：按键控制 LED 灯
Describe：按下 K1 时,控制 D1 状态取反；按下 K2 时,控制 D2 状态取反；
按下 K3 时,控制 D3、D4 状态取反
*********************/
#include "all_system. h"
int main(void)
{
    u8 key=0;            //按键键值
    led_init();          //调用 LED 灯对应引脚初始化函数
    key_init();          //调用按键对应引脚初始化函数
    while(1)
    {
        key=key_scan();
        if(key>0)
        {
            switch(key)
            {
                case 1:D1=~D1;break;
                case 2:D2=~D2;break;
                case 3:D3=~D3;D4=~D4;break;
```

```
                }
              }
            }
          }
```

2. 工程编译及调试

（1）仿真调试

使用 Proteus 软件打开"仿真"文件夹中的工程，双击芯片打开配置界面，选择编译好的 hex 文件后单击"OK"按钮。回到工程主界面，单击左下角的"运行"按钮，使程序在仿真电路上运行，分别按下 K1、K2 和 K3，观察 4 个 LED 灯的运行效果。

（2）下载调试

程序编译无误后可在 Proteus 仿真软件中运行，看到实际的运行效果后，通过仿真器下载代码到芯片中运行，在开发板上分别按下 K1、K2 和 K3 以观察实际运行效果。

3.4 继电器和蜂鸣器

本节介绍继电器和蜂鸣器。

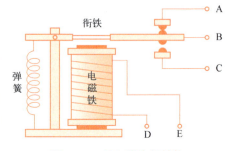

3.4 继电器和蜂鸣器

3.4.1 继电器

下面介绍继电器及其工作原理。

1. 继电器简介

继电器是一种当输入量（电、磁、声、光、热）达到一定值时，输出量将发生跳跃式变化的自动控制元件。继电器是具有隔离功能的自动开关元件，广泛应用于遥控、遥测、通信、自动控制、机电一体化及电力电子设备中，是最重要的控制元件之一，其实物如图 3-9 所示。它实际上是用小电流去控制大电流运作的一种"自动开关"，在电路中起着自动调节、安全保护、转换电路等作用。

图 3-9 继电器实物

2. 继电器工作原理

电磁继电器主要由电磁铁、衔铁、弹簧和触点组成，如图 3-10 所示。初始状态时，触点 B 和 A 闭合，触点 B 和 C 断开。线圈缠绕在铁心上形成电磁铁，当线圈引出线 D、E 两端接通电源时，线圈导线通过电流，线圈的激磁电流产生磁通，磁通通过铁心、轮铁、衔铁和工作气隙组成磁路，并在工作气隙产生电磁吸力。当激磁电流上升达到某一值

图 3-10 继电器内部结构

时，电磁吸力矩将克服动簧的反力矩使衔铁转动，带动推动片推动动簧，实现触点 B 和 C 闭合；当激磁电流减小到一定值时，动簧反力矩大于电磁吸力矩，衔铁回到初始状态，触点 B 和 C 断开后再重新连接触点 A。

在继电器的引脚定义中，通常称触点 B 为公共端 COM，触点 A 为常闭端 NC，触点 C 为常开端 NO。

3.4.2　继电器电路设计

3.4.2 继电器电路设计

因为继电器的线圈工作电流一般比较大，单片机的 I/O 端口是无法直接驱动的，所以要利用晶体管的开关特性来控制线圈电源的通断。使用时需要在继电器的线圈引脚两端接一个反向的二极管，晶体管断开线圈电路时，起到泄流的作用。

继电器可选用输入电压 3.3 V 供电，使用大电流 8050 晶体管作为电子开关，继电器作为负载接在晶体管的集电极，在晶体管的基极接 1 kΩ 的限流电阻后接单片机 PB0 引脚。在电源和晶体管的集电极之间连接反向续流二极管，当晶体管断开时，提供流过继电器线圈的电流的泄流路径。继电器硬件电路图如图 3-11 所示。

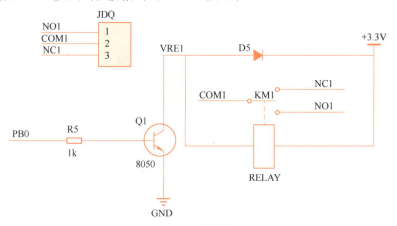

图 3-11　继电器硬件电路图

3.4.3　蜂鸣器

下面介绍蜂鸣器的定义、作用和分类，并详细介绍电磁式蜂鸣器。

1. 蜂鸣器简介

蜂鸣器是一种一体化结构的电子讯响器，是单片机中常用的输出设备，其实物如图 3-12 所示。它采用直流电压供电，在计算机、打印机、复印机、报警器、电子玩具、汽车电子设备、家电设备、定时器等电子产品中用作发声器件。蜂

图 3-12　蜂鸣器实物

鸣器主要用于提示或报警，根据外观和用途的不同，可发出音乐声、汽笛声、警报声、响铃声等多种不同的声音。

蜂鸣器可以分为两大类：电磁式蜂鸣器和压电式蜂鸣器，最常用的是电磁式蜂鸣器。

2. 电磁式蜂鸣器

电磁式蜂鸣器由振荡器、电磁线圈、磁铁、振动膜片和外壳及引脚组成。电磁式蜂鸣器

上电后，里面的振荡器就会产生音频电流信号，当这个电流通过电磁线圈的时候，电磁线圈就产生了磁场。最后，电磁式蜂鸣器里的振动膜片在电磁线圈和磁铁的相互作用下就会周期性振动。根据电磁式蜂鸣器里面有没有振荡器，可以把它分成有源蜂鸣器和无源蜂鸣器两种。

（1）有源蜂鸣器

有源蜂鸣器里面有振荡器。它的发声部件是电磁式结构。只要给它加上直流电，里面的振荡器就可以发出音频信号，不需要添加音频电流信号。

（2）无源蜂鸣器

无源蜂鸣器的结构与喇叭差不多，其内部没有振荡器，它主要利用电磁线圈来使振荡膜发出声音。因为其内部没有振荡器，所以，如果只是给它提供直流电，那么它是不会发出声音的，因此需要给它一些音频信号才行。

3.4.4 蜂鸣器电路设计

蜂鸣器可选用输入电压 3.3 V 供电，使用大电流 8050 晶体管作为电子开关，蜂鸣器作为负载接在晶体管的集电极，在晶体管的基极接 1 kΩ 的限流电阻，再接单片机 PB3 引脚。有源蜂鸣器硬件电路图如图 3-13 所示。

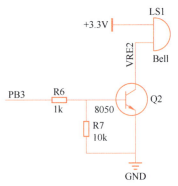

由于蜂鸣器的工作电流一般比较大，单片机的 I/O 端口是无法直接驱动的，所以要利用放大电路来驱动，一般使用晶体管来放大电流就可以了。蜂鸣器驱动电路一般包含蜂鸣器、晶体管和下拉电阻。

图 3-13　有源蜂鸣器硬件电路图

（1）蜂鸣器

蜂鸣器是一种发声元件，在其两端施加直流电压（有源蜂鸣器）或者方波（无源蜂鸣器）就可以发声，其主要参数有外形尺寸、发声方向、工作电压、工作频率、工作电流、驱动方式（直流电压/方波）等，可以根据需要选择。

（2）晶体管

晶体管 Q2 起开关作用，其基极的高电平使晶体管饱和导通，使蜂鸣器发声；而基极的低电平则使晶体管关闭，蜂鸣器停止发声。

（3）下拉电阻

下拉电阻 R7 的作用是，当 PB3 引脚没有确定输出信号时，保持该引脚为低电平信号，防止干扰信号，从而避免晶体管导通后蜂鸣器误响。

3.5　任务2　风扇控制器系统设计

3.5 任务2　风扇控制器系统设计

🔋 任务要求

开发板上有三个独立式按键 K1、K2 和 K3，按下 K1 键设置操作时的声音提示开启（D1 指示灯亮），再次按 K1 键设置操作时的声音提示关闭（D1 指示灯灭）；按下 K2 键，继电器闭合，风扇转；按下 K3 键，继电器断开，风扇停。

3.5.1　仿真电路设计

根据 Altium Designer 软件设计继电器和蜂鸣器硬件电路原理图，STM32F103C8 芯片通过 PB0 引脚控制继电器工作，通过 PB3 引脚控制蜂鸣器工作。

1）复制并粘贴"31_STM32_按键控制 LED 灯"文件夹，将文件夹名改成"32_STM32_风扇控制器"，打开目录中的"仿真"文件夹，双击打开 STM32project. pdsprj 仿真工程。

2）单击主界面左侧列表"Device"上的"P"按钮，打开元件选取界面"Pick Devices"，先在左上角的"Keywords"文本框中输入"NPN"，选中右侧列表框里的"NPN"元件后单击"确定"按钮。再次打开元件选取界面，在"Keywords"文本框中输入"RE-LAY"，选中右侧列表框里的"RELAY"元件后单击"确定"按钮，如图 3-14 所示。

图 3-14　选取晶体管、继电器元件

3）在元件选取界面"Pick Devices"中，先在左上角的"Keywords"文本框中输入"MOTOR"，选中右侧列表框里的"MOTOR"元件后单击"确定"按钮。再次打开元件选取界面，在"Keywords"文本框中输入"BUZZER"，选中右侧列表框里的"BUZZER"元件后单击"确定"按钮，如图 3-15 所示。

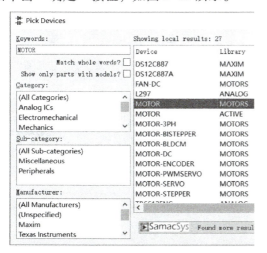

图 3-15　选取直流电机、蜂鸣器元件

4）将元件按照 Altium Designer 原理图的元器件连接方式连接好导线，设置继电器的工作电压为 5 V，设置风扇直流电机的电源电压为 12 V。打开电源配置界面，新建电源并将电压设置为 12 V，再将 12 V 电源符号加入硬件电路原理图中。风扇控制器仿真硬件电路如图 3-16 所示。

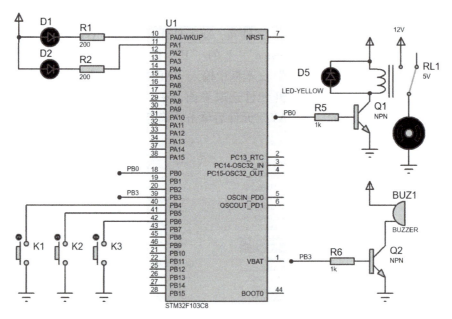

图 3-16　风扇控制器仿真硬件电路

3.5.2　程序工作流程

编写程序，按下 K1 键设置操作时的声音提示开启（D1 指示灯亮），再次按 K1 键设置操作时的声音提示关闭（D1 指示灯灭）；按下 K2 键，继电器闭合，风扇转（D2 指示灯亮），按下 K3 键，继电器断开，风扇停（D2 指示灯灭）。程序工作流程图如图 3-17 所示。

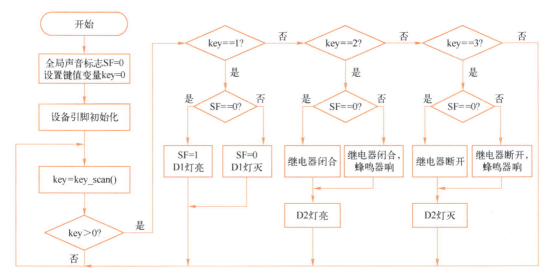

图 3-17　风扇控制器程序流程图

　　根据硬件电路分析可知，PB0 通过控制继电器的通断可以控制风扇的动作，PB3 通过控制晶体管的通断可以控制蜂鸣器是否发声。

　　根据晶体管作为电子开关的工作原理，PB0 和 PB3 输出高电平时晶体管导通，输出低电平时晶体管断开。使用位引脚宏定义设置的方法控制引脚输出高低电平即可。功能分析如下。

　　1）调用按键初始化函数。

　　2）调用控制两个继电器引脚的初始化函数。

　　3）读两个按键对应的引脚，识别出 K1、K2 和 K3 中哪一个按键被按下了。

　　4）根据识别的结果，进行如下分析。

　　① 如果按下的是 K1 键，判断当前的声音状态标志 SF 值是否为 0。为 0，则 SF 置 1，且 D1 灯亮；为 1，则 SF 置 0，且 D1 灯灭。

　　② 如果按下的是 K2 键，判断当前声音状态标志 SF 值是否为 0。为 0，则直接闭合继电器；为 1，则先闭合继电器，然后控制蜂鸣器响一声，最后控制按键状态指示灯 D2 亮。

　　③ 如果按下的是 K3 键，判断当前声音状态标志 SF 值是否为 0。为 0，则直接断开继电器；为 1，则先断开继电器，然后控制蜂鸣器响一声，最后控制按键状态指示灯 D2 灭。

3.5.3　系统设计与实现

　　下面进行系统设计与实现。

1. 风扇控制器功能实现

　　在系统的程序代码中，需要加入控制继电器和蜂鸣器引脚初始化函数。

　　（1）dev. h 文件

　　打开系统工程文件，在 dev. h 中添加设备位操作的宏定义和继电器及蜂鸣器引脚初始化函数声明，代码如下。

```
#define  RLY PBout(0)        //继电器
#define  BUZ PBout(3)        //蜂鸣器
void relay_init(void);
void buzzer_init(void);
```

　　（2）dev. c 文件

　　dev. c 文件中的程序代码如下。

```
void relay_init(void)
{
    GPIO_InitTypeDef GPIO_I;                         //定义端口配置结构体变量
    RCC_APB2PeriphClockCmd(RCC_APB2Periph_GPIOB, ENABLE);
    GPIO_I. GPIO_Pin = GPIO_Pin_0;                   //0 引脚
    GPIO_I. GPIO_Speed = GPIO_Speed_50MHz;
    GPIO_I. GPIO_Mode = GPIO_Mode_Out_PP;            //推挽输出
    GPIO_Init(GPIOB, &GPIO_I);
}
void buzzer_init(void)                               //蜂鸣器初始化
{
```

```
    GPIO_InitTypeDef GPIO_I;                         //定义端口配置结构体变量
    RCC_APB2PeriphClockCmd(RCC_APB2Periph_GPIOB|RCC_APB2Periph_AFIO, ENABLE);
    GPIO_PinRemapConfig(GPIO_Remap_SWJ_JTAGDisable, ENABLE);
    GPIO_I.GPIO_Pin = GPIO_Pin_3;                    //3 引脚
    GPIO_I.GPIO_Speed = GPIO_Speed_50MHz;
    GPIO_I.GPIO_Mode = GPIO_Mode_Out_PP;             //推挽输出
    GPIO_Init(GPIOB, &GPIO_I);
}
```

（3）main.c 文件

单击 main.c 文件，在该文件中输入如下代码。

```
/*********************
Function：风扇控制器
Describe：按下 K1 键设置操作时的声音提示开启（D1 指示灯亮），再次按 K1 键设置操作时的声
         音提示关闭（D1 指示灯灭）；按下 K2 键，继电器闭合，风扇转（D2 指示灯亮），按下 K3
         键，继电器断开，风扇停（D2 指示灯灭）。
*********************/
#include "all_system.h"
u8 SF = 0;                      //声音标志全局变量初始为 0
int main(void)
{
    u8 key = 0;
    led_init();                 //调用 LED 对应引脚初始化函数
    key_init();                 //调用按键对应引脚初始化函数
    relay_init();               //继电器初始化
    buzzer_init();              //蜂鸣器初始化
    while(1)
    {
        key = key_scan();
        if (key>0)
        {
            switch(key)
            {
                case 1:
                    if(SF==0)
                    {
                        SF = 1;
                        D1 = 0;
                    }
                    else
                    {
                        SF = 0;
                        D1 = 1;
                    }
```

```
                    break;
                case 2:
                    if (SF==0)
                        RLY=1;
                    else
                    {
                        RLY=1;
                        BUZ=1;
                        dly_ms(200);
                        BUZ=0;
                    }
                    D2=0;
                    break;
                case 3:
                    if (SF==0)
                        RLY=0;
                    else
                    {
                        RLY=0;
                        BUZ=1;
                        dly_ms(200);
                        BUZ=0;
                    }
                    D2=1;
                    break;
                }
            }
        }
    }
```

2. 工程编译及调试

（1）仿真调试

1）使用 Proteus 软件打开"仿真"文件夹中的工程，双击芯片打开配置界面，选择编译好的 hex 文件后单击"OK"按钮。

2）回到工程主界面，单击左下角的"运行"按钮，使程序在仿真电路上运行，运行效果如图 3-18 所示。

3）按下 K1 后，声音状态指示灯 D1 亮。

4）按下 K2 后，继电器的"衔铁"被磁力吸合，此时继电器闭合，风扇旋转，同时蜂鸣器鸣叫一声，按键状态指示灯 D2 亮。

5）按下 K3 后，继电器的"衔铁"又恢复到初始状态，继电器断开后风扇停止，同时蜂鸣器鸣叫一声，按键状态指示灯 D2 灭。

（2）下载调试

程序编译无误后可在 Proteus 仿真软件中运行，看到实际的运行效果后，通过仿真器下载代码到芯片中运行，在开发板上按下 K1、K2 和 K3，观察实际运行效果。

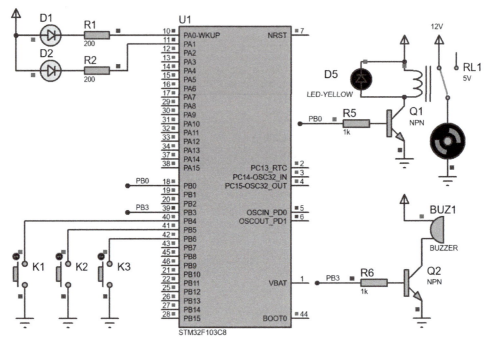

图 3-18　系统运行仿真效果

思考与练习

一、简答题

1. 按键抖动的解决方法有哪些？
2. 什么是上拉电阻？上拉电阻的作用是什么？
3. 什么是端口复用？
4. 在按键识别代码中加 while 循环的作用是什么？
5. STM32 默认用于 JTAG 的引脚有哪些？如何关闭 JTAG 功能？
6. 继电器由哪几部分组成？它是如何工作的？
7. 蜂鸣器可以分为哪几种？它们之间的主要区别是什么？
8. 简述数字电路中晶体管作为开关使用时的工作原理。

二、上机操作

1. 编程实现：按下 K1 时 D1~D4 亮，再次按下 K1 时 D1~D4 灭；按下 K2 时继电器闭合，再次按下 K2 时继电器断开；按下 K3 时蜂鸣器响一声，再次按下 K3 时蜂鸣器不会响。

2. 编程实现：按下 K1 时 D1 闪烁，再次按下 K1 时 D1 灭；按下 K2 时 D2 闪烁，再次按下 K2 时 D2 灭；按下 K3 时 D1~D4 同时闪烁，再次按下 K3 时 D1~D4 灭。

3. 编程实现：按下 K1 时实现 4 个 LED 灯依次点亮，再次按下 K1 时 LED 灯全灭；按下 K2 时，4 个 LED 灯全亮，再次按下 K2 时 4 个 LED 灯依次熄灭；按下 K3 时实现 4 个 LED

灯依次点亮，再依次熄灭的功能，再次按下 K3 时 LED 灯全灭。

4. 编程实现：按下 K1 时实现跑马灯依次点亮功能，按下 K2 时可以让跑马灯暂停，再次按下 K2 时跑马灯从暂停处继续运行，按下 K3 时 LED 灯全灭。

5. 编程实现：K1 键控制继电器工作，按下 K1 时 D1 亮，松开 K1 时 D1 灭；K2 键控制蜂鸣器工作，按下 K2 时 D2 亮，松开 K2 时 D2 灭。

6. 编程实现：按 1 次 K1 时 D1 亮，连续按 2 次 K1 时 D2 亮，连续按 3 次 K1 时 D3 亮，连续按 4 次 K1 时 D4 亮，连续按 5 次 K1 时 D1~D4 全亮；按 1 次 K2 时继电器闭合，连续按 2 次 K2 时蜂鸣器响；按 K3 时 D1~D4 灯全灭、继电器断开、蜂鸣器不响。

项目 4
数码计数器设计与实现

🎯 学习目标

学会数码管硬件电路设计方法，编写程序控制开发板上数码管显示，使得按键计数值显示在数码管上。

【知识目标】

1. 了解数码管的硬件结构及组成；
2. 理解数码管的字形码及工作原理；
3. 理解 38 译码器、数码管驱动芯片的原理及使用方法；
4. 理解数码管硬件电路设计方法；
5. 掌握数码管静态显示程序设计方法；
6. 掌握数码管动态显示程序设计方法；
7. 掌握数码计数器的程序设计方法。

【能力目标】

1. 具有计算共阳极或共阴极数码管字形码的能力；
2. 具有设计多位数码管驱动电路的能力；
3. 具有控制多位数码管显示数字、字符的能力。

【素养目标】

- 强化学生的团队协作意识。
- 培养学生正确的价值观和职业态度。

4.1 数码管基本概念

4.1 数码管基本概念

4.1.1 数码管简介

数码管是一种常用的人机交互显示器，可以显示数字和简单的字母，其实物如图 4-1 所示。数码管体积小、功耗低、价格便宜、可靠性好，因此在嵌入式产品中得到了广泛使用。

图 4-1　数码管实物

数码管以 LED 作为发光单元，颜色有红、黄、蓝、绿和白等。它可用来装饰大楼、门牌、道路，以及亮化河堤轮廓等，也可以用来在嵌入式系统中显示数字。其外壳采用阻燃聚碳酸酯（又称 PC 塑料）制作，具有强度高、抗冲击、抗老化、防紫外线、防尘和防潮等特点。

数码管的主要特点如下。

1）能在低电压、小电流条件下驱动发光，能与 CMOS、ITL 电路兼容。

2）数码管的发光响应时间极短（<0.1 μs），高频特性好，单色性好，亮度高。

3）数码管的体积小，重量轻，抗冲击性能好。

4）数码管的使用寿命长，一般在 10 万小时以上，甚至可达 100 万小时，使用成本低。

4.1.2　数码管分类

数码管的基本单元是 LED。八段数码管的引脚结构如图 4-2a 所示。八段数码管由 8 个 LED 封装在一起并组成"8"字形，其中包括 7 个条形 LED 和 1 个点状 LED。

当 LED 导通时，相应的条形或者点状 LED 会发光，通过控制不同 LED 的亮灭组成不同的字形。数码管常用来显示数字 0~9，以及字母 A~H、L、P、R、U 等字符。带小数点的数码管也称为八段数码管，其中条形 LED 分别为 a、b、c、d、e、f、g 段，点状 LED 为 dp 段。

数码管按工作原理分为共阴极数码管和共阳极数码管两种，如图 4-2b 所示。

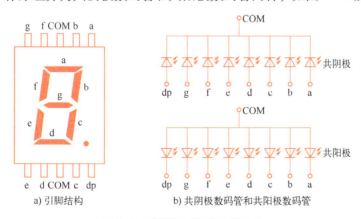

a）引脚结构　　　　b）共阴极数码管和共阳极数码管

图 4-2　数码管引脚及内部结构

1. 共阴极数码管

共阴极数码管把所有 LED 的阴极连接在一起作为公共端（COM），使用时公共端通常接地。通过控制每一个 LED 的阳极的电平高低决定该 LED 的亮灭。当阳极为高电平时，LED 亮；当阳极为低电平时，LED 灭。例如显示数字 1 时，b 和 c 端为高电平，其他各端都为低电平。

2. 共阳极数码管

共阳极数码管把所有 LED 的阳极连接在一起作为公共端（COM）接电源。通过控制每一个 LED 的阴极的电平高低决定该 LED 的亮灭。当阴极为高电平时，LED 灭；当阴极为低电平时，LED 亮。例如显示数字 1 时，b 和 c 端为低电平，其他各端都为高电平。

数码管内部由多个 LED 组成，使用时需要在每一个 LED 电路中加上限流电阻。如果没有限流电阻，数码管内部的 LED 会被烧毁。LED 的电流最大不超过 20 mA，使用时工作电流控制在 3~15 mA。数码管连接的电源电压为 3.3 V，内部 LED 的压降为 1.8 V，限流电阻 R 的上限为：$R = (3.3 - 1.8)/0.003 = 500 (\Omega)$，下限为：$R = (3.3 - 1.8)/0.015 = 100 (\Omega)$。所以限流电阻的取值为 100~500 Ω。

4.2 数码管工作原理

4.2 数码管工作原理

4.2.1 数码管字形码

数码管通过 8 个 LED 灯的亮灭显示字符。要控制 8 个 LED 灯的亮灭状态，就必须在数码管的 8 个位段上加上相应的高低电平，这 8 个电平的组合构成 1 个 8 位数据，这个数据称为该字符的字形码。每个字符都有对应的字形码。常用的位段编码规则如图 4-3 所示。

D7	D6	D5	D4	D3	D2	D1	D0
dp	g	f	e	d	c	b	a

图 4-3 数码管的位段编码规则

共阴极数码管的字形码编码方式正好和共阳极数码管相反。以共阴极数码管为例，单片机的引脚连接数码管的 8 个位段，如果要显示数字 0，则单片机引脚输出高电平来控制 a、b、c、d、e 和 f 这些 LED 灯亮，引脚输出低电平来控制 g、dp 这两个 LED 灯灭。以此类推，得到共阴极数码管显示数字和部分字母的字形码，分别见表 4-1 和表 4-2。

表 4-1 共阴极数码管字形码——数字

数字	dp	g	f	e	d	c	b	a	字形码
0	0	0	1	1	1	1	1	1	0x3F
1	0	0	0	0	0	1	1	0	0x06
2	0	1	0	1	1	0	1	1	0x5B
3	0	1	0	0	1	1	1	1	0x4F
4	0	1	1	0	0	1	1	0	0x66
5	0	1	1	0	1	1	0	1	0x6D
6	0	1	1	1	1	1	0	1	0x7D
7	0	0	0	0	0	1	1	1	0x07
8	0	1	1	1	1	1	1	1	0x7F
9	0	1	1	0	1	1	1	1	0x6F

表 4-2　共阴极数码管字形码——部分字母

字母	dp	g	f	e	d	c	b	a	字形码
A	0	1	1	1	0	1	1	1	0x77
B	0	1	1	1	1	1	0	0	0x7C
C	0	0	1	1	1	0	0	1	0x39
D	0	1	0	1	1	1	1	0	0x5E
E	0	1	1	1	1	0	0	1	0x79
F	0	1	1	1	0	0	0	1	0x71
G	0	1	1	1	1	1	0	1	0x7D
H	0	1	1	1	0	1	1	0	0x76
L	0	0	1	1	1	0	0	0	0x38

由表 4-1 可以看到，数字 0 的字形码为 0x3F，只需要将 0x3F 对应的电平信号输入到共阴极数码管的 8 个位段就可以显示出数字 0 了。如果是共阳极数码管，则字形码的值刚好与共阴极数码管字形码值相反。如共阳极数码管数字 0 的字形码为 0x3F 取反，结果为 0xC0。

可将数字字形码放在一个一维数组中，使用时通过数组下标可以快速找到数字对应的字形码。数字字形码的定义如下。

unsigned char code[ ] = {0x3F,0x06,0x5B,0x4F,0x66,0x6D,0x7D,0x07,0x7F,0x6F}；

如果要显示带小数点的数字，就需要将共阴极数码管的小数点对应的 dp 引脚设置为高电平。带小数点的数字字形码定义如下。

unsigned char codedot[ ] = {0xBF,0x86,0xDB,0xCF,0xE6,0xED,0xFD,0x87,0xFF,0xEF}；

例如，数字 0 的字形码为 code[0]，数字 6 的字形码为 code[6]，字符"2."的字形码为 codedot[2]，字符"9."的字形码为 codedot[9]。

4.2.2　数码管静态显示

静态显示是指，在数码管显示某一字符时，数码管相应的位段 LED 保持恒定导通或截止。数码管的 8 个位段必须接要显示数字字形码的 8 位数据。当单片机送入字形码后，显示的字形将一直保持，直到有新的字形码送入数码管为止。

这种显示方法的优点是编程简单，占用 CPU 时间少，便于监测控制；缺点是硬件电路复杂且成本高，占用 I/O 端口数量多，如使用静态显示方法驱动 6 位数码管，则需要 6×8 = 48 个 I/O 端口引脚。其硬件电路如图 4-4 所示。

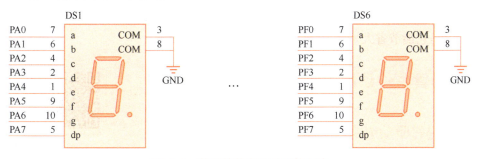

图 4-4　数码管静态显示硬件电路

4.2.3　数码管动态显示

动态显示是指，先将每位数码管的相同位段连接在一起，再接单片机的 I/O 端口引脚，其硬件电路如图 4-5 所示。以数字显示为例，当单片机连接数码管的数据总线并行输出数字对应字形码的 8 位数据时，连接数据总线的数码管都会收到相同的字形码数据，此时只需要将数码管的公共端接地，数码管就会显示出数字。如果数码管的公共端不接地，即使它接收到了字形码数据，数码管上也不会显示任何内容。

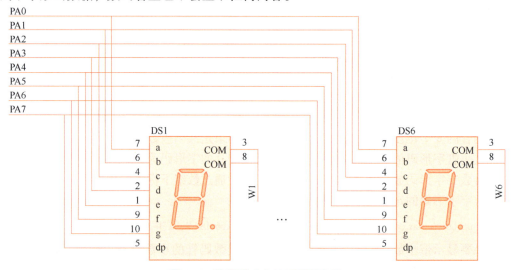

图 4-5　数码管动态显示硬件电路

将六位数码管中每一位数码管的公共端引出，连接数码管的位选电路，想要数字在哪一位数码管上显示，只需要控制位选电路使得该位数码管的公共端接地。数码管的位选电路可以通过晶体管电路来控制，需要 6 个引脚控制晶体管工作；也可以通过 3-8 译码器输出引脚进行控制，三个引脚作为译码器的输入，一个引脚控制译码器使能位。

动态显示硬件电路的最大优点之一是节省单片机 I/O 引脚数量，缺点是控制数码管显示软件会复杂一些。如果要在数码管上显示 6 位数字，则只能一位位轮流点亮数码管进行多位数字显示。

在某一时刻，只接通一位数码管的公共端，则只有这一位数码管可以被点亮，同时单片机输出需要显示数字的字形码。先延时一定的时间，等待数码管稳定显示后，再选通下一位数码管，并送出对应的字形码显示，依此方法，直至所有的数码管都显示完，再从头开始循环显示。在轮流显示过程中，每位数码管的点亮时间为 1~2 ms，由于人的视觉暂留现象及 LED 的余晖效应，会使人感觉所有的数码管是同时显示的。动态显示的效果和静态显示是一样的，但是它能节省大量的 I/O 引脚，使用起来非常方便。

4.3　数码管硬件设计

4.3 数码管硬件设计

4.3.1　数码管驱动电路设计

下面进行数码管驱动电路设计。

1. 74HC164 芯片

静态显示方法需要的数据线引脚太多，电路中只有一位数码管时适合采用这种方法连接。当有多位数码管时，一般都采用动态显示方法，因为可以节省大量单片机 I/O 资源。在动态显示方法中，数据线连接单片机的 8 个 I/O 端口，对于 I/O 端口资源不多的单片机，这确实是很大的负担。如何能用少量的 I/O 端口实现数码管 8 位数据输出功能呢？下面介绍一个数码管专用驱动芯片，只需要占用单片机的两个 I/O 端口作为芯片的输入端，芯片输出端有 8 个引脚连接数码管的 8 条数据线，就可以完成和单片机 I/O 端口直连同样的工作。

74HC164 是一个 8 位串并转换控制芯片，主要应用于数字电路和 LED 显示控制电路中，工作温度为 −40~85℃，该芯片实物和引脚定义如图 4-6 所示。

图 4-6　74HC164 实物和引脚定义

74HC164 是 8 位边沿触发式移位寄存器，串行输入，并行输出。数据通过两个输入端（A 和 B）之一串行输入；任一输入端可以用作高电平使能端，控制另一输入端的数据输入。两个输入端连接在一起，或者把不用的输入端接高电平，一定不要悬空。时钟（CLK）每次由低变高时，数据右移一位，输入到 Q0，Q0 是两个数据输入端（DSA 和 DSB）的逻辑与，它将在上升时钟沿之前保持一个建立时间的长度。其引脚功能说明见表 4-3。

表 4-3　74HC164 引脚功能说明

引脚名称	作　用	引　脚　号	说　　明
A 和 B	数据输入	1 和 2	A、B 逻辑"与"结果为输入数据
QA~QH	数据输出	3~6，10~13	并行输出口
CLK	时钟输入	8	在上升沿读取串行数据
$\overline{\text{CLR}}$	复位	9	输入低电平时，进入复位状态；输入高电平时，正常工作
VDD	逻辑电源	14	接电源，输入电压为 2~5 V
GND	逻辑地	7	接地

2. 数码管驱动硬件电路设计

74HC164 芯片使用时，VDD 和 CLR 接 3.3 V 电源，GND 接地；CLK 引脚接单片机的 I/O 端口引脚 PB8；输入引脚 A 接电源；输入引脚 B 接单片机的 I/O 端口引脚 PB9。74HC164 的硬件连接图如图 4-7 所示。单片机通过 PB8 引脚输出高低电平变化的时钟信号，通过 PB9 引脚按位从高到低串行输入一个字节的 8 位数据。在时钟信号上升沿，完成 1 位数据的传输工作。第一次输出时，在输出端的 Q0 引脚输出对应的数据值，下次输出时将之前的数据移动至 Q1 引脚上，以此类推，最终完成 8 位数据的传输，将数据按位并行输出到输出端引脚上。

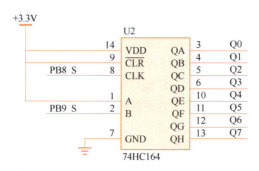

图 4-7　74HC164 硬件连接

4.3.2　数码管位选电路设计

下面进行数码管位选电路设计。

1. 74HC138

74HC138 芯片又称为 3-8 译码器，是一款高速 CMOS 器件。74HC138 的引脚兼容低功耗肖特基 TTL（LSTTL）系列，工作电压为 2~6 V，驱动电流为±5.2 mA，5 V 输入电压时传输延迟时间为 12 ns。74HC138 引脚定义如图 4-8 所示。

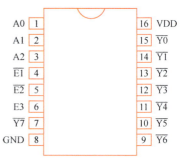

图 4-8　74HC138 引脚定义

74HC138 可接收 3 位二进制加权地址输入（A0、A1 和 A2），当使能时，提供 8 个互斥的低有效输出（$\overline{Y0}$ ~ $\overline{Y7}$）。74HC138 特有的 3 个使能输入端为：两个低有效输入（$\overline{E1}$ 和 $\overline{E2}$）和一个高有效输入（E3）。除非 $\overline{E1}$ 和 $\overline{E2}$ 置低且 E3 置高，否则 74HC138 将保持所有输出为高电平。

74HC138 的真值表见表 4-4。

表 4-4　74HC138 真值表

使　　能			输　　入			输　　　　出							
E3	$\overline{E2}$	$\overline{E1}$	A2	A1	A0	$\overline{Y7}$	$\overline{Y6}$	$\overline{Y5}$	$\overline{Y4}$	$\overline{Y3}$	$\overline{Y2}$	$\overline{Y1}$	$\overline{Y0}$
x	1	x	x	x	x	1	1	1	1	1	1	1	1
x	x	1	x	x	x	1	1	1	1	1	1	1	1
0	x	x	x	x	x	1	1	1	1	1	1	1	1
1	0	0	0	0	0	1	1	1	1	1	1	1	0
1	0	0	0	0	1	1	1	1	1	1	1	0	1
1	0	0	0	1	0	1	1	1	1	1	0	1	1
1	0	0	0	1	1	1	1	1	1	0	1	1	1
1	0	0	1	0	0	1	1	1	0	1	1	1	1
1	0	0	1	0	1	1	1	0	1	1	1	1	1
1	0	0	1	1	0	1	0	1	1	1	1	1	1
1	0	0	1	1	1	0	1	1	1	1	1	1	1

利用这种复合使能特性，仅需要 4 片 74HC138 和 1 个反相器，即可轻松实现并行扩展，组合成为一个 1-32（5~32 线）译码器。

2. 数码管位选电路硬件设计

74HC138 芯片使用时，VDD 接 3.3 V 电源，$\overline{E1}$、$\overline{E2}$ 和 GND 接地；输入端引脚 A0、A1 和 A2 分别连接单片机的 PA4、PA5 和 PA6 引脚；使能端 E3 连接单片机的 PA7 引脚；输出端 $\overline{Y0}$~$\overline{Y5}$ 分别连接数码管的 6 个公共端 W1~W6。74HC138 的硬件连接如图 4-9 所示。单片机通过 PA7 输出高电平控制芯片工作，将输入端 PA4~PA6 的电平值作为二进制数据输入到 74HC138 芯片，输出端 $\overline{Y0}$~$\overline{Y7}$ 默认输出高电平，根据二进制输入数据转换成十进制的值确定哪个引脚输出有效的低电平信号。因为选用的是共阴极数码管，所以当公共端为高电平时，数码管不亮，当公共端为低电平时，数码管点亮，所以 74HC138 输出有效低电平的引脚所连接的数码管被点亮。

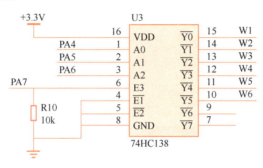

图 4-9　74HC138 硬件连接

4.3.3　数码管的硬件连接

本例中的数码管选用的是六位共阴极数码管 3661AS，它有 14 个引脚，其中 8 个 LED 位段引脚分别为第 13、12、6、5、4、14、11、7 脚，6 个位公共端引脚分别为第 1、2、3、10、9、8 脚。LED 位段引脚需要接 500 Ω 的限流电阻，保证使用时数码管中的 LED 不会被烧坏。将 74HC164 的 8 个输出引脚 Q0~Q7 分别接到数码管对应的 LED 位段引脚上，74HC138 的输出引脚 $\overline{Y0}$~$\overline{Y5}$ 分别接数码管的位公共端引脚 W1~W6，如图 4-10 所示。

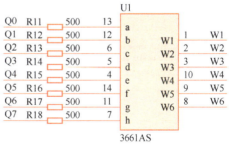

图 4-10　数码管 3661AS 的硬件连接

4.4　任务 1　数码管静态显示系统设计

4.4 任务 1　数码管静态显示系统设计

任务要求

使用数码管作为显示设备，在六位数码管上显示一位数字，通过程序控制使得数字从 0 至 9 循环显示。

4.4.1 仿真电路设计

1）复制并粘贴"32_STM32_风扇控制器"文件夹，将文件夹名改成"41_STM32_数码管静态显示"，打开该目录中的"仿真"文件夹，双击打开STM32project.pdsprj仿真工程。

2）单击主界面左侧列表"Device"上的"P"按钮，打开元件选取界面"Pick Devices"，在左上角的"Keywords"文本框中输入"7SEG-MPX6-CC"，选中右侧列表框里的六位数码管元件后单击"确定"按钮，如图4-11所示。

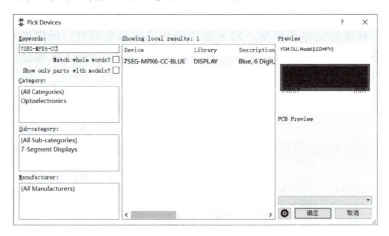

图4-11　选取六位数码管元件

3）重复步骤2），分别在"Pick Devices"界面的"Keywords"文本框中输入"74HC164"和"74HC138"，选中右侧列表框里对应的元件后单击"确定"按钮，分别如图4-12和图4-13所示。

图4-12　选取74HC164元件

图4-13　选取74HC138元件

4）根据4.3节中Altium Designer软件设计的数码管硬件电路原理图，将数码管驱动芯片74HC164的输入接STM32F103C8芯片的PB8和PB9引脚，数码管位选芯片74HC138的输入接PA4、PA5、PA6引脚，使能位接PA7引脚。

将元件按照由Altium Designer设计的数码管硬件电路原理图中的元器件连接方式连接好

导线，数码管连接 STM32 单片机的仿真硬件电路如图 4-14 所示。

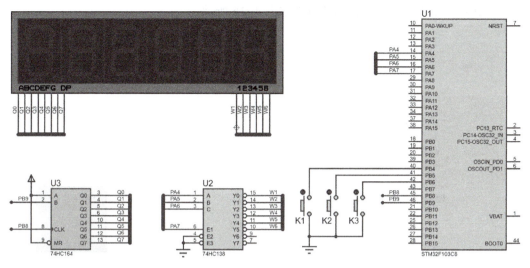

图 4-14　数码管显示仿真电路

4.4.2　程序工作流程

下面介绍具体的程序工作流程。

1. 数码管串行输入函数设计

下面设计数码管串行输入函数 smg_input，其中参数 m 用来传递需要显示数字的字形码。需要在 74HC164 时钟线的控制下，将字形码数据按位从高到低的顺序依次输入，程序流程图如图 4-15 所示。

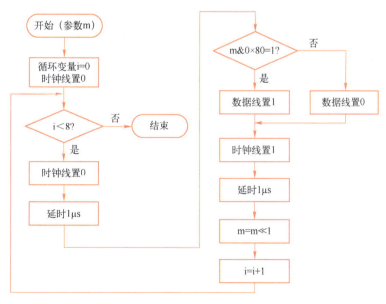

图 4-15　数码管串行输入函数程序流程图

2. 数码管位选函数设计

下面设计数码管位选函数 smg_select(n)，其中参数 n 表示在第 n 位数码管上进行显示。

设置 74HC138 芯片使能，在芯片的输入端输入 n−1 的二进制数，则在芯片的输出端控制第 n−1 位输出线为低电平信号，程序流程图如图 4−16 所示。

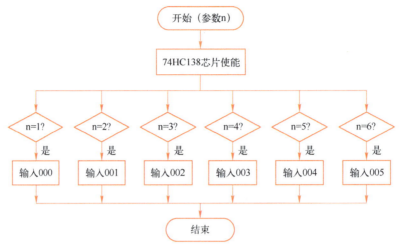

图 4−16　数码管位选函数程序流程图

3. 数码管显示函数设计

下面设计数码管数字显示函数 dsp_smg(m,n)，其中参数 m 表示要显示的数字，n 表示在第 n 位数码管上进行显示。它通过调用数码管位选函数和串行输入函数实现数字在指定位显示功能。

4. 数码管静态显示工作步骤

编写程序，在六位数码管上的任意一位显示数字，实现数字从 0 到 9 的循环递增，程序流程图如图 4−17 所示。

电路中采用的是共阴极六位数码管，通过 74HC138 的输出端选择对应的数码管位接通。要在数码管上显示数字，必须将数字的字形码送到数码管驱动芯片 74HC164 中。单片机的 PB8 引脚输出时钟信号，PB9 引脚串行输出字形码数据到 74HC164 中。该芯片收到 1B 的数据后，在输出引脚并行输出 8 个二进制位对应的电平信号。此时数码管的数据总线上接收到了要显示数字的字形码。具体操作步骤如下。

1）设置相关引脚宏定义。

2）数码管连接 74HC164 引脚初始化。

3）数码管连接 74HC138 引脚初始化。

4）编写 74HC164 对应的数码管串行输入函数。

5）编写 74HC138 对应的数码管位选函数。

6）编写数码管显示函数。

7）编写循环显示数字 0~9 的主控制程序。

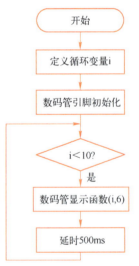

图 4−17　数码管静态显示程序流程图

4.4.3　系统设计与实现

下面进行系统设计与实现。

1. 数码管静态显示程序功能实现

在工程文件夹下的 DRV 目录中，创建 smg. h 和 smg. c 两个文件。

smg. h 文件中的代码如下。

```
#ifndef _SMG_H
#define _SMG_H
//定义数码管相关的宏定义
#define POS 6;                    //数码管的位数
#define CLK PBout(8)              //时钟线
#define DAT PBout(9)             //数据线
#define S1 PAout(4)              //38 译码器输入第 1 位
#define S2 PAout(5)              //38 译码器输入第 2 位
#define S3 PAout(6)              //38 译码器输入第 3 位
#define SMGE PAout(7)            //38 译码器控制使能位：SMGE=1，使能；SMGE=0，不可用
void smg_init(void);
void smg_input(u8 m);
void smg_select(u8 n);
void dsp_smg(u8 m,u8 n);
#endif
```

smg. c 文件中的代码如下。

```
#include "stm32f10x. h"
#include "ioconfig. h"
#include "smg. h"
#include "dly. h"
u8 code[ ] = {0x3F,0x06,0x5B,0x4F,0x66,0x6D,0x7D,0x07,0x7F,0x6F};
void smg_init(void)                  //数码管引脚初始化函数
{
    GPIO_InitTypeDef GPIO_I;          //定义结构体变量
    RCC_APB2PeriphClockCmd(RCC_APB2Periph_GPIOA,ENABLE);  //开启端口 A 时钟
    GPIO_I. GPIO_Pin = GPIO_Pin_4 | GPIO_Pin_5 | GPIO_Pin_6 | GPIO_Pin_7;  //4~7 引脚
    GPIO_I. GPIO_Speed = GPIO_Speed_50MHz;     //端口工作速度
    GPIO_I. GPIO_Mode = GPIO_Mode_Out_PP       //推挽输出模式
    GPIO_Init(GPIOA,&GPIO_I);     //调用 GPIO_Init 函数对 A 端口初始化
    RCC_APB2PeriphClockCmd(RCC_APB2Periph_GPIOB,ENABLE);  //开启端口 B 时钟
    GPIO_I. GPIO_Pin = GPIO_Pin_8 | GPIO_Pin_9;//8 和 9 引脚
    GPIO_I. GPIO_Speed = GPIO_Speed_50MHz;     //端口工作速度
    GPIO_I. GPIO_Mode = GPIO_Mode_Out_PP;      //推挽输出模式
    GPIO_Init(GPIOB,&GPIO_I);     //调用 GPIO_Init 函数对 B 端口初始化
}
//74HC164 芯片对应的数码管串行输入函数, 在时钟线控制下串行输入, 参数 m 传递字形码
void smg_input(u8 m)
```

```
    {
        int i;
    CLK=0;                          //时钟线置 0
    for(i=0;i<8;i++)                //循环 8 次, 二进制位排队
    {
            CLK=0;                  //时钟线置 0
            dly_us(1);
            if (m & 0x80)           //判断 m 的最高位是否为 1
                DAT=1;              //数据线输出高电平 1
            else
                DAT=0;              //数据线输出低电平 0
            CLK=1;                  //时钟线置 1, 完成 1 位的传输
            dly_us(1);
            m=m<<1;                 //左移一位, 丢掉已经传输的位
    }
}
//74HC138 芯片对应的数码管位选函数, 参数 n 表示在数码管第 n 位上显示
void smg_select(u8 n)
{
    SMGE=1; //数码管显示使能
    switch(n)
    {
            case 1:S3=0;S2=0;S1=0;break;
            case 2:S3=0;S2=0;S1=1;break;
            case 3:S3=0;S2=1;S1=0;break;
            case 4:S3=0;S2=1;S1=1;break;
            case 5:S3=1;S2=0;S1=0;break;
            case 6:S3=1;S2=0;S1=1;break;
    }
}
//数码管显示函数, 参数 m 表示要显示的数字, n 表示在第 n 位数码管上进行显示
//n 取值范围为 1~6, 1 表示最左边数码管, 6 表示最右边数码管
void dsp_smg(u8 m,u8 n)
{
    smg_select(n);
    smg_input(code[m]);             //输入数字 m 的字形码
    dly_ms(2);
}
```

数码管驱动芯片 74HC164 对应的串行输入函数为 smg_input( ), 芯片工作时需要时钟线输入基准信号, 工作步骤如下。

1) 当时钟线信号为低电平 0 时, 根据输入的参数对应的字形码数据判断最高位是否为 1。

2）如果最高位为 1，则单片机控制数据线输出高电平；如果最高位为 0，则单片机控制数据线输出低电平。

3）将时钟线设置为高电平并持续 1 μs 以完成最高位的传输。

4）在传输完成后，将字形码数据左移一位，丢掉已经传输好的最高位数据，为下一次数据传输做好准备。

5）重复执行上述过程，直到一个字节的 8 位数据全部传输完成为正。

数码管位选通芯片 74HC138 对应的位选函数为 smg_select(u8 n)，该函数的参数 n 表示在数码管的第 n 位上显示。只需要将 n-1 转换成二进制数，S3、S2 与 S1 引脚分别对应 n 的二进制数的第 2、1 和 0 位，在输出端 n-1 引脚输出低电平信号，该引脚连接的数码管导通，可以正常显示数字。

数码管显示函数 dsp_smg(u8 m,u8 n)中的 m 为显示的数字，n 为显示的位置。其工作步骤如下。

1）调用数码管位选函数，接通数字 m 要显示的数码管。

2）调用 74HC164 对应的数码管串行输入函数，将 m 的字形码输入进去。

3）数码管在对应位置上显示出数字后，需要延迟一段时间，以等待显示稳定。

在系统头文件 all_system.h 中加入 smg.h，单击 main.c 文件，在该文件中输入如下代码。

```
/ * * * * * * * * * * * * * * * * * * * *
Function：数码管静态显示
Describe：数码管的第 6 位循环显示 0~9
* * * * * * * * * * * * * * * * * * * * /
#include " all_system. h"
int main( void)
{
    u8 i=0;
    smg_init();            //数码管引脚初始化
    while(1)
    {
        for(i=0;i<10;i++)
        {
            dsp_smg(i,6);
            dly_ms(500);
        }
    }
}
```

通过调用显示函数 dsp_smg(i,6)，使得变量 i 的数字在第 6 位数码管上显示出来，如果要显示在其他位数码管上，改变第二个参数值就可以了。

数字显示完后调用延时函数 dly_ms(500)，如果要让数字变化得更快一些，只需要把延时函数中的数值变小，这样两个数字显示的间隔时间就变短了，数字显示得就更快了。

2. 工程编译与调试

（1）仿真调试

使用 Proteus 软件打开"仿真"文件夹中的工程，双击芯片打开配置界面，选择编译好的 hex 文件后单击"OK"按钮。回到工程主界面，单击左下角的"运行"按钮，使程序在仿真电路上运行，运行效果如图 4-18 所示。

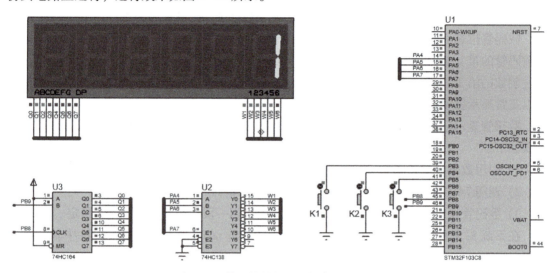

图 4-18 数码管静态显示仿真运行效果

（2）下载调试

程序编译无误后可在 Proteus 仿真软件中运行，看到实际运行效果后，通过仿真器下载代码到芯片中运行，观察数码管实际显示效果。

4.5 任务 2 数码计数器系统设计

4.5 任务 2 数码计数器系统设计

任务要求

使用独立式按键 K1 和数码管设备，每按下 1 次 K1，数码管上显示的数字加 1，并对按键的次数进行计数，按下 K3 时数码管清零。

4.5.1 数码管动态扫描原理

数码管静态显示已经完成数字字形码的显示工作，相同的字形码可以在一位数码管上显示，也可以在六位数码管上同时显示。本任务的硬件电路连接与数码管静态显示硬件电路一致，显示六位数时需要采用动态扫描方式控制六位数码管轮流点亮。在某一时间段，这种方式只让其中一位数码管的位选端（COM 端）有效，并送出相应的字形码。要显示一个 6 位数字，数码管动态扫描过程如下。

1）单片机通过时钟线和数据线送出要显示的字形码，再控制位选端接通，字符就会显示在指定的数码管上，其他位选端无效的数码管都处于熄灭状态。

2）保持显示 1 ms 时间，然后关闭所有数码管显示。

3）送出新的字形码，按上述步骤显示在另一位数码管上，直到每一位数码管都扫描完成为止。

4）一次扫描完成后，再从头开始循环扫描，这一过程即数码管的动态扫描显示。

4.5.2 数码管动态显示工作流程

下面具体介绍数码管动态显示工作流程。

1. 循环显示法

该方法通过循环方式逐位显示数字到数码管上，适用于任意位数的数码管。该方法的程序流程图如图 4-19 所示。

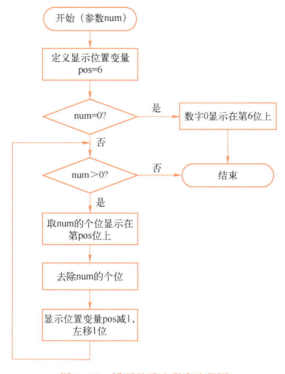

图 4-19 循环显示法程序流程图

定义循环显示法的工作函数 dsp_num(int num) 在函数内定义局部变量 pos=6，数字 6 表示数码管一共有 6 位，显示时从最右边个位开始显示。首先取出要显示数字的个位，然后调用显示函数在数码管的第 6 位上显示，显示完成后将数字除以 10 以去除个位，再将显示位置变量 pos 减 1，重复此过程，直至数字的所有位都显示完成为止。

该方法显示时对数码管的位数没有限制，无论是二位、六位或者十位数码管，该函数都可以实现数码管正常显示。

2. 数码计数器工作步骤

编写程序实现，每按下 1 次 K1，数码管上显示的数字加 1，并对按键的次数进行计数，按下 K3 时数码管清零。该程序流程图如图 4-20 所示。

具体操作步骤如下。

1）定义计数全局变量 COUNT。

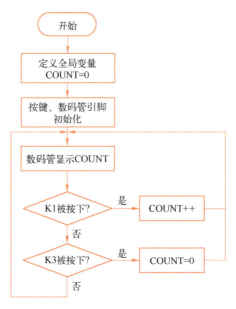

图 4-20　数码计数器程序流程图

2）按键引脚初始化。

3）数码管引脚初始化。

4）数码管上显示 COUNT 值。

5）按下 K1 时，COUNT 值加 1。

6）按下 K3 时，COUNT 值重置为 0。

7）回到步骤 4），继续循环。

4.5.3　系统设计与实现

下面进行系统设计与实现。

1. 数码计数器程序功能实现

1）复制并粘贴"41_STM32_数码管静态显示"文件夹，将文件夹名改成"42_STM32_数码计数器"，进入 USER 目录，双击打开 STM32PRJ. uvprojx 工程，进入工程主界面。

2）在工程主界面左侧列表中，打开 smg. c 和 smg. h 两个文件。将 dsp_num( )函数代码及声明代码添加进去，代码如下。

```
    {
    //数码管显示 1~6 位数字的函数，参数 num 为要显示的数字
    void dsp_num(int num)
    {
        u8 pos=6;                    //数码管显示位置，默认为第 6 位
        if (num==0)
            dsp_smg(0,pos);
        while(num)
        {
            dsp_smg(num%10,pos);   //在指定数码管 pos 位上显示数字
```

```
            num = num/10;                      //去除已经显示的个位数
            pos--;                             //数码管显示位置变动
        }
    }
```

3）单击 main.c 文件，输入如下代码。

```
/ * * * * * * * * * * * * * * * * * * * *
Function：数码计数器
Describe：每按一次 K1 键，计数器上显示的数字加 1，
        计数最大值为 999999，按下 K3 键计数器清零
* * * * * * * * * * * * * * * * * * * * /
#include "all_system.h"

int COUNT = 0;                  //统计次数
int main(void)
{
    u8 key = 0;
    smg_init();                 //数码管引脚初始化
    key_init();
    while(1)
    {
        dsp_num(COUNT);
        key = key_scan();
        if (key > 0)
        {
            if (key == 1)
            {
            COUNT++;
            if (COUNT == 1000000)
                COUNT = 0;
            }
            else if (key == 3)
        COUNT = 0;
        }
    }
}
```

2. 工程编译与调试

（1）仿真调试

使用 Proteus 软件打开"仿真"文件夹中的工程，双击芯片打开配置界面，选择编译好的 hex 文件后单击"OK"按钮。回到工程主界面，单击左下角的"运行"按钮，使程序在仿真电路上运行。按下 K1 时数值加 1，按下 K3 时数码管清零。

（2）下载调试

程序编译无误后可在 Proteus 仿真软件中运行，看到了实际的运行效果后，通过仿真器

下载代码到芯片中运行，在开发板上按下 K1 和 K3，观察数码管上的实际显示效果。

思考与练习

一、简答题

1. 共阳极数码管和共阴极数码管的主要区别是什么？
2. 共阳极数码管和共阴极数码管显示小数点的方法分别是什么？
3. 为什么要计算数码管的字形码？有何意义？
4. 简述数码管动态显示的原理。
5. 数码管电路中，74HC164 有什么作用？
6. 数码管电路中，74HC138 有什么作用？
7. 74HC164 各输入引脚的功能是什么？
8. 74HC164 各输出引脚的功能是什么？

二、上机操作

1. 编程实现：六位数码管动态显示数字 1~6，并实现流动显示效果，即首先显示 123456，接着显示 234561，然后显示 345612，以此类推。

2. 编程实现：六位数码管动态显示 a~h 字段，并实现流动显示效果，即先显示第 6 位数码管的 a~h 字段，再显示第 5 位数码管的 a~h 字段，以此类推。

3. 编程实现：六位数码管动态显示 "HELLO" 字符串，并实现摇摆显示效果，即先显示 "HELLO"，再显示 "HELLO "，以此类推。

4. 编程实现：六位数码管动态显示浮点数，并实现小数点动态移动效果，如首先显示浮点数 98765.4，接着显示 9876.54，然后显示 987.654，以此类推。

5. 编程实现：数码管标价牌功能。按键控制数码管显示带两位小数的价格（如 6358.65），按下 K1 时实现选择需要调整数值的数码管位并显示功能，按下 K2 时实现数字循环加 1 功能。

6. 编程实现：6 位随机数显示功能。按键控制数码管显示 6 位随机数，按下 K1 时开始间隔 0.2s 显示 6 位随机数，按下 K2 时数码管保持当前随机数显示不变，按下 K3 时显示 0 并停止随机数显示。

项目 5
简易计算器设计与实现

学习目标

学会使用矩阵键盘和六位数码管，实现简易计算器功能，完成"加、减、乘、除"四则运算。

【知识目标】

1. 理解矩阵键盘的结构和电路设计方法；
2. 理解矩阵键盘的工作原理；
3. 掌握矩阵键盘按键扫描程序设计方法；
4. 理解中断、中断控制器、中断优先级的概念；
5. 理解外部中断的概念；
6. 掌握中断法矩阵键盘键值显示的程序设计方法；
7. 掌握数字计算器工作原理和程序设计方法。

【能力目标】

1. 具有设计矩阵键盘硬件电路的能力；
2. 具有使用 STM32 I/O 端口引脚外部信号输入中断的能力；
3. 具有设计四则运算计算器工作程序的能力。

【素养目标】

- 培养学生的批判性思维，提升分析和解决问题的能力。
- 培养学生精益求精、勇于创新的精神。

5.1 矩阵键盘

5.1 矩阵键盘

5.1.1 矩阵键盘简介

下面介绍矩阵键盘的结构和按键是否按下的识别方法。

1. 矩阵键盘的结构

在单片机系统中，矩阵键盘是常用的输入设备，如计算器、电子密码锁、电话机键盘等，这些键盘一般有 12~20 个按键。在键盘中按键数量较多时，为了减少 I/O 端口的占用，通常将按键排列成矩阵形式。在矩阵键盘中，每条水平线和垂直线在交叉处不直接连通，而是通过一个按键连接。

矩阵键盘是由单片机引脚控制行线和列线。一个 4×4 的矩阵键盘有 16 个按键，行线和列线加起来只有 8 根，只需要使用单片机的 8 个引脚，比独立式按键需要的引脚数量少了一半。而且按键越多，矩阵键盘的优点越明显，如 6×6 的矩阵键盘，只需要 12 个单片机引脚，而独立式按键需要 36 个引脚。由此可见，在需要的按键数比较多时，采用矩阵键盘的结构是非常合理有效的。

2. 按键是否按下的识别方法

设置行线为输出状态，列线为上拉输入状态，当按键没有按下时，所有输入端都是高电平，代表无按键按下。若行线输出是低电平，一旦有按键按下，则输入线就会被拉低，这样，通过读入输入线的状态就可得知是否有按键按下了。

5.1.2 矩阵键盘硬件设计

使用 4×4 的矩阵键盘时，单片机的 I/O 端口连接矩阵键盘的 4 行和 4 列。4 根行线分别接单片机的 PB4、PB5、PB6、PB7 引脚，4 根列线分别接单片机的 PB12、PB13、PB14、PB15 引脚。在行线和列线的交叉处放置按键，硬件连接如图 5-1 所示。

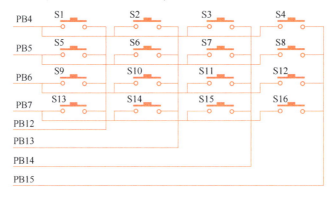

图 5-1　矩阵键盘硬件连接

5.2　矩阵键盘工作原理

5.2.1　矩阵键盘工作模式

键盘的响应速度取决于其工作模式，键盘的工作模式应根据实际应用系统中的 CPU 的工作状况而定，其选取的原则是既要保证 CPU 能及时响应按键操作，又不能过多占用 CPU 的工作时间。通常键盘的工作模式有两种：循环扫描法和中断扫描法。

1. 循环扫描法

循环扫描法又叫查询法，就是每隔一段时间对键盘扫描一次。它利用单片机内部的定时器或者延时函数定期地对键盘进行扫描，在有按键按下时识别出该按键，再执行该按键的功能程序。在利用死循环的方法时，只需要在程序中调用键盘扫描函数就可以得到键值，使用起来非常简单方便，无须额外编程。不过，此种方法的缺点是单片机的使用效率低，绝大多数时间在做"无用功"。因为按键的次数很少，所以，只有当按下按键的时候此次按键扫描程序的扫描才是有效扫描，可以获得键值，其他时间虽然一直在扫描，但都不能得到键值。

2. 中断扫描法

针对上述单片机使用效率低的问题，可以通过中断扫描法来解决。只有按键被按下，才会通知 CPU 进行一次按键扫描，并获得按键的键值。在没有按键按下时，单片机处理自己的工作任务，不需要执行按键扫描程序，这样一来，单片机的工作效率可大大提高。

5.2.2　矩阵键盘工作过程

当矩阵键盘的 16 个按键中没有按键被按下时，4 条行线和 4 条列线之间都是开路，行线和列线之间没有任何联系。当有按键被按下时，该按键相连的一根行线和一根列线连通。识别按键键值通常使用矩阵键盘扫描法，工作过程如下。

1）设置 STM32 单片机连接的行线为推挽输出模式，列线为上拉输入模式。

2）使用低电平信号扫描第一行，设置 PB4 输出低电平 0，其他 3 行输出高电平 1，然后分别读 4 列对应 I/O 端口引脚的电平状态。如果读到低电平 0，则说明第一行的对应列处按键被按下。

3）使用同样的方法用低电平扫描剩下的 3 行，再分别读 4 列对应 I/O 端口引脚的电平状态。如果读到低电平 0，则说明对应行的对应列处按键被按下。

4）一次完整的扫描共完成 16 次按键状态的读取，此过程称为矩阵键盘扫描法。

在实际应用中，读列线上的电平状态时，需要加延时去抖程序和循环等待按键松开程序。添加延时去抖程序可以防止干扰信号对按键的影响；循环等待按键松开程序可以保证按一次（无论按住多长时间）只能得到一次按键的键值，如果不加此功能，那么一次按键可能会出现多次按键的效果。

第一行第一列按键识别的程序代码如下。

```
u8 keyboard_scan(void)
{
    u8 val=0;                        //保存键值
    R1=0;R2=1;R3=1;R4=1;             //低电平扫描第一行
    if (C1==0)
    {
        dly_ms(10);                  //延时去抖
        if (C1==0)
        {
            while(C1==0);            //循环等待按键松开
            val=1;
        }
    }
    return val;
}
```

其中，R1、R2、R3、R4 为矩阵键盘的 4 行对应单片机引脚的宏定义，开始时设置 R1＝0，其他行为 1，表示先用低电平信号扫描第一行。C1 为矩阵键盘第一列对应单片机引脚的宏定义，判断 C1 是否为 0，如果是 0，则表示识别到第一列被按下，延时去抖后再次确认是否按下，如果条件成立，则通过循环等待按键松开程序等待按键松开，确保一次按键只执行一次处理代码。最后将第一行对应第一列的键值 1 赋给变量 val 保存。

以此类推，识别本行其他列的键值。再用同样的方法扫描剩下的 3 行，再分别识别 4 列的键值。

矩阵键盘所需单片机 I/O 端口引脚数量较少，因此广泛使用在嵌入式输入设备中。

5.3　任务 1　矩阵键盘键值显示

任务要求

学习使用开发板上的数码管和矩阵键盘，矩阵键盘共有 16 个按键，每一个按键预先设定一个键值，键值定义的数字为 1~16，按下按键对应的键值在数码管上显示。矩阵键盘键值定义如图 5-2 所示。

图 5-2　矩阵键盘键值定义

5.3.1　仿真电路设计

根据 Altium Designer 软件设计矩阵键盘硬件电路原理图，矩阵键盘的行线接 PB4、PB5、PB6、PB7，列线接 PB12、PB13、PB14、PB15。

1）复制并粘贴"42_STM32_数码计数器"文件夹，将文件夹名改成"51_STM32_矩阵键盘键值显示"，打开目录中的"仿真"文件夹，双击打开 STM32project.pdsprj 仿真工程。

2）在画布上放置 S1~S16 共 16 个按键，并按 4×4 矩阵的方式连接好导线，仿真硬件电路如图 5-3 所示。

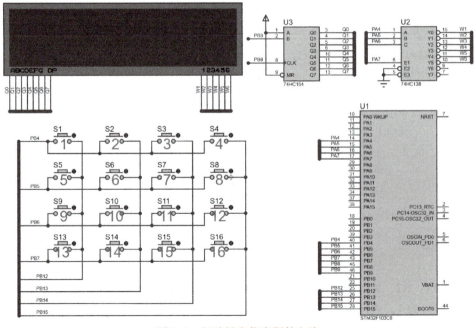

图 5-3　矩阵键盘仿真硬件电路

说明： Proteus 中自带元件引脚前端的小圆点，表示此引脚低电平有效。

5.3.2　键值显示程序设计

编写程序实现：按下矩阵键盘的按键，在六位数码管上显示所按按键对应的键值。

本例中的矩阵键盘使用了单片机 PB 口的 4、5、6、7、12、13、14 和 15 引脚，其中前 4 个引脚为行线引脚，后 4 个引脚为列线引脚。根据矩阵键盘的工作原理，需要设置行线引脚为输出模式，列线引脚为输入模式。设置保存键值的局部变量 key=0，然后调用键盘扫描程序识别按键的键值并存储到局部变量 key 中。

通过矩阵键盘的按键识别函数识别出按的哪个键，并将键值显示在数码管上，系统工作过程如下。

1）对按键和数码管所使用的引脚进行宏定义，方便后续程序使用。

2）定义保存有效键值的局部变量 key，初始化为 0。

3）编写按键引脚初始化程序，设置行线为输出模式，列线为输入模式。

4）编写数码管引脚初始化程序。

5）编写数码管显示函数，将数字显示到六位数码管上。

6）编写按键扫描函数，扫描 4 行 4 列，将得到的键值返回。

7）在主程序的循环体中调用按键扫描程序，得到键值，判断键值是否有效，如果是有效键值，则调用数码管显示函数，从而显示键值。

5.3.3　系统设计与实现

下面进行系统设计与实现。

1. 矩阵键盘键值显示功能实现

在工程文件夹下的 DRV 目录中，创建 keyboard.c 和 keyboard.h 两个文件，并将 keyboard.c 文件添加到工程中。

（1）keyboard.h 文件

keyboard.h 文件中的代码如下。

```
#ifndef _KEYB_H
#define _KEYB_H
#include "stm32f10x.h"
#include "ioconfig.h"
//矩阵键盘引脚的宏定义
#define R1 PBout(4)      //行线 1
#define R2 PBout(5)      //行线 2
#define R3 PBout(6)      //行线 3
#define R4 PBout(7)      //行线 4
#define C1 PBin(12)      //列线 1
#define C2 PBin(13)      //列线 2
#define C3 PBin(14)      //列线 3
#define C4 PBin(15)      //列线 4
void keyboard_init(void);
u8 matrix_scan(void);
```

```
    u8 matrix_scan_row(u8 i);
    u8 keyboard_scan(void);
    #endif
```

（2）keyboard. c 文件

keyboard. c 文件中的代码如下。

```c
#include "stm32f10x. h"
#include "dly. h"
#include "keyboard. h"
//矩阵键盘引脚初始化
void keyboard_init(void)
{
    GPIO_InitTypeDef GPIO_I;    //定义结构体变量
    RCC_APB2PeriphClockCmd(RCC_APB2Periph_GPIOB| RCC_APB2Periph_AFIO, ENABLE);
    GPIO_PinRemapConfig(GPIO_Remap_SWJ_JTAGDisable, ENABLE);
    GPIO_I. GPIO_Pin = GPIO_Pin_4 | GPIO_Pin_5 | GPIO_Pin_6 | GPIO_Pin_7;
    GPIO_I. GPIO_Speed = GPIO_Speed_50MHz;    //端口工作速度
    GPIO_I. GPIO_Mode = GPIO_Mode_Out_PP;     //推挽输出模式
    GPIO_Init(GPIOB,&GPIO_I);                 //调用 GPIO_Init 函数对 B 端口初始化
    GPIO_I. GPIO_Pin = GPIO_Pin_12 | GPIO_Pin_13 | GPIO_Pin_14 | GPIO_Pin_15;
    GPIO_I. GPIO_Speed = GPIO_Speed_50MHz;    //端口工作速度
    GPIO_I. GPIO_Mode = GPIO_Mode_IPU;        //上拉输入模式
    GPIO_Init(GPIOB,&GPIO_I);                 //调用 GPIO_Init 函数对 B 端口初始化
}
//矩阵键盘扫描程序
//方法一：按行、列依次扫描
u8 keyboard_scan(void)
{
    u8 val=0;                      //保存键值
    R1=0;R2=1;R3=1;R4=1;           //低电平扫描第一行
    if (C1==0)
    {
        dly_ms(10);                //延时去抖
        if (C1==0)
        {
            while(C1==0);          //循环等待按键松开
            val=1;
        }
    }
    if (C2==0)
    {
        dly_ms(10);                //延时去抖
        if (C2==0)
        {
```

```
                while(C2==0);              //循环等待按键松开
                val=2;
            }
    }
    if (C3==0)
    {
        dly_ms(10);                        //延时去抖
        if (C3==0)
        {
            while(C3==0);                  //循环等待按键松开
            val=3;
        }
    }
    if (C4==0)
    {
        dly_ms(10);                        //延时去抖
        if (C4==0)
        {
            while(C4==0);                  //循环等待按键松开
            val=4;
        }
    }
    R1=1;R2=0;R3=1;R4=1;                   //低电平扫描第二行
    if (C1==0)
    {
        dly_ms(10);                        //延时去抖
        if (C1==0)
        {
            while(C1==0);                  //循环等待按键松开
            val=5;
        }
    }
    if (C2==0)
    {
        dly_ms(10);                        //延时去抖
        if (C2==0)
        {
            while(C2==0);                  //循环等待按键松开
            val=6;
        }
    }
    if (C3==0)
    {
```

```
            dly_ms(10);              //延时去抖
            if (C3==0)
            {
                while(C3==0);        //循环等待按键松开
                val=7;
            }
    }
    if (C4==0)
    {
            dly_ms(10);              //延时去抖
            if (C4==0)
            {
                while(C4==0);        //循环等待按键松开
                val=8;
            }
    }
    R1=1;R2=1;R3=0;R4=1;             //低电平扫描第3行
    if (C1==0)
    {
            dly_ms(10);              //延时去抖
            if (C1==0)
            {
                while(C1==0);        //循环等待按键松开
                val=9;
            }
    }
    if (C2==0)
    {
            dly_ms(10);              //延时去抖
            if (C2==0)
            {
                while(C2==0);        //循环等待按键松开
                val=10;
            }
    }
    if (C3==0)
    {
            dly_ms(10);              //延时去抖
            if (C3==0)
            {
                while(C3==0);        //循环等待按键松开
                val=11;
            }
    }
```

```
    }
    if ( C4 = = 0 )
    {
        dly_ms( 10 );                    //延时去抖
        if ( C4 = = 0 )
        {
            while( C4 = = 0 );           //循环等待按键松开
            val = 12;
        }
    }
    R1 = 1;R2 = 1;R3 = 1;R4 = 0;         //低电平扫描第 4 行
    if ( C1 = = 0 )
    {
        dly_ms( 10 );                    //延时去抖
        if ( C1 = = 0 )
        {
            while( C1 = = 0 );           //循环等待按键松开
            val = 13;
        }
    }
    if ( C2 = = 0 )
    {
        dly_ms( 10 );                    //延时去抖
        if ( C2 = = 0 )
        {
            while( C2 = = 0 );           //循环等待按键松开
            val = 14;
        }
    }
    if ( C3 = = 0 )
    {
        dly_ms( 10 );                    //延时去抖
        if ( C3 = = 0 )
        {
            while( C3 = = 0 );           //循环等待按键松开
            val = 15;
        }
    }
    if ( C4 = = 0 )
    {
        dly_ms( 10 );                    //延时去抖
        if ( C4 = = 0 )
        {
```

```
                while(C4==0);              //循环等待按键松开
                val=16;
            }
        }
        return val;
    }
```

键盘扫描函数 keyboard_scan( )在执行 4 行扫描时，行扫描读列键值的代码基本一致，程序中出现了大量冗余代码，一般通过循环程序结构和函数调用的方式消除程序中的冗余代码，代码如下。

```
//矩阵键盘扫描程序
//方法二：按行循环扫描
u8 matrix_scan( )
{
    u8 m=0;                      //键值
  u8 i;
    for(i=0;i<4;i++)             //循环4次扫描4行
    {
        m=matrix_scan_row(i);
            if (m>0)             //已经扫描得到按键值
                break;
    }
    return m;
}
//矩阵键盘行扫描函数
//参数 i，表示扫描第 i 行
u8 matrix_scan_row(u8 i)
{
    u8 m=0;
    switch(i)
    {
        case 0:R1=0;R2=1;R3=1;R4=1; break;
        case 1:R1=1;R2=0;R3=1;R4=1; break;
        case 2:R1=1;R2=1;R3=0;R4=1; break;
        case 3:R1=1;R2=1;R3=1;R4=0; break;
    }
    if (C1==0)                   //第1列按键被按下
    {
        dly_ms(10);              //延时去抖
        if(C1==0)                //确认第1列按键被按下
        {
            while(C1==0);        //循环等待按键松开,松开结束循环
            m=1+i*4;
```

```
                }
            }
            if (C2==0)                  //第 2 列按键被按下
            {
                dly_ms(10);             //延时去抖
                if(C2==0)               //确认第 2 列按键被按下
                {
                    while(C2==0);       //循环等待按键松开,松开结束循环
                  m=2+i*4;
                }
            }
            if (C3==0)                  //第 3 列按键被按下
            {
                dly_ms(10);             //延时去抖
                if(C3==0)               //确认第 3 列按键被按下
                {
                    while(C3==0);       //循环等待按键松开,松开结束循环
                  m=3+i*4;
                }
            }
            if (C4==0)                  //第 4 列按键被按下
            {
                dly_ms(10);             //延时去抖
                if(C4==0)               //确认第 4 列按键被按下
                {
                    while(C4==0);       //循环等待按键松开,松开结束循环
                  m=4+i*4;
                }
            }
        return m;
    }
```

（3）main. c 文件

在系统头文件 all_system. h 中加入 keyboard. h 文件，打开 main. c 文件，文件程序代码如下。

```
/********************
Function:矩阵键盘键值显示
Describe:矩阵键盘按键对应的键值显示在数码管上
********************/
#include "all_system. h"
int main(void)
{
    u8 key=0,smgnum=0;
```

```
smg_init( );               //数码管引脚初始化
keyboard_init( );
while(1)
{
    key = keyboard_scan( );  //键盘扫描方法1
    if (key>0)
    {
        smgnum = key;
    }
    dsp_num(smgnum);
}
}
```

2. 工程编译和调试

（1）仿真调试

使用 Proteus 软件打开"仿真"文件夹中的工程，双击芯片打开配置界面，选择编译好的 hex 文件后单击"OK"按钮。回到工程主界面，单击左下角的"运行"按钮，使程序在仿真电路上运行，按下矩阵键盘上的任意一个按键，该按键对应的键值显示在数码管上，S15 按键按下后的运行效果如图 5-4 所示。

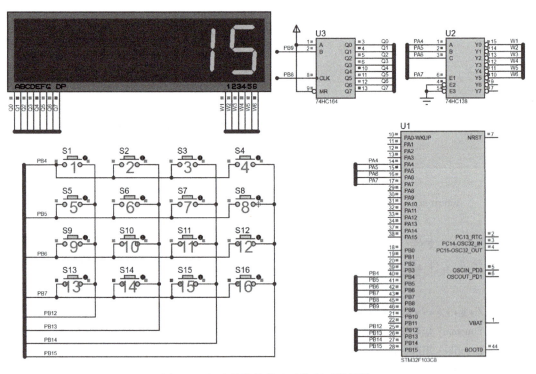

图 5-4 矩阵键盘键值显示仿真运行效果

（2）下载调试

程序编译无误后在 Proteus 仿真软件中运行，看到实际的运行效果后，通过仿真器下载代码到芯片中运行，在开发板的矩阵键盘上按下按键以观察数码管上键值显示效果。

5.4.1 认识 STM32 中断

5.4　STM32 中断技术

5.4.1　认识 STM32 中断

日常生活中的中断示例有很多。

中断示例 1：张老师在教室上课，突然李同学举手示意。张老师看到李同学举手后暂停讲课，询问李同学事由并处理，处理完事情之后继续上课。张老师上课过程被李同学中断了。

中断示例 2：小王同学正在宿舍里看书，此时他的手机电话铃响了。小王听到电话铃后暂停看书，拿起手机接听电话，和对方电话沟通交流并把事情处理完后继续看书。小王同学看书的过程被电话铃中断了。

单片机中断，即 CPU 正常执行程序的过程中，遇到外部或内部的紧急事件需要处理，CPU 暂时中止当前程序的执行，而转去为该紧急事件服务，待事件处理完毕后，再返回到暂停处（断点）继续执行原来的程序。

1.　中断源

引起中断的原因和能够发出中断请求信号的来源统称为中断源。通常中断源有以下几种。

1）外部设备请求中断。一般外部设备（如键盘、鼠标、打印机等）在完成自身的操作后，向 CPU 发出中断请求，要求 CPU 为它服务。

2）故障强迫中断。计算机在一些关键部位都设有故障自动检测装置，如运算溢出、存储器读取出错、外部设备故障、电源掉电等，这些装置的报警信号都能使 CPU 中断，进行相应的中断处理。由计算机硬件异常或故障引起的中断，也称为内部异常中断。

3）实时时钟请求中断。在工作中时常需要用到定时检测或控制功能，为此常采用一个外部时钟电路（可编程）设定其时间间隔。需要定时，CPU 发出命令使时钟电路开始工作，一旦到达规定时间，时钟电路发出中断请求，由 CPU 转去完成检测和控制工作。

4）数据通道中断。数据通道中断也称直接存储器存取（DMA）操作中断，如磁盘等直接与存储器交换数据所要求的中断。

5）程序自愿中断。它是指在程序执行过程中，由程序本身主动发起的中断。这种中断不是由外部事件或错误强制触发的，而是由程序中的特定指令引起的。自愿中断通常用于调用操作系统提供的功能或服务。

Arm Cortex-M3 内核支持 256 个中断，其中包含 16 个内核中断（也称为系统异常）和 240 个外部中断，并具有 256 级可编程的中断优先级设置。STM32 共支持 84 个中断，包括 16 个内核中断和 68 个外部中断，具有 16 级可编程的中断优先级配置。

2.　中断向量表

中断向量即存放中断服务程序的入口地址的区域，当中断发生后，CPU 会中止当前程序并转到该中断对应的中断向量处执行。在计算机或单片机中，中断向量的存储区域一般为一条跳转指令，执行该跳转指令后，CPU 会跳转到该中断服务程序入口地址处继续执行程序。

STM32 单片机的中断向量为 4 B 的存储单元，地址为 0x00000000～0x0000014C，共 84 个中断向量。

CPU 根据中断号获取中断向量值，即对应中断服务程序的入口地址值。因此，为了让 CPU 由中断号查找到对应的中断向量，就需要在内存中建立一张查询表。把所有的中断向量集中起来，按中断类型号从小到大的顺序存放在一张表中，这张表叫作中断向量表，见表 5-1，即中断服务程序入口地址表。

表 5-1　STM32 单片机 16 个内核中断向量表

类型	存储地址	名　称	说　明	优先级	优先级类型
内核中断	0x00000000	—	保留	—	—
	0x00000004	Reset	复位	−3	固定
	0x00000008	NMI	不可屏蔽中断；RCC 时钟安全系统（CSS）连接到 NMI 向量	−2	固定
	0x0000000C	HardFault	所有类型的硬件失效	−1	固定
	0x00000010	MemManage	存储器管理	0	可设置
	0x00000014	BusFault	预取指失败，存储器访问失败	1	可设置
	0x00000018	UsageFault	未定义的指令或非法状态	2	可设置
	0x0000001C~0x0000002B		保留	—	—
	0x0000002C	SVCCall	通过 SWI 指令的系统服务调用	3	可设置
	0x00000030	DebugMonitor	调试监控器	4	可设置
	0x00000034		保留	—	—
	0x00000038	PendSV	可挂起的系统服务	5	可设置
	0x0000003C	SysTick	系统滴答定时器	6	可设置

表 5-1 描述了 Cortex-M3 内核的 16 个中断对应的优先级和存储地址。例如，复位（Reset）的中断优先级是-3（优先级最高），中断向量是 0x00000004。当按复位键后，无论当前运行的是用户代码还是其他中断服务程序，都会转到地址 0x00000004，取出复位的中断服务程序的入口地址，然后转到该地址去执行复位的中断服务程序。0x00000004 处只存放复位的中断服务程序的入口地址呢？因为 Reset 中断的中断向量和 NMI 中断的中断向量之间只有 4 个存储单元。STM32 单片机还有外设和外部信号输入产生的外部中断，见表 5-2。

表 5-2　STM32 单片机 68 个外部中断的中断向量表

位置	存储地址	名　称	说　明	优先级	优先级类型
0	0x00000040	WWDG	窗口定时器中断	7	—
1	0x00000044	PVD	连到 EXTI 的电源电压检测中断	8	固定
2	0x00000048	TAMPER	侵入检测中断	9	固定
3	0x0000004C	RTC	实时时钟（RTC）全局中断	10	固定
4	0x00000050	FLASH	闪存全局中断	11	可设置
5	0x00000054	RCC	复位和时钟控制（RCC）中断	12	可设置
6	0x00000058	EXTI0	EXTI 线 0 中断	13	可设置
7	0x0000005C	EXTI1	EXTI 线 1 中断	14	可设置
8	0x00000060	EXTI2	EXTI 线 2 中断	15	可设置
9	0x00000064	EXTI3	EXTI 线 3 中断	16	可设置
10	0x00000068	EXTI4	EXTI 线 4 中断	17	可设置
11	0x0000006C	DMA1 通道 1	DMA1 通道 1 全局中断	18	可设置

（续）

位置	存储地址	名　称	说　明	优先级	优先级类型
12	0x00000070	DMA1 通道 2	DMA1 通道 2 全局中断	19	可设置
13	0x00000074	DMA1 通道 3	DMA1 通道 3 全局中断	20	可设置
14	0x00000078	DMA1 通道 4	DMA1 通道 4 全局中断	21	可设置
15	0x0000007C	DMA1 通道 5	DMA1 通道 5 全局中断	22	可设置
16	0x00000080	DMA1 通道 6	DMA1 通道 6 全局中断	23	可设置
17	0x00000084	DMA1 通道 7	DMA1 通道 7 全局中断	24	可设置
18	0x00000088	ADC1_2	ADC1 和 ADC2 全局中断	25	可设置
19	0x0000008C	CAN1_TX	CAN1 发送中断	26	可设置
20	0x00000090	CAN1_RX0	CAN1 接收 0 中断	27	可设置
21	0x00000094	CAN1_RX1	CAN1 接收 1 中断	28	可设置
22	0x00000098	CAN1_SCE	CAN1 SCE 中断	29	可设置
23	0x0000009C	EXTI9_5	EXTI 线[9:5]中断	30	可设置
24	0x000000A0	TIM1_BRK	TIM1 刹车中断	31	可设置
25	0x000000A4	TIM1_UP	TIM1 更新中断	32	可设置
26	0x000000A8	TIM1_TRG_COM	TIM1 触发和通信中断	33	可设置
27	0x000000AC	TIM1_CC	TIM1 捕获比较中断	34	可设置
28	0x000000B0	TIM2	TIM2 全局中断	35	可设置
29	0x000000B4	TIM3	TIM3 全局中断	36	可设置
30	0x000000B8	TIM4	TIM4 全局中断	37	可设置
31	0x000000BC	I^2C1_EV	I^2C1 事件中断	38	可设置
32	0x000000C0	I^2C1_ER	I^2C1 错误中断	39	可设置
33	0x000000C4	I^2C2_EV	I^2C2 事件中断	40	可设置
34	0x000000C8	I^2C2_ER	I^2C2 错误中断	41	可设置
35	0x000000CC	SPI1	SPI1 全局中断	42	可设置
36	0x000000D0	SPI2	SPI2 全局中断	43	可设置
37	0x000000D4	USART1	USART1 全局中断	44	可设置
38	0x000000D8	USART2	USART2 全局中断	45	可设置
39	0x000000DC	USART3	USART3 全局中断	46	可设置
40	0x000000E0	EXTI15_10	EXTI 线[15:10]中断	47	可设置
41	0x000000E4	RTCAlarm	连接到 EXTI 的 RTC 闹钟中断	48	可设置
42	0x000000E8	OTG_FS_WKUP	连接 EXTI 的 USB OTG 唤醒中断	49	可设置
43~49	0x000000EC~0x00000104	—	保留	—	—
50	0x00000108	TIM5	TIM5 全局中断	57	可设置
51	0x0000010C	SPI3	SPI3 全局中断	58	可设置
52	0x00000110	UART4	UART4 全局中断	59	可设置
53	0x00000114	UART5	UART5 全局中断	60	可设置
54	0x00000118	TIM6	TIM6 全局中断	61	可设置
55	0x0000011C	TIM7	TIM7 全局中断	62	可设置

（续）

位置	存储地址	名称	说明	优先级	优先级类型
56	0x00000120	DMA2 通道 1	DMA2 通道 1 全局中断	63	可设置
57	0x00000124	DMA2 通道 2	DMA2 通道 2 全局中断	64	可设置
58	0x00000128	DMA2 通道 3	DMA2 通道 3 全局中断	65	可设置
59	0x0000012C	DMA2 通道 4	DMA2 通道 4 全局中断	66	可设置
60	0x00000130	DMA2 通道 5	DMA2 通道 5 全局中断	67	可设置
61	0x00000134	ETH	以太网全局中断	68	可设置
62	0x00000138	ETH_WKUP	连到 EXTI 的以太网唤醒中断	69	可设置
63	0x0000013C	CAN2_TX	CAN2 发送中断	70	可设置
64	0x00000140	CAN2_RX0	CAN2 接收 0 中断	71	可设置
65	0x00000144	CAN2_RX1	CAN2 接收 1 中断	72	可设置
66	0x00000148	CAN2_SCE	CAN2 SCE 中断	73	可设置
67	0x0000014C	OTG_FS	全速的 USB OTG 全局中断	74	可设置

3. 中断执行过程与中断嵌套

（1）中断执行过程

中断执行过程如图 5-5 所示。

1）中断请求。在 CPU 每条指令执行完之前，按中断优先级的顺序分别检查是否有软中断、NMI 和单步中断，如果没有，就继续执行下条指令，如果有，则进入中断响应周期。

2）中断响应。根据不同的中断源形成不同的中断类型码，再根据中断类型码在中断向量中寻找中断服务程序的入口地址，保护好程序现场后转入相应的中断服务程序执行。

3）中断处理。CPU 根据查询到的中断服务程序入口地址，执行跳转指令，跳到中断服务程序中执行代码。

4）中断返回。CPU 执行完中断服务程序后，返回到原程序断点处继续往下执行。

（2）中断嵌套

中断嵌套是指高优先级的中断能够打断低优先级的中断（反过来不可以），处理完高优先级的中断后，回来继续处理低优先级的中断。具体来说，若中断系统正在执行一个中断服务程序，有一个优先级更高的中断提出中断请求，这时会暂时中止当前正在执行的服务程序，先去处理优先级更高的中断源，执行相应的中断服务程序，待高优先级的中断处理完毕，再继续执行被中止的中断服务程序，如图 5-6 所示。

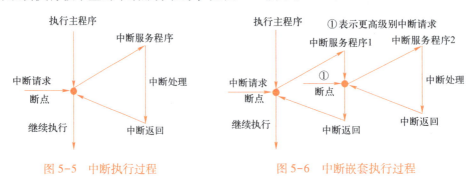

图 5-5　中断执行过程　　　　　图 5-6　中断嵌套执行过程

5.4.2　STM32 中断控制器 NVIC

嵌套向量中断控制器（Nested Vectored Interrupt Controller，NVIC）控制着整个芯片中断相关的功能，与内核紧密耦合。NVIC 依照优先级处理所有支持的异常，所有异常在"处理器模式"中处理。所有中断和大多数系统异常都可以配置为不同优先级。当中断发生时，NVIC 将比较新中断与当前中断的优先级，如果新中断优先级更高，则立即处理新中断。当接受任何中断时，中断服务程序的开始地址可从内存的中断向量表中取得。

STM32F103 芯片内部中断数量就是 NVIC 裁剪后的结果。NVIC 控制着芯片的中断相关功能，那么肯定有很多对应的寄存器。在固件库 core_cm3. h 文件内定义了一个 NVIC_Type 结构体，代码如下。

```
typedef struct
{
    __IO uint32_t ISER[8];      //中断使能寄存器
    uint32_t RESERVED0[24];
    __IO uint32_t ICER[8];      //中断禁用寄存器
    uint32_t RSERVED1[24];
    __IO uint32_t ISPR[8];      //中断挂起寄存器
    uint32_t RESERVED2[24];
    __IO uint32_t ICPR[8];      //中断清除挂起寄存器
    uint32_t RESERVED3[24];
    __IO uint32_t IABR[8];      //中断激活标志位寄存器
    uint32_t RESERVED4[56];
    __IO uint8_t IP[240];       //中断优先级控制寄存器
    uint32_t RESERVED5[64];
    __O uint32_t STIR;
} NVIC_Type;
```

在配置中断时，通常使用 ISER、ICER 和 IP 这三个寄存器，其中 ISER 是中断使能寄存器，ICER 是中断禁用寄存器，IP 是中断优先级控制寄存器。

中断使用前需要配置中断通道号、中断优先级和中断通道使能。位于 misc. h 头文件中的 NVIC_InitTypeDef 结构体的定义如下。

```
typedef struct
{
    uint8_t NVIC_IRQChannel;                        //中断通道号
    uint8_t NVIC_IRQChannelPreemptionPriority;      //中断抢占优先级
    uint8_t NVIC_IRQChannelSubPriority;             //中断响应优先级
    FunctionalState NVIC_IRQChannelCmd;             //是否启用中断通道
} NVIC_InitTypeDef;
```

该结构体的作用是收集中断源的信息，包括配置的中断源、中断源的优先级、中断源的子优先级、中断源的使能是否开启。

1）NVIC_IRQChannel：用来设置中断源，不同中断的中断源不一样，需注意不可写错，因为即使写错了，程序不会报错，只会导致不响应中断。stm32f10x. h 头文件里面的 IRQn_Type

结构体包含了所有中断源。

2）NVIC_IRQChannelPreemptionPriority 和 NVIC_IRQChannelSubPriority 分别设置抢占优先级与子优先级，具体的值要根据中断优先级分组来确定。

3）NVIC_IRQChannelCmd：设置中断使能（ENABLE）或者失能（DISABLE），相当于一个中断是否工作的开关。

5.4.3 STM32 中断优先级

STM32 有两个优先级的概念：抢占优先级和响应优先级。优先级的数值越小，优先级越高。假设有两个中断先后触发，如果正在执行的中断抢占优先级没有后触发的中断抢占优先级高，就会先处理抢占优先级更高的中断，即有较高抢占优先级的中断可以打断抢占优先级较低的中断。

响应优先级只在同一抢占优先级的中断同时触发时起作用，抢占优先级相同，则优先执行响应优先级较高的中断。响应优先级不会造成中断嵌套，如果中断的两个优先级一致，则优先执行中断向量表中位置较高的中断。

Cortex-M3 最多允许 8 位表示中断优先级，当使用中低端处理器时，允许具有较少中断源时使用较少的寄存器位指定中断源的优先级。因此 STM32F103 把指定中断优先级的寄存器位减少到 4 位，这 4 个寄存器位的分组方式见表 5-3。

表 5-3　中断优先级分组表

V 组	IP[7:4]分配情况	分配结果	说　　明
0	0:4	0 位抢占优先级、4 位响应优先级	没有抢占优先级、16 个响应优先级
1	1:3	1 位抢占优先级、3 位响应优先级	2 个抢占优先级、8 个响应优先级
2	2:2	2 位抢占优先级、2 位响应优先级	4 个抢占优先级、4 个响应优先级
3	3:1	3 位抢占优先级、1 位响应优先级	8 个抢占优先级、2 个响应优先级
4	4:0	4 位抢占优先级、0 位响应优先级	16 个抢占优先级、没有响应优先级

可以通过调用 STM32 固件库中的函数 NVIC_PriorityGroupConfig( ) 选择优先级分组方式，这个函数的参数有 5 种，见表 5-4。

表 5-4　NVIC_PriorityGroupConfig( ) 函数的参数

参　　数	功　　能
NVIC_PriorityGroup_0	选择第 0 组
NVIC_PriorityGroup_1	选择第 1 组
NVIC_PriorityGroup_2	选择第 2 组
NVIC_PriorityGroup_3	选择第 3 组
NVIC_PriorityGroup_4	选择第 4 组

例如，使用库函数 NVIC_PriorityGroupConfig（NVIC_PriorityGroup_0）配置中断优先级为 0 组。

分组设置完成后，设置 NVIC_InitTypeDef 结构体变量中的 NVIC_IRQChannelPreemptionPriority 成员值以指定抢占优先级，设置 NVIC_IRQChannelSubPriority 成员值以指定响应优先级。

一般情况下，系统在执行程序过程中，只设置一次中断优先级分组，如分组 2。在设置好分组后，一般不会再改变分组。如随意改变分组，则会导致终端管理混乱，产生意想不到的结果。

5.4.4　STM32 外部中断

外部中断 EXTI 是 STM32 微控制器实时处理外部事件的一种机制，因为中断请求主要来自于 GPIO 端口，所以称为外部中断。

STM32 微控制器共有 20 个能产生事件/中断请求的边沿检测器，每个事件可以独立地配置输入类型（脉冲或挂起）和对应的触发事件（上升沿、下降沿或双边沿触发），也可以独立地屏蔽。表 5-5 所示为 STM32F103 微控制器外部中断线的连接关系与中断服务函数的对应情况。

表 5-5　STM32F103 外部中断线的连接关系与中断服务函数的对应情况

外部中断线	连接对象		中断通道	中断服务函数名
EXTI0	GPIO 端口	PA0~PG0	EXTI0_IRQn	EXTI0_IRQHandler
EXTI1		PA1~PG1	EXTI1_IRQn	EXTI1_IRQHandler
EXTI2		PA2~PG2	EXTI2_IRQn	EXTI2_IRQHandler
EXTI3		PA3~PG3	EXTI3_IRQn	EXTI3_IRQHandler
EXTI4		PA4~PG4	EXTI4_IRQn	EXTI4_IRQHandler
EXTI5		PA5~PG5	EXTI5_9_IRQn	EXTI5_9_IRQHandler
EXTI6		PA6~PG6		
EXTI7		PA7~PG7		
EXTI8		PA8~PG8		
EXTI9		PA9~PG9		
EXTI10		PA10~PG10	EXTI15_10_IRQn	EXTI15_10_IRQHandler
EXTI11		PA11~PG11		
EXTI12		PA12~PG12		
EXTI13		PA13~PG13		
EXTI14		PA14~PG14		
EXTI15		PA15~PG15		
EXTI16	PVD[①]输出		PVD_IRQn	PVD_IRQHandler
EXTI17	RTC 闹钟		RTCAlarm_IRQn	RTCAlarm_IRQHandler
EXTI18	USB 唤醒		USBWakeUp_IRQn	USBWakeUp_IRQHandler

①　可编程电压监测器（Programmable Voltage Detector，PVD）的作用是监视供电电压，在供电电压下降到给定阈值以下时，产生一个中断，通知软件做紧急处理。

每个外部中断线 EXTI×最多对应 PA~PG 端口相同序号的 7 个引脚，这些引脚连接在同一个外部中断线上，产生的是同一个中断。在实际使用时，如果要区分不同信号产生的中断，那么必须使用不同的中断线。例如，现有外部输入信号 A、B 和 C，STM32 微控制器如果要区分 3 个不同的信号，可以将 A 信号连接 EXTI0 线上的引脚，B 信号连接 EXTI1 线上的引脚，C 信号连接 EXTI2 线上的引脚。除了 16 个连接到 GPIO 端口的引脚以外，还有 3 个外部中断输入线连接到其他外设，EXTI16 连接 PVD 输出、EXTI17 连接 RTC 闹钟事件、EXTI18 连接 USB 唤醒事件。

标准库函数对每个外设都建立了一个初始化结构体，如 EXTI_InitTypeDef，结构体成员用于设置外设工作参数，并由外设对配置函数进行初始化，如 EXTI_Init( )，这些设定参数将会设置外设相应的寄存器，以达到配置外设工作环境的目的。

初始化结构体和初始化库函数配合使用是标准库精髓所在，理解了初始化结构体每个成员的意义基本上就可以对该外设运用自如了。初始化结构体定义在 stm32f10x_exti.h 文件中，初始化库函数定义在 stm32f10x_exti.c 文件中，编程时可以结合这两个文件内的注释使用。

```
typedef struct
{
    uint32_t EXTI_Line;                    //EXTI 线选择
    EXTIMode_TypeDef EXTI_Mode;            //中断或事件模式选择
    EXTITrigger_TypeDef EXTI_Trigger;      //触发方式设置
    FunctionalState EXTI_LineCmd;          //EXTI 线使能设置
} EXTI_InitTypeDef;
```

1）EXTI_Line：EXTI 中断/事件线选择，可选 EXTI0~EXTI19。

2）EXTI_Mode：EXTI 模式选择，可选为产生中断（EXTI_Mode_Interrupt）或者产生事件（EXTI_Mode_Event）。

3）EXTI_Trigger：EXTI 边沿触发事件，可选上升沿触发（EXTI_Trigger_Rising）、下降沿触发（EXTI_Trigger_Falling）或者上升沿和下降沿都触发（EXTI_Trigger_Rising_Falling）。

4）EXTI_LineCmd：控制是否使能 EXTI 线，可选使能 EXTI 线（ENABLE）或禁用（DISABLE）。

5.5 任务 2 中断法键值显示

5.5 任务 2 中断法键值显示

任务要求

学习使用开发板上的数码管和矩阵键盘，矩阵键盘上的 16 个按键键值定义为数字 1~16，使用中断法识别按键，按下按键时对应的键值在数码管上显示。

5.5.1 按键中断法

矩阵键盘按键的识别是通过查询法实现的，即每隔一段时间对键盘扫描一次。只要程序在运行，CPU 就会定期地对键盘进行扫描，当有按键被按下时，识别出该按键。在使用查询法时，只要在循环体中调用键盘扫描函数，就可以得到键值，使用起来非常简单方便。该方法的缺点是单片机的使用效率低，绝大多数时间在做"无用功"。因为按键被按下的次数很少，所以，只有当按下按键的时候此次键盘扫描程序的扫描才是有效扫描，可以获得键值。

CPU 使用效率低的问题可以通过按键的外部中断法来解决。只有按键被按下，才会通知 CPU 进行一次按键扫描，并获得按键的键值。在没有按键按下时，单片机处理自己的工作任务，不需要去执行按键扫描程序，可以大大提高 CPU 的工作效率。

5.5.2 程序工作流程

编写程序实现：按下矩阵键盘上的按键，使用外部中断法在六位数码管上显示所按按键对应的键值。程序流程图如图 5-7 所示。

该矩阵键盘使用单片机 PB 端口的 4、5、6、7、12、13、14 和 15 引脚，其中前 4 个引脚为行线引脚，后 4 个引脚为列线引脚。根据矩阵键盘的工作原理，需要设置行线引脚为输出模式，列线引脚为输入模式。设置保存键的全局变量 KEYNUM = 0，然后调用键盘扫描程序识别按键的键值并存储到全局变量 KEYNUM 中。

通过矩阵键盘的按键识别函数识别出哪个按键被按下，并将键值显示在数码管上，系统工作过程如下。

1）对按键和数码管使用的引脚进行宏定义，方便后续程序调用。

2）定义保存有效键值的全局变量 KEYNUM，初始化为 0。

3）编写按键引脚初始化程序，设置行线为输出模式，列线为输入模式。

4）编写数码管引脚初始化程序。

5）编写数码管显示函数，将数字显示到六位数码管上。

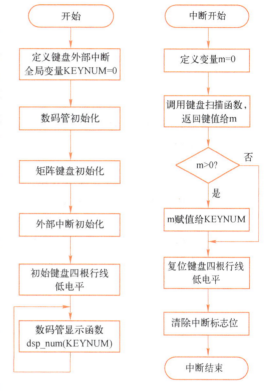

图 5-7 矩阵键盘键值显示中断法程序流程图

6）编写按键扫描函数，扫描 4 行 4 列，将得到的键值返回。

7）在主程序的循环体中，调用按键扫描程序以得到键值。

8）判断键值是否有效，如果是有效键值，则调用数码管显示函数，以显示键值。

5.5.3 系统设计与实现

下面进行系统设计与实现。

1. 矩阵键盘键值显示功能实现

1）复制并粘贴"51_STM32_矩阵键盘键值显示"文件夹，将文件夹名改成"52_STM32_中断法键值显示"，进入 USER 目录，双击打开 STM32PRJ. uvprojx 工程，进入工程主界面。

2）在工程文件夹下的 DRV 目录中，创建 exti_int. c 和 exti_int. h 两个文件。exti_int. h 文件中的代码如下。

```
#ifndef_EXTIINT_H
#define_EXTIINT_H
extern u8 KEYNUM;    //矩阵键盘的键值
void extiint_init(void);
#endif
```

exti_int. c 文件中的代码如下。

```
#include "stm32f10x. h"
#include "keyboard. h"
#include "exti_int. h"
#include "smg. h"
u8 KEYNUM = 0;                                            //矩阵键盘的键值
//外部中断初始化函数
void extiint_init(void)
{
    NVIC_InitTypeDef NVIC_I;                             //中断优先级结构体变量
    EXTI_InitTypeDef EXTI_I;                             //外部中断结构体变量
    RCC_APB2PeriphClockCmd(RCC_APB2Periph_AFIO,ENABLE);
    //设置外部中断的中断源：PB12、PB13、PB14、PB15
    GPIO_EXTILineConfig(GPIO_PortSourceGPIOB,GPIO_PinSource12);
    GPIO_EXTILineConfig(GPIO_PortSourceGPIOB,GPIO_PinSource13);
    GPIO_EXTILineConfig(GPIO_PortSourceGPIOB,GPIO_PinSource14);
    GPIO_EXTILineConfig(GPIO_PortSourceGPIOB,GPIO_PinSource15);
    //设置中断优先级参数
    NVIC_PriorityGroupConfig(NVIC_PriorityGroup_0);      //中断优先级 0 组
    NVIC_I. NVIC_IRQChannel = EXTI15_10_IRQn;
    NVIC_I. NVIC_IRQChannelPreemptionPriority = 0x0;     //抢占优先级
    NVIC_I. NVIC_IRQChannelSubPriority = 0x0f;           //响应优先级
    NVIC_I. NVIC_IRQChannelCmd = ENABLE;
    NVIC_Init(&NVIC_I);
    //设置中断参数
    EXTI_I. EXTI_Line = EXTI_Line12 | EXTI_Line13 | EXTI_Line14 | EXTI_Line15;  //中断映射
    EXTI_I. EXTI_Mode = EXTI_Mode_Interrupt;
    EXTI_I. EXTI_Trigger = EXTI_Trigger_Falling;         //下降沿触发
    EXTI_I. EXTI_LineCmd = ENABLE;                       //中断使能
    EXTI_Init(&EXTI_I);
}
//中断服务程序
void EXTI15_10_IRQHandler(void)
{
    uint8_t m = 0;
    m = keyboard_scan();                                 //调用一次扫描函数得到键值
    if (m>0)
```

```
          KEYNUM = m;
          R1 = 0;R2 = 0;R3 = 0;R4 = 0;                    //重置,恢复矩阵键盘中断初始条件
          EXTI_ClearITPendingBit( EXTI_Line12 );          //清除中断标志位
          EXTI_ClearITPendingBit( EXTI_Line13 );
          EXTI_ClearITPendingBit( EXTI_Line14 );
          EXTI_ClearITPendingBit( EXTI_Line15 );
     }
```

3）在系统头文件 all_system. h 中加入 exti_int. h 文件，打开 main. c 文件，文件中的代码如下。

```
/ * * * * * * * * * * * * * * * * * * * *
Function：外部中断法显示矩阵键盘键值
Describe：矩阵键盘使用外部中断法将被按下的键对应键值显示在数码管上
* * * * * * * * * * * * * * * * * * * */
#include "all_system. h"
int main( void)
{
     smg_init( );                    //数码管引脚初始化
     keyboard_init( );
     extiint_init( );
     R1 = 0;R2 = 0;R3 = 0;R4 = 0;    //初始条件：四行置低电平
     while(1)
     {
          dsp_num(KEYNUM);
     }
}
```

2. 工程编译和调试

（1）仿真调试

使用 Proteus 软件打开"仿真"文件夹中的工程，双击芯片打开配置界面，选择编译好的 hex 文件后单击"OK"按钮。回到工程主界面，单击左下角的"运行"按钮，使程序在仿真电路上运行，按下矩阵键盘上的任意一个按键，该按键对应的键值显示在数码管上，运行效果和图 5-4 一致。注意，本章任务 1 的键值显示是通过查询法定时扫描实现的，而本章任务 2 的键值显示是通过中断法实现的。

（2）下载调试

程序编译无误后可在 Proteus 仿真软件中运行，看到实际的运行效果后，通过仿真器下载代码到芯片中运行，在开发板的矩阵键盘上按下按键以观察数码管上的键值显示效果。

5.6　任务 3　简易计算器系统设计

5.6 任务 3　简易计算器系统设计

任务要求

学习使用开发板上的数码管和矩阵键盘，将矩阵键盘上的 16 个按键定义为计算器键盘，

实现基本的算术运算功能，输入的操作数和运算结果都会显示在数码管上，并可以实现连续运算功能。计算器面板布局如图 5-8 所示。

5.6.1 键值-转换函数程序设计

　　键盘扫描程序识别出每个按键，并给每个按键赋一个键值，根据得到的键值就可以知道哪个按键被按下了。计算器按键面板上有算术运算符、清除符和等于符号，实际使用时要把识别到的按键转换成计算器面板上的字符数据。根据字符数据，就可以判断按下的是哪种符号，从而就可以进行算术运算了。键值转换成字符的程序流程图如图 5-9 所示。

图 5-8　计算器面板布局

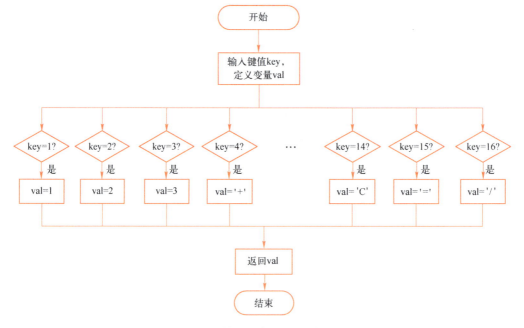

图 5-9　计算器键值-转换程序流程图

5.6.2 程序工作流程

　　设计制作一个数字计算器，该计算器面板包含数字键 0~9、算术运算操作符键（加减乘除）、清除键和等于号键。计算器操作时使用数码管显示操作数和运算结果。

　　1）初始时数码管显示 0。

　　2）输入第一个操作数，输入的操作数在数码管上实时显示。

　　3）输入算术运算操作符。

　　4）输入第二个操作数，输入时数码管实时显示。

　　5）按下等于号键计算，在数码管上显示运算结果数值。

　　6）输入操作数过程中可以按清除键，从头开始计算。

　　识别到按键后要将按键键值转换成计算器面板上的符号，判断所按的按键是否为数字，如果不是数字，则直接丢弃，如果是数字，则继续进行操作。

　　程序设计时，在 exti_int.c 文件中定义计算器运算过程中需要的全局变量，定义如下。

```
int OPER1=0,OPER2=0,RESULT=0;      //操作数1、2和结果
uint8_t F=0;                        //保存运算符的变量
extern int NUM;                     //外部变量, 数码管显示内容NUM
```

计算器系统工作程序流程图如图 5-10 所示（图中任务①表示矩阵键盘外部中断得到有效按键后的处理过程）。

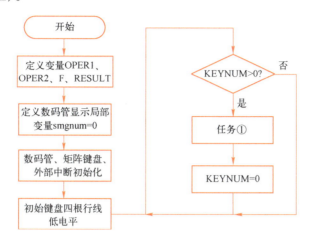

图 5-10　计算器系统工作程序流程图

计算器数据处理部分程序流程图如图 5-11 所示。

5.6.3　系统设计与实现

下面进行系统设计与实现。

1. 简易计算器功能实现

1）复制并粘贴"52_STM32_中断法键值显示"文件夹，将文件夹名改成"53_STM32_简易计算器"，进入 USER 目录，双击打开 STM32PRJ. uvprojx 工程，进入工程主界面。

2）打开 main. c 文件，添加如下代码。

```
/ * * * * * * * * * * * * * * * * * * * * *
Function：简易计算器
Describe：实现计算器的算术运算功能
        1   2   3   +
        4   5   6   -
        7   8   9   *
        0   C   =   /
* * * * * * * * * * * * * * * * * * * * */
#include "all_system. h"
u32 OPER1=0,OPER2=0,RESULT=0;    //操作数1、2和结果
u8 F=0;                          //保存运算符的变量
//键值与计算器面板上的符号转换函数输入参数为val, 即键值；返回值为转换后的符号
u8 keytrans( u8 val)
{
    u8 ch=0;
```

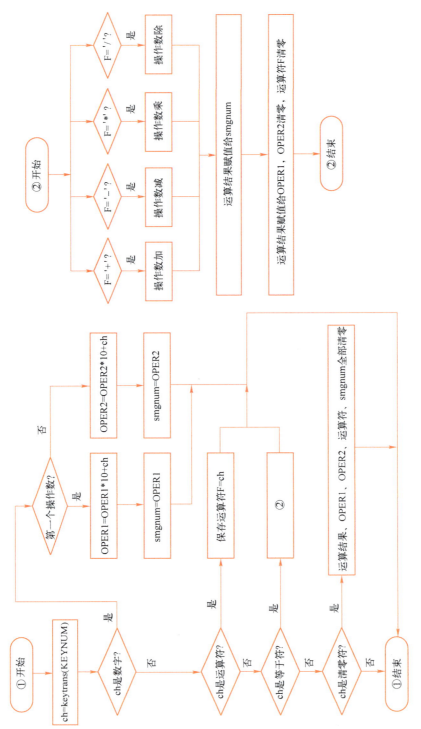

图 5-11 计算器数据处理部分程序流程图

```
        switch(val)
        {
            case 1:case 2:case 3: ch=val;break;
            case 4:ch='+';break;
            case 5:case 6:case 7:ch=val-1;break;
            case 8:ch='-';break;
            case 9:case 10:case 11:ch=val-2;break;
            case 12:ch=' * ';break;
            case 13:ch=0;break;
            case 14:ch='C';break;
            case 15: ch='=';break;
            case 16: ch='/';break;
        }
        return ch;
}
int main(void)
{
    u8 smgnum=0, ch=0;
    smg_init();                    //数码管引脚初始化
    keyboard_init();
    extiint_init();
    R1=0;R2=0;R3=0;R4=0;           //初始条件：四行置低电平
    while(1)
    {
        if (KEYNUM>0)
        {
            ch=keytrans(KEYNUM);    //键值转换成计算器面板上的符号函数
            if (ch<10)              //如果按的是数字键
            {
                if (F==0)           //是否存在运算符
                {
                    OPER1=OPER1 * 10+ch;
                    smgnum=OPER1;
                }
                else
                {
                    OPER2=OPER2 * 10+ch;
                    smgnum=OPER2;
                }

            }
            if ((ch>40)&&(ch<50))   //运算符
                F=ch;
```

```
                    if (ch=='=')       //等于号键
                    {
                        switch(F)
                        {
                            case '+':RESULT=OPER1+OPER2;break;
                            case '-':RESULT=OPER1-OPER2;break;
                            case '*':RESULT=OPER1 * OPER2;break;
                            case '/':RESULT=OPER1/OPER2;break;
                        }
                        smgnum=RESULT;   //显示运算结果
                        // ******************* 实现连续算术运算
                        OPER1=RESULT;
                        F=0;
                        OPER2=0;
                        // *******************
                    }
                    if (ch=='C')       //清除键
                    {
                        OPER1=0;
                        OPER2=0;
                        RESULT=0;
                        F=0;
                        smgnum=0;
                    }
                    KEYNUM=0; //清除键值
                }
            dsp_num(smgnum);
        }
    }
```

2. 工程编译与调试

（1）仿真调试

1）使用 Proteus 软件打开"仿真"文件夹中的工程，双击芯片打开配置界面，选择编译好的 hex 文件后单击"OK"按钮。

2）回到工程主界面，单击左下角的"运行"按钮，使程序在仿真电路上运行。

3）在计算器面板上进行正常的算术运算操作，操作数和运算结果都会显示在数码管上。

4）可以进行连续的算术运算，上一次运算结果作为下一次运算的第一个操作数。

5）按下清除键可以从头开始计算，仿真运行效果如图 5-12 所示。

（2）下载调试

程序编译无误后可在 Proteus 仿真软件中运行，看到实际的运行效果后，通过仿真器下载代码到芯片中运行，在开发板的矩阵键盘上按下按键以观察数码管上的键值显示效果。

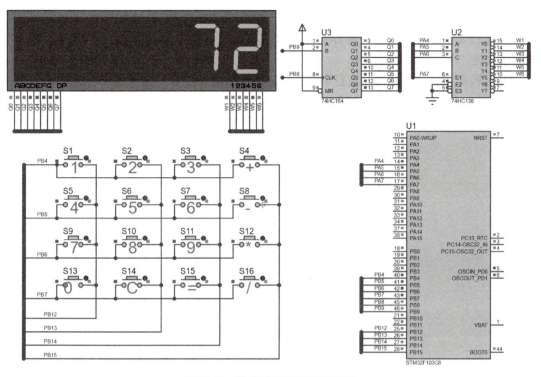

图 5-12　计算器仿真运行效果图

思考与练习

一、简答题

1. 相比独立式按键，矩阵键盘有什么优缺点？

2. 矩阵键盘的行线和列线所对应的单片机引脚分别配置为哪种工作模式？

3. 矩阵键盘的识别方法有中断法和查询法，它们之间有什么区别？

4. 什么是单片机中断？

5. 什么是中断向量？

6. 列举 STM32F103C8T6 芯片 PA 端口的每个引脚对应的外部中断通道名称。

7. 在矩阵键盘中断法识别程序中，初始时为何要将所有行线置低电平 0？

8. 每个中断源所对应的中断服务程序是如何执行的？

二、上机操作

1. 编程实现：利用查询法识别矩阵键盘的按键，矩阵键盘的第一行 4 个按键分别控制 4 个 LED 灯的亮灭，第二行前两个按键分别控制继电器通断和蜂鸣器是否鸣叫。

2. 编程实现：使用中断法识别三个独立式按键以检查设备的好坏，按下 K1 按键时，4 个灯亮，同时继电器闭合；按下 K2 按键时，数码管显示 6 个"8"，同时蜂鸣器鸣叫；按下 K3 按键时，恢复初始状态。

3. 使用中断法识别三个独立式按键，按下 K1 时 D1~D4 灯依次点亮，其优先级最低；按下 K2 时继电器闭合，其优先级中等；按下 K3 时蜂鸣器鸣叫，其优先级最高。

4. 编程实现：将简易计算器项目中的清除键"C"改成小数点键，实现浮点数的算术运算功能。

5. 编程实现：利用简易计算器实现连续算术运算，如通过按键输入"23+5 * 18-9"，按等于号键"="得到运算结果。

6. 编程实现：简易计算器项目中的计算结果默认为十进制，通过等于号键"="，实现计算结果在十进制和十六进制之间来回切换。

项目 6

智能电子钟设计与实现

学习目标

学会 OLED 显示屏的使用，通过 STM32 定时器技术在 OLED 显示屏上实现智能电子钟，显示年、月、日、时、分、秒和星期几。

【知识目标】

1. 理解 STM32 系统时钟的概念；
2. 掌握 SysTick 定时器的使用方法；
3. 了解 OLED 驱动程序的设计方法；
4. 掌握 OLED 显示屏显示汉字、图片的方法；
5. 理解定时器的概念和定时器相关寄存器的使用；
6. 理解定时器溢出时间的计算方法；
7. 掌握 OLED 显示屏显示智能电子钟程序的设计方法。

【能力目标】

1. 具有在 OLED 显示屏上显示汉字图形的能力；
2. 具有使用 STM32 定时器计算定时时间的能力；
3. 具有编写智能电子钟程序的能力。

【素养目标】

- 培养学生学习和适应新技术的能力。
- 增强学生尊重知识产权和行业规范的意识。

6.1 STM32 系统时钟

6.1 STM32 系统时钟

6.1.1 单片机时钟

时钟是单片机运行的基础，时钟信号推动单片机内各个部分执行相应的指令，时钟系统决定着 CPU 运行速率。单片机有了时钟，才能够执行指令，以及进行其他处理（如点亮 LED、串口通信和 ADC）。时钟的重要性不言而喻。

STM32 单片机十分复杂，外设非常多（实际使用的时候只会用到有限的几个外设），任何外设都需要时钟才能启动。但并不是所有的外设都需要系统时钟那么高的速率，为了兼容不同速度的设备，可以使用高速或低速时钟。如果都用高速时钟，势必造成浪费。而且在同一个电路中，时钟越快，功耗越高，同时抗电磁干扰能力也就越弱。较为复杂的 MCU 都是采用多时钟源的方法来解决上述问题，所以便有了 STM32 复杂的时钟系统。

为了实现低功耗，STM32 将所有的外设时钟都设置为 Disable（不使能），用到此外设时，启动对应外设的时钟就可以了，其他暂时没用到的还可以保持为 Disable（不使能），这样耗能就会减少。这就是配置单片机设备功能时需要先启动对应时钟的原因。

6.1.2 STM32 时钟源

STM32 芯片通电后，系统默认使用内部高速时钟，随后程序在启动的过程中切换到稳定性较强的高速外部时钟，将它作为系统的时钟源。当检测到外部时钟失效时，该时钟将会被隔离，系统自动切换到内部的 RC 振荡器。STM32 有 5 个独立时钟源：HSI、HSE、LSI、LSE 和 PLL。

1）HSI（High Speed Internal）是高速内部时钟，RC 振荡器的默认频率为 16 MHz。

2）HSE（High Speed External）是高速外部时钟，可接石英/陶瓷振荡器，或者接外部时钟源，频率为 4~16 MHz，本书所用的核心板模块上的是 8 MHz 晶振。

3）LSI（Low Speed Internal）是低速内部时钟，RC 振荡器担当低功耗时钟角色，频率为 40 kHz，用于独立的看门狗或实时时钟（RTC）。

4）LSE（Low Speed External）是低速外部时钟，连接 32.768 kHz 的晶振，用来给 RTC 实时时钟提供基准脉冲信号。

5）PLL（Phase Locked Loop）：它可以从上述时钟源中选择一个作为输入，并通过倍频输出，其倍频范围为 2~16 倍，但输出频率不得超过 72 MHz。

STM32 的系统时钟来源有三个，分别为 HSI、HSE 和 PLL。PLL 为锁相环倍频输出，其时钟输入源可选择为 HSI/2、HSE 或者 HSE/2。

6.1.3 STM32 系统时钟树

系统时钟 SYSCLK 来源于外部 8 MHz 晶振提供的外部晶振源 HSE，通过 PLLXTPRE 分频器后，进入 PLLSRC 选择开关，选通后进入 PLLMUL 锁相环，对外部时钟进行 9 倍频，系统时钟 SYSCLK=8 MHz×9=72 MHz，STM32 系统时钟树如图 6-1 所示。

系统时钟经过倍频后达到 72 MHz，通过 AHB 分频器分频后送给各模块使用。AHB 分频器可选择 1、2、4、8…512 分频。AHB 分频器输出的时钟送给以下 5 大模块使用。

1）内核总线：送给 AHB 总线、内核、内存和 DMA 使用的 HCLK 时钟。

2）SysTick 定时器：8 分频后送给 Cortex-M3 使用的系统滴答定时器时钟。

3）I²S 总线：直接送给 Cortex-M3 使用的空闲运行时钟 FCLK。

4）APB1 外设：送给 APB1 分频器。APB1 分频器可选择 1、2、4、8、16 分频，其输出一路供 APB1 外设使用（PCLK1，最大频率为 36 MHz），另一路送给通用定时器使用。APB1 上连接的是低速外设，包括电源接口、备份接口、CAN、USB、I²C1、I²C2、USART2、US-ART3、UART4、UART5、SPI2、SP3、TIMER2~TIMER7 等。

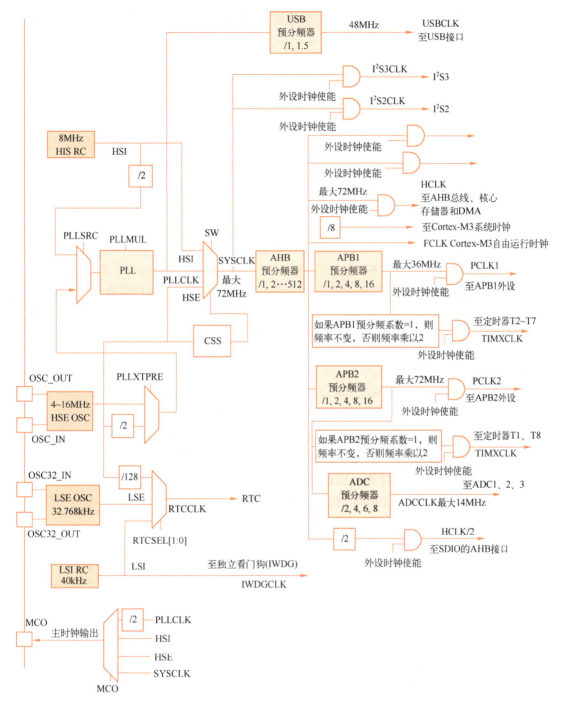

图 6-1　STM32F1 系列处理器时钟树

5）APB2 外设：送给 APB2 分频器使用。APB2 分频器可选择 1、2、4、8、16 分频，其输出第一路供 APB2 外设使用（PCLK2，最大频率为 72 MHz），第二路送给高级定时器 1 和 8 使用，第三路输出先送 ADC 分频器，分频后送给 ADC 模块使用。APB2 上连接的是高速外设，包括 UART1、SPI1、TIMER1、TIMER8、ADC1、ADC2、ADC3、所有的普通 I/O 端口、复用功能 I/O（AFIO）端口等。

6）定时器外设：定时器 T2~T7 的时钟来源于 APB1 预分频器，可以进行预分频系数设置，输出的时钟频率最大为 36 MHz。

定时器 T1、T8 的时钟来源于 APB2 预分频器，也可以进行预分频系数设置，输出的时钟频率最大为 72 MHz。假设 AHB 预分频系数为 1，则系统时钟频率 SCLK = 72 MHz，如果 APB2 的预分频系数为 8，那么定时器 T1 和 T8 的时钟频率等于 APB2 输出的时钟频率乘以 2，即 72 MHz/8×2 = 18 MHz。

6.2　SysTick 定时器

6.2 SysTick 定时器

6.2.1　SysTick 定时器简介

SysTick 定时器是 Cortex-M3 内核中的一个外设，内嵌在 NVIC 中。STM32 自身有 8 个定时器，为什么还要再提供一个 SysTick 定时器呢？因为所有基于 Cortex-M3 内核的控制器都带有 SysTick 定时器，所以使用 SysTick 定时器编写的代码在移植到同样使用 Cortex-M3 内核的不同器件时，代码不需要进行修改。在本项目中，利用 STM32 的内部 SysTick 来实现延时，这样既不占用中断，又不占用常规定时器。该定时器的特性如下。

1）24 位递减计数器。

2）自动重加载功能。

3）当计数器为 0 时，能产生一个可屏蔽系统中断。

4）可编程的时钟源。

SysTick 定时器是一个 24 位的向下递减的计数器，计数器计数一次的时间为 1/SYSCLK，一般设置系统时钟 SYSCLK 等于 72 MHz 或者 9 MHz。当重装载数值寄存器的值递减到 0 的时候，系统定时器就产生一次中断，以此循环往复。因为 SysTick 是 Cortex-M3 内核的外设，所以所有基于 Cortex-M3 内核的单片机都具有这个系统定时器，使得软件在 Cortex-M3 单片机中很容易移植。

在单任务应用程序中，因为其架构就决定了它执行任务的串行性，这就引出一个问题：当某个任务出现问题时，就会牵连到后续的任务，进而导致整个系统崩溃。要解决这个问题，可以使用实时操作系统（RTOS）。因为 RTOS 以并行的架构处理任务，单个任务出现问题并不会牵连到整个系统。这样出于可靠性的考虑，用户可以基于 RTOS 来设计自己的应用程序。这样 SysTick 存在的意义就是提供必要的时钟节拍，为 RTOS 的任务调度提供一个有节奏的"心跳"。这样可以节省 MCU 资源，不用浪费一个定时器。例如，在 μC/OS-II 嵌入式操作系统中，分时复用需要一个最小的时间戳，一般在 STM32+μC/OS 系统中，都采用 SysTick 作为 μC/OS-II 的心跳时钟。

SysTick 定时器除了能服务于操作系统之外，还能用于其他功能，如作为一个闹铃，用于测量时间等。

6.2.2　SysTick 寄存器

SysTick 定时器有 4 个寄存器，分别为控制及状态寄存器、重装载寄存器、计数寄存器和校准寄存器。在使用 SysTick 产生定时的时候，只需要配置前三个寄存器，校准寄存器不需要使用。

1. 控制及状态寄存器

SysTick 控制及状态寄存器（STK_CTRL）的地址是 0xE000E010，该寄存器各位描述见表 6-1。

表 6-1　STK_CTRL 寄存器各位描述

位　段	描　　述
位 16	COUNTFLAG：当读取本寄存器时，若计数器已经计数到 0，则该位为 1
位 2	CLKSOURCE：时钟源选择位，0＝AHB/8，1＝AHB
位 1	TICKINT：该位为 0 时计数到 0 无动作，为 1 时计数到 0 产生异常请求
位 0	ENABLE：SysTick 的使能位

位 16 是 SysTick 控制及状态寄存器的计数溢出标志 COUNTFLAG 位。SysTick 是向下计数的，若计数完成，则 COUNTFLAG 的值变为 1。当读取到 COUNTFLAG 的值为 1 之后，就处理 SysTick 计数完成事件，因此读取后该位会自动变为 0，这样在编程时就不需要通过代码来清零了。

位 2 是 SysTick 时钟源选择位。该位为 0 时，时钟源为系统时钟 SCLK 的 8 分频，即 9 MHz；该位为 1 时，时钟源为系统时钟 SCLK，即 72 MHz。

位 1 是 SysTick 中断使能位。该位为 0 时，关闭 SysTick 中断；该位为 1 时，开启 SysTick 中断，当计数到 0 时，就会产生中断。

位 0 是 SysTick 使能位。该位为 0 时，关闭 SysTick 功能；该位为 1 时，开启 SysTick 功能。

2. 重装载寄存器

SysTick 重装载寄存器（STK_LOAD）的地址是 0xE000E014，该寄存器各位描述见表 6-2。

表 6-2　STK_LOAD 寄存器各位描述

位　段	描　　述
位 31:24	保留
位 23:0	RELOAD[23:0]：当计数寄存器计数到 0 时，被重新装载的值

SysTick 重装载寄存器只使用了低 24 位，其取值范围是 $0 \sim 2^{24}-1$（0～16777215）。SysTick 重装载值 RELOAD 的计算公式为

$$RELOAD = SysTick\ 时钟频率(Hz) \times 定时时间(s)$$

例如，系统时钟频率为 72 MHz，经过 AHB 分频器 8 分频后，SysTick 的时钟为 9 MHz。如果要定时 1 s，则重装载值 $RELOAD = 9\,Hz \times 10^6 \times 1\,s = 9 \times 10^6$；如果要定时 1 μs，则重装载值 $RELOAD = 9\,Hz \times 10^6 \times 1\,s \times 10^{-6} = 9$。

3. 计数寄存器

SysTick 计数寄存器（STK_VAL）的地址是 0xE000E018，该寄存器各位描述见表 6-3。

表 6-3　STK_VAL 寄存器各位描述

位　段	描　　述
位 31:24	保留
位 23:0	CURRENT[23:0]：读取时返回当前计数的值，写入时则使之清零，同时还会清除 SysTick 控制及状态寄存器中的 COUNTFLAG 标志位

因为 SysTick 校准寄存器不经常使用，所以这里就不做介绍。

6.2.3 SysTick 操作方法

在 core_cm3. h 文件中，定义了包含 SysTick 定时器的 4 个寄存器的 SysTick_Type 结构体，代码如下。

```
typedef struct
{
    __IO uint32_t CTRL;      //SysTick 控制及状态寄存器地址偏移 0x00
    __IO uint32_t LOAD;      //SysTick 重装载寄存器地址偏移 0x04
    __IO uint32_t VAL;       //SysTick 计数寄存器地址偏移 0x08
    __I  uint32_t CALIB;     //SysTick 校准寄存器地址偏移 0x0C
} SysTick_Type;
```

由于在 core_cm3. h 文件中已经宏定义 SysTick，因此使用时不需要自己定义变量，只需要引用该宏定义。

```
#define SCS_BASE        (0xE000E000)
#define SysTick_BASE    (SCS BASE +0x0010)
#define SysTick         ((SysTick_Type * ) SysTick_BASE)
```

也就是说，SysTick 是 SysTick_Type 结构体的地址指针，指针的起始地址是 0xE000E010，SysTick 定时器的 4 个寄存器地址是 0xE000E010+偏移量。在操作 SysTick 定时器的寄存器时，可以采用如下方法。

```
SysTick-> VAL = 0;          //清空计数器的值
SysTick-> LOAD = 90000;     //重装载寄存器赋初值，倒计脉冲数
SysTick->CTRL= 1;           //使能 SysTick 定时器
```

其中，"->" 是 C 语言中的一个运算符，叫作指向结构体成员运算符，其用处是使用一个指向结构体或对象的指针访问其成员。

6.3 任务 1 LED 精确时间闪烁

6.3 任务 1 LED 精确时间闪烁

🔋 任务要求

利用处理器内部的 SysTick 定时器实现 1 s 精确时间延时，使开发板上的 4 个 LED 灯实现间隔 1 s 闪烁。

6.3.1 时钟源库函数

SysTick_CLKSourceConfig( )函数的功能是对系统定时器的时钟源进行设置，该函数定义在 misc. c 文件中。该函数定义如下。

```
void SysTick_CLKSourceConfig( uint32_t SysTick_CLKSource)
{
    assert_param( IS_SYSTICK_CLK_SOURCE( SysTick_CLKSource) );   //参数有效性检测
```

```
if (SysTick_CLKSource == SysTick_CLKSource_HCLK)
{
    SysTick->CTRL |= SysTick_CLKSource_HCLK;          //第 2 位置 1
}
else
{
    SysTick->CTRL &= SysTick_CLKSource_HCLK_Div8;     //第 2 位置 0
}
```

参数 SysTick_CLKSource 是无符号整型变量，它的取值只有两个：SysTick_CLKSource_HCLK 和 SysTick_CLKSource_HCLK_Div8。这两个宏定义在 misc. h 中，代码如下。

```
#define SysTick_CLKSource_HCLK_Div8     ((uint32_t)0xFFFFFFFB)
#define SysTick_CLKSource_HCLK          ((uint32_t)0x00000004)
#define IS_SYSTICK_CLK_SOURCE(SOURCE)   (((SOURCE) == SysTick_CLKSource_HCLK) || \
                                        ((SOURCE) == SysTick_CLKSource_HCLK_Div8))
```

"assert_param(IS_SYSTICK_CLK_SOURCE(SysTick_CLKSource));"语句用于检查函数的参数是内核时钟还是外部时钟源。if 语句根据参数设置时钟源。

在调用该函数时，若参数设置为 SysTick_CLKSource_HCLK，则 SysTick 的时钟设置为 72 MHz；若参数设置为 SysTick_CLKSource_HCLK_Div8，则 SysTick 的时钟设置为 9 MHz。

6.3.2　系统设计与实现

下面进行系统设计与实现。

1. LED 仿真硬件电路设计

复制并粘贴"53_STM32_简易计算器"文件夹，将文件夹名改成"61_STM32_LED 精确时间闪烁"，打开目录中的"仿真"文件夹，双击打开 STM32project. pdsprj 仿真工程。

此任务使用的 LED 灯硬件连接和跑马灯项目完全一样，LED 仿真硬件电路也相同。

2. LED 精确 1 s 闪烁功能程序实现

1）在工程文件夹下的 DRV 目录中，创建 delay. c 和 delay. h 两个文件，并添加到工程中。delay. h 文件中的代码如下。

```
#ifndef __DELAY_H
#define __DELAY_H
#include "stm32f10x. h"
void delay_ms( __IO uint32_t nTime);
void delay_us( __IO uint32_t nTime);
#endif
```

delay. c 文件中的代码如下。

```
#include "stm32f10x. h"
#include "delay. h"
//SysTick 定时器(非中断法)
static __IO u32 fac_us;     //定义寄存器静态变量存放 1 μs 的重装载值
static __IO u32 fac_ms;     //定义寄存器静态变量存放 1 ms 的重装载值
```

```
void delay_init(void)                                        //初始化系统的滴答定时器
{
    SysTick_CLKSourceConfig(SysTick_CLKSource_HCLK_Div8);    //时钟 8 分频
    fac_us = SystemCoreClock/8000000;                        //计算 1 μs 的重装载值
    fac_ms = fac_us * 1000;                                  //计算 1 ms 的重装载值
}
void delay_us(__IO u32 nus)                                  //微秒延时计数
{
    u32 temp;
    SysTick -> LOAD = nus * fac_us;                          //设置重装载值
    SysTick -> VAL |= 0x00;                                  //将定时器归零
    SysTick -> CTRL |= SysTick_CTRL_ENABLE_Msk;              //开启定时器
    //这里通过循环判断定时器的状态位值来确认定时器是否已归零
    do{
        temp = SysTick -> CTRL;                              //获取定时器的状态值
    }while(temp & 0x01 && !(temp & (1 << 16)));
    SysTick -> CTRL &= ~SysTick_CTRL_ENABLE_Msk;             //关闭定时器
    SysTick -> VAL |= 0x00;                                  //将定时器归零
}
void delay_ms(__IO u32 nms)                                  //毫秒延时计数
{
    u32 temp;
    SysTick -> LOAD = nms * fac_ms;                          //设置重装载值
    SysTick -> VAL |= 0x00;                                  //将定时器归零
    SysTick -> CTRL |= SysTick_CTRL_ENABLE_Msk;              //开启定时器
    do{
        temp = SysTick -> CTRL;                              //获取定时器的状态值
    }while(temp & 0x01 && !(temp & (1 << 16)));
    SysTick -> CTRL &= ~SysTick_CTRL_ENABLE_Msk;             //关闭定时器
    SysTick -> VAL |= 0x00;                                  //将定时器归零
}
```

2) 在系统头文件 all_system. h 中添加 delay. h 文件。main. c 文件中的代码如下。

```
/********************
Function：LED 精确 1 s 闪烁
Describe：SysTick 定时器实现 4 个 LED 灯精确 1 s 时间间隔的闪烁
********************/
#include "all_system. h"
int main(void)
{
    led_init();
    delay_init();
    while(1)
    {
```

```
                D1 = 0;D2 = 0;D3 = 0;D4 = 0;
                delay_ms(500);
                D1 = 1;D2 = 1;D3 = 1;D4 = 1;
                delay_ms(500);
            }
        }
```

3. 工程编译及调试

（1）仿真调试

使用 Proteus 软件打开"仿真"文件夹中的工程，双击芯片打开配置界面，选择编译好的 hex 文件后单击"OK"按钮。回到工程主界面，单击左下角的"运行"按钮，使程序在仿真电路上运行，可以在仿真电路中看到 4 个 LED 灯实现 1 s 时间间隔的闪烁。

（2）下载调试

程序编译无误后通过仿真器下载代码到芯片中运行，观察开发板上 4 个 LED 灯闪烁情况。

6.4 任务 2 OLED 显示屏信息显示

6.4　任务 2　OLED 显示屏信息显示

📋 任务要求

学会 OLED 显示屏和 STM32 单片机硬件连接方法，并通过单片机控制在屏幕上显示如图 6-2 所示内容。

6.4.1　OLED 显示屏

有机发光二极管（Organic Light Emitting Diode，OLED）是一种有机半导体固态薄膜器件，通过电激发的条件发光。

嵌入式应用开发
项目教程
(STM32)

图 6-2　显示内容

OLED 具有效率高、对比度高、视角大、响应快、色彩饱和、低成本、低功耗、结构相对简单等特点，在显示和照明方面有非常广泛的应用，被称为梦幻显示技术。由于 OLED 可以在各种不同的基板上制造，因此其成为柔性显示的关键技术。

开发板上使用的是黄蓝双色 OLED 显示屏，尺寸为 0.96 in（1 in = 0.0254 m），采用 PMOLED 技术，分辨率为 128 像素×64 像素，接口类型为 I^2C，工作电压为 3.3 V，控制芯片为 SSD1306，工作温度范围为 −40～70℃。

该 OLED 显示屏有 4 个引脚，引脚说明见表 6-4。

表 6-4　OLED 显示屏引脚说明

序　号	引脚名称	说　明
1	GND	接地
2	VCC	电源 3.3～5 V
3	SCL	I^2C 时钟线
4	SDA	I^2C 数据线

6.4.2 汉字取模

下面进行汉字取模。

1. 汉字点阵

汉字点阵是指汉字用多少个像素来描述，以及每个像素显示为什么颜色。通常情况下，HZK16 采用的是 16 像素×16 像素的点阵，即用 256 个像素描述一个汉字。

这些像素的颜色分为两种，一种是前景色，另一种是背景色。

那么，如何知道哪些像素显示为前景色，哪些像素显示为背景色呢？

首先，在纸上写一个规则的楷体字，然后在这个字上从上到下、从左到右，分别画 17 条线段，那么这个字就被放置于一个 16×16 的方格之内，这样就可以很明显地看出，16×16 的方格内具体哪些像素有笔画经过，有笔画经过的像素与没有笔画经过的像素应该被分别填充上前景色和背景色。

现在，找到了一个汉字的点阵，那么还需要用数据来记录点阵的信息，通常情况下，会用 32 B 来表示 16 像素×16 像素的点阵的汉字，即每一行用两个字节来记录 16 个像素的色彩情况，0 表示背景色，1 表示前景色。因此 16 行共需要 32 B。点阵汉字的实现原理同时导致了它的缺点，即不具备放大特性。它的显示基于被定死的点阵，放大后，会产生明显的锯齿。当然，可以进行一些光滑处理，但基本上没有多大的改观。不过，点阵汉字简易，对于复杂汉字，它比向量显示汉字法更快。向量显示基于记录汉字的笔画，对于简单的汉字，它比较有优势，因为容易放大处理，但对于复杂的汉字，表示起来会因为笔画太多而变得更复杂。

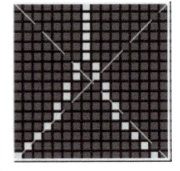

2. 点阵编码

一个 16 像素×16 像素的点阵汉字，共有 256 个像素，每一个像素用一个二进制位来表示，0 表示不亮，1 表示亮。汉字"人"的点阵如图 6-3 所示。使用列行式的编码方式，相当于从中间把点阵分成了上下两部分，先对上半部分进行编码，再对下半部分进行编码。各部分都是按从左到右的顺序，垂直方向的 8 个像素为 1 B，每一部分都是 16 B，编码完成后得到汉字"人"的 32 B 的编码，编码如下。

图 6-3 汉字"人"的点阵

```
{0x00,0x00,0x00,0x00,0x00,0x00,0xC0,0x3F,0xC0,0x00,0x00,0x00,0x00,0x00,0x00,0x00,
0x80,0x40,0x20,0x10,0x0C,0x03,0x00,0x00,0x00,0x03,0x0C,0x10,0x20,0x40,0x80,0x00},
/*"人",0*/
```

在屏幕上显示时，再按这个编码规则进行解码，控制屏幕上一个汉字的 256 个像素进行显示，最终就可以在屏幕上看到汉字"人"了。

3. 取模软件

1）打开取模软件，该软件默认使用"宋体"字体，默认汉字为 16 像素×16 像素的点阵、英文为 8 像素×16 像素的点阵。

2）单击软件工具栏上的"设置"按钮⚙，打开"字模选项"对话框，在"自定义格式"下面的列表框中选择"C51 格式"，其他部分都保持默认设置，如图 6-4 所示，然后单击"确定"按钮。

3）在软件下方的文本框中输入"嵌入式应用开发项目教程"，此时在文本框上方的点阵显示区会自动显示刚才输入汉字的点阵图形，然后单击文本框右侧的"生成字模"按钮，输入汉字的字模数据就会自动在文本框下方的显示区域显示出来，如图6-5所示。

图6-4 "字模选项"对话框

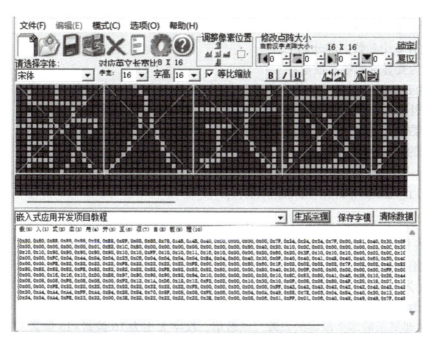

图6-5 取模软件汉字取模

4）字模数据生成后，可以保存为TXT文档，也可以先选中4行点阵数据，再右键单击它，并在弹出的快捷菜单中选择"复制"，将数据粘贴到程序的点阵二维数组中。

6.4.3 OLED驱动程序

OLED显示屏使用的是I^2C通信接口，包括时钟线SCL和数据线SDA，按照I^2C协议编写代码进行设备之间的通信。驱动程序文件oled.c中主要包括初始化函数、字符串显示函数、数字显示函数、汉字显示函数、图片显示函数和显示刷新函数。

1. 初始化函数 OLED_Init

> void OLED_Init(void) ;

在使用 OLED 显示屏时调用该函数对屏幕所连接的单片机的引脚进行初始化，同时对 OLED 显示屏的驱动芯片 SSD1306 进行初始化。

2. 字符串显示函数 OLED_ShowString

> void OLED_ShowString(u8 x, u8 y, u8 * chr, u8 size, u8 mode) ;

该函数有 5 个参数，具体如下。

- x、y 分别为要显示字符串首字母的列坐标和行坐标；
- chr 为显示字符串首地址指针；
- size 为显示字符的大小，取值为 8、12、16 和 24，数字越大，显示的字符越大；
- mode 表示显示的模式，取值为 1 或 0，1 是正常显示，0 是反色显示。

该函数的用法示例如下。

```
//第3行第4列位置显示字符串"STM32"，字符大小为16像素×16像素，正常显示
OLED_ShowString(48,32,"STM32",16,1);
```

3. 数字显示函数 OLED_ShowNum

> void OLED_ShowNum(u8 x, u8 y, u32 num, u8 len, u8 size, u8 mode) ;

该函数有 6 个参数，部分如下。

- num 为要显示的数字数量；
- len 为要显示在屏幕上的数字位数，如果 len 大于数字 num 的位数，那么前面不足的位数补 0；如果 len 小于数字 num 的位数，那么只显示 num 的后 len 位。

其他参数的用法与字符串显示函数相同。

该函数的用法示例如下。

```
//第3行第4列位置显示数字123456，8位显示，字符大小为16像素×16像素，正常显示
OLED_ShowNum(48,32,123456,8,16,1);
```

4. 汉字显示函数 OLED_ShowCN

> void OLED_ShowCN(u8 x, u8 y, u8 index, u8 num, u8 src[ ][32], u8 mode) ;

该函数有 6 个参数，部分如下。

- index 为 src 数组中要显示汉字的起始位置，第一个字的位置为 0；
- num 为要显示的汉字数量；
- src 为要显示的多个汉字的点阵二维数组，汉字大小为 16 像素×16 像素。

其他参数的用法与字符串显示函数相同。

该函数的用法示例如下。

```
//第1行第8个像素位置显示"嵌入式应用开发"，起始位置为0，数量为7，字符大小为16像
//素×16像素，正常显示
OLED_ShowCN(8,0,0,7,bookname,1);
//第2行第32个像素位置显示"项目教程"，起始位置为7，数量为4，字符大小为16像素×
//16像素，正常显示
OLED_ShowCN(32,16,7,4,bookname,1);
```

5. 图片显示函数 OLED_ShowPicture

```
void OLED_ShowPicture(u8 x,u8 y,u8 sizex,u8 sizey,u8 BMP[],u8 mode);
```

该函数有 6 个参数，部分如下。

● sizex、sizey 为要显示图片的长和宽；

● BMP 为要显示图片的点阵一维数组。

其他参数的用法与字符串显示函数相同。

该函数的用法示例如下。

```
//第1行第1列位置显示图片 pic, 正常显示
OLED_ShowPicture(0,0,128,64,pic,1);
```

说明：实参 pic 为图片的点阵一维数组名。

6. 显示刷新函数 OLED_Refresh

```
void OLED_Refresh(void);
```

该函数的作用是刷新 OLED 显示屏显示内容，当以上数字、字符串、汉字或者图片显示函数调用后，必须调用该函数才能将信息显示到屏幕上。

6.4.4　仿真电路设计

下面进行仿真电路设计。

1）复制并粘贴"61_STM32_LED 精确时间闪烁"文件夹，将文件夹名改成"62_STM32_OLED 屏信息显示"，打开目录中的"仿真"文件夹，双击打开 STM32project. pdsprj 仿真工程。

2）单击主界面左侧列表"Device"上的"P"按钮，打开元件选取界面"Pick Devices"，在左上角的"Keywords"文本框中输入"oled"，选中右侧列表框里的"OLED12864I2C"元件后单击"确定"按钮，如图 6-6 所示。

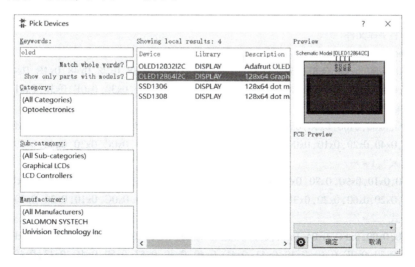

图 6-6　选取 OLED 元件

3）将 OLED 显示屏放置在画布中，VCC 接电源，GND 接地，SCL 接 PB8 引脚，SDA 接PB9 引脚，仿真电路图如图 6-7 所示。

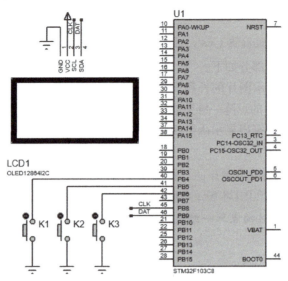

图 6-7　OLED 显示屏显示功能仿真电路

6.4.5　系统设计与实现

下面进行系统设计与实现。

1. OLED 显示屏显示汉字功能程序实现

1）在工程文件夹下的 DRV 目录中，导入 OLED 驱动程序的 oled. c 和 oled. h 两个文件，添加 oled. c 文件到项目工程中。

2）创建汉字点阵文件 oledlib. h，使用字模生成软件生成指定汉字"嵌入式应用开发项目教程"的字模编码，从软件中复制出汉字的 C 语言编码并放置到 bookname 二维数组中。

```
#ifndef __OLEDLIB_H
#define __OLEDLIB_H
#include "stm32f10x. h"
//汉字字库文件
u8 bookname[][32] = {
{0x80,0x80,0xEE,0x88,0x88,0x88,0xE8,0x8F,0x08,0x88,0x78,0x48,0x4E,0x40,0xC0,0x00,
0x00,0x00,0x7F,0x24,0x24,0x24,0x7F,0x00,0x81,0x40,0x30,0x0F,0x30,0x41,0x80,0x00},
/*"嵌",0*/
{0x00,0x00,0x00,0x00,0x00,0x01,0xE2,0x1C,0xE0,0x00,0x00,0x00,0x00,0x00,0x00,0x00,
0x80,0x40,0x20,0x10,0x0C,0x03,0x00,0x00,0x00,0x03,0x0C,0x30,0x40,0x80,0x80,0x00},
/*"入",1*/
{0x10,0x10,0x90,0x90,0x90,0x90,0x90,0x10,0x10,0xFF,0x10,0x10,0x11,0x16,0x10,0x00,
0x00,0x20,0x60,0x20,0x3F,0x10,0x10,0x10,0x00,0x03,0x0C,0x10,0x20,0x40,0xF8,0x00},
/*"式",2*/
{0x00,0x00,0xFC,0x04,0x44,0x84,0x04,0x25,0xC6,0x04,0x04,0x04,0x04,0xE4,0x04,0x00,
0x40,0x30,0x0F,0x40,0x40,0x41,0x4E,0x40,0x40,0x63,0x50,0x4C,0x43,0x40,0x40,0x00},
/*"应",3*/
{0x00,0x00,0xFE,0x22,0x22,0x22,0x22,0xFE,0x22,0x22,0x22,0x22,0xFE,0x00,0x00,0x00,
0x80,0x60,0x1F,0x02,0x02,0x02,0x02,0x7F,0x02,0x02,0x42,0x82,0x7F,0x00,0x00,0x00},
/*"用",4*/
```

```
    {0x80,0x82,0x82,0x82,0xFE,0x82,0x82,0x82,0x82,0x82,0xFE,0x82,0x82,0x82,0x80,0x00,
    0x00,0x80,0x40,0x30,0x0F,0x00,0x00,0x00,0x00,0x00,0xFF,0x00,0x00,0x00,0x00,0x00},
    /*"开",5*/
    {0x00,0x00,0x18,0x16,0x10,0xD0,0xB8,0x97,0x90,0x90,0x90,0x92,0x94,0x10,0x00,0x00,
    0x00,0x20,0x10,0x8C,0x83,0x80,0x41,0x46,0x28,0x10,0x28,0x44,0x43,0x80,0x80,0x00},
    /*"发",6*/
    {0x08,0x08,0x08,0xF8,0x08,0x08,0x00,0xF2,0x12,0x1A,0xD6,0x12,0x12,0xF2,0x02,0x00,
    0x10,0x30,0x10,0x0F,0x08,0x08,0x80,0x4F,0x20,0x18,0x07,0x10,0x20,0x4F,0x80,0x00},
    /*"项",7*/
    {0x00,0x00,0xFE,0x22,0x22,0x22,0x22,0x22,0x22,0x22,0x22,0x22,0xFE,0x00,0x00,0x00,
    0x00,0x00,0xFF,0x42,0x42,0x42,0x42,0x42,0x42,0x42,0x42,0x42,0xFF,0x00,0x00,0x00},
    /*"目",8*/
    {0x20,0xA4,0xA4,0xA4,0xFF,0xA4,0xB4,0x28,0x84,0x70,0x8F,0x08,0x08,0xF8,0x08,0x00,
    0x04,0x0A,0x49,0x88,0x7E,0x05,0x04,0x84,0x40,0x20,0x13,0x0C,0x33,0x40,0x80,0x00},
    /*"教",9*/
    {0x24,0x24,0xA4,0xFE,0x23,0x22,0x00,0x3E,0x22,0x22,0x22,0x22,0x22,0x3E,0x00,0x00,
    0x08,0x06,0x01,0xFF,0x01,0x06,0x40,0x49,0x49,0x49,0x7F,0x49,0x49,0x49,0x41,0x00},
    /*"程",10*/
    };
    #endif
```

3）在系统头文件 all_system. h 中加入 oled. h、oledlib. h 文件。main. c 文件中的代码如下。

```
/******************************
Function：OLED 显示屏
Describe：在 OLED 显示屏上显示本书名称
******************************/
#include "all_system. h"
int main(void)                  //入口函数
{
    OLED_Init();
    OLED_ColorTurn(0);          //0 为正常显示,1 为反色显示
    OLED_DisplayTurn(0);        //0 为正常显示,1 为倒转显示
    OLED_ShowCN(8,0,0,7,bookname,1);
    OLED_ShowCN(32,16,7,4,bookname,1);
    OLED_ShowString(32,32,"(STM32)",16,1);
    OLED_Refresh();
    while(1)
      {
      }
}
```

2. 工程编译及调试

（1）仿真调试

使用 Proteus 软件打开仿真文件夹中的工程，双击芯片打开配置界面，选择编译好的 hex

文件后单击"OK"按钮。回到工程主界面，单击左下角的"运行"按钮，使程序在仿真电路上运行。仿真电路工作效果如图 6-8 所示。

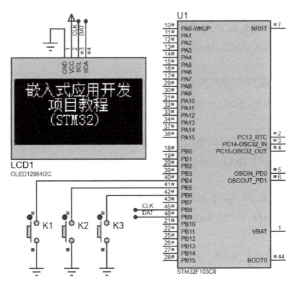

图 6-8　OLED 显示屏显示汉字仿真电路

（2）下载调试

程序编译无误后可在 Proteus 仿真软件中运行，看到实际的运行效果后，通过仿真器下载代码到芯片中运行，观察开发板上 OLED 显示屏上显示的内容。

6.5　STM32 定时器

6.5.1　定时器简介

定时器最基本的功能就是定时处理事情，如定时发送 USART 数据、定时采集 AD 数据、定时检测 I/O 端口电位、定时通过 I/O 端口输出波形等。

1. 定时器的分类

STM32F103 单片机有 8 个定时器：TIM1～TIM8。这些定时器可以分成三类：高级定时器、通用定时器和基本定时器，不同种类的定时器，功能各不相同，见表 6-5。

表 6-5　定时器分类

定时器种类	位数	定时器模式	产生 DMA 请求	捕获/比较通道	互补输出	应用场景
高级定时器（TIM1、TIM8）	16	向上、向下、中央对齐	可以	4	有	带死区控制紧急刹车功能，主要应用于 PWM 控制电机
通用定时器（TIM2～TIM5）	16	向上、向下、中央对齐	可以	4	无	输入捕获、输出比较、PWM 输出控制
基本定时器（TIM6、TIM7）	16	向上、向下、中央对齐	可以	4	无	内部直连 DAC，主要用于驱动 DAC

（1）高级定时器

TIM1 和 TIM8 都是可编程高级定时器。高级定时器是一个通过可编程预分频器驱动的 16 位自动装载计数器。它有多种用途，包含测量输入信号的脉冲宽度（输入捕获），或者产生输出波形（输出比较、PWM、嵌入死区时间的互补 PWM 等）。使用定时器预分频器和 RCC 时钟控制预分频器，可以实现脉冲宽度和波形周期从几微秒到几毫秒的调节。高级定时器和通用定时器是完全独立的，它们之间不共享任何资源，其功能如下。

1）16 位向上、向下、中央对齐自动装载计数器。

2）16 位可编程预分频器，计数器时钟频率的分频系数为 0~65535 之间的任意数值。

3）4 个独立通道：输入捕获、输出比较、PWM 生成、单脉冲模式输出。

4）死区时间可编程的互补输出。

5）使用外部信号控制定时器和定时器互连的同步电路。

6）允许在指定数目的计数器周期之后更新定时器寄存器的重复计数器。

7）刹车输入信号可以将定时器输出信号置于复位状态或者一个已知状态。

8）如下事件发生时产生中断或 DMA 请求。

● 更新：计数器向上/向下溢出，计数器初始化（通过软件或者内部/外部触发）。

● 触发事件（计数器启动、停止、初始化或者由内部/外部触发计数）。

● 输入捕获。

● 输出比较。

● 刹车信号输入。

9）支持针对定位的增量（正交）编码器和霍尔传感器电路。

10）触发输入作为外部时钟或者按周期的电流管理。

（2）通用定时器

TIM2~TIM5 都是通用定时器。通用定时器是一个通过可编程预分频器驱动的 16 位自动装载计数器。它适用于多种场合，包括测量输入信号的脉冲长度（输入捕获）或者产生输出波形（输出比较和 PWM）。使用定时器预分频器和 RCC 时钟控制器预分频器，脉冲长度和波形周期可以在几微秒到几毫秒间调整。每个定时器都是完全独立的，没有互相共享任何资源。通用定时器的功能如下。

1）16 位向上、向下、中央对齐自动装载计数器。

2）16 位可编程预分频器，计数器时钟频率的分频系数为 1~65536 之间的任意数值。

3）4 个独立通道：输入捕获、输出比较、PWM 生成、单脉冲模式输出。

4）使用外部信号控制定时器和定时器互连的同步电路。

5）发生与高级定时器中列举的相同事件时会产生中断或 DMA 请求。

6）支持针对定位的增量（正交）编码器和霍尔传感器电路。

7）触发输入作为外部时钟或者按周期的电流管理。

（3）基本定时器

TIM6 和 TIM7 都是基本定时器。基本定时器是由可编程预分频器驱动的一个 16 位自动装载计数器。它可以作为通用定时器提供时间基准，特别地，可以为数-模转换器（DAC）提供时钟。实际上，它在芯片内部直接连接到 DAC 并通过触发输出直接驱动 DAC。这两个基本定时器是互相独立的，不共享任何资源。基本定时器的主要功能如下。

1）16 位自动重装载累加计数器。

2）16 位可编程预分频器，计数器时钟频率的分频系数为 0~65535 之间的任意数值。

3）触发 DAC 的同步电路。

4）在更新事件（计数器溢出）时产生中断或 DMA 请求。

2. 计数器工作模式

定时器的本质是一个计数器，通过计数器累加的时间达到计时的效果。STM32 定时器是一个通过可编程预分频器（PSC）驱动的 16 位自动装载计数器（CNT）。计数器的工作模式有向上计数模式、向下计数模式和向上向下双向计数模式，它们的运行过程如图 6-9 所示。

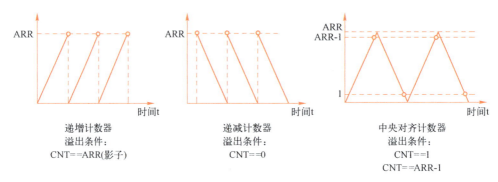

图 6-9　计数器三种工作模式运行过程

（1）向上计数模式

在向上计数模式中，计数器从 0 计数到自动加载值（TIM×_ARR 计数器的数值），然后从 0 开始重新计数并且产生一个计数器向上溢出事件。高级定时器中有重复计数器功能，如果使用了重复计数器，那么，当向上计数时，重复了重复计数寄存器（TIM×_RCR）中设定的次数后，将产生更新事件，否则每次计数器上溢时才产生更新事件。

在此模式下，不能写 TIM×_CR1 中的 DIR 方向位为 0。

（2）向下计数模式

在向下计数模式中，计数器从自动加载值开始向下计数到 0，然后从自动加载值重新开始并且产生一个计数器向下溢出事件。高级定时器中有重复计数器功能，如果使用了重复计数器，那么，当向下计数时，重复了重复计数寄存器中设定的次数后，将产生更新事件，否则每次计数器下溢时才产生更新事件。

在此模式下，不能写 TIM×_CR1 中的 DIR 方向位为 1。

（3）向上向下双向计数模式（中央对齐模式）

在中央对齐模式中，计数器从 0 开始计数到自动加载值-1，产生一个计数器溢出事件，然后向下计数到 1 并且产生一个计数器下溢事件，再从 0 开始重新计数。

在此模式下，不能写 TIM×_CR1 中的 DIR 方向位。它由硬件更新并指示当前的计数方向。可以在每次计数上溢和每次计数下溢时产生更新事件。

3. STM32 时钟源

STM32 定时器时钟可由下列时钟源提供。

- 内部时钟（CK_INT）。
- 外部时钟模式 1：外部输入脚（TI×）。
- 外部时钟模式 2：外部触发输入（ETR）。

● 内部触发输入（ITR×）：使用一个定时器作为另一个定时器的预分频器。

如果内部时钟源（CK_INT）禁止了从模式控制器（TIM×_SMCR 寄存器的 SMS = 000），则 CEN、DIR（TIM×_CR1 寄存器）和 UG 位（TIM×_EGR 寄存器）都是事实上的控制位，并且只能被软件修改（UG 位仍被自动清除）。只要 CEN 位被写成 1，预分频器的时钟就由 CK_INT 提供。

6.5.2　定时器相关寄存器

下面介绍几种定时器相关寄存器。

1. 定时器控制寄存器 1

定时器控制寄存器 1（TIM×_CR1）是一个 16 位可读写寄存器，复位值为 0，部分位描述见表 6-6。

表 6-6　TIM×_CR1 寄存器部分位描述

位段	名　称	描　述
7	ARPE	自动重装载预装载允许位。 0：TIM×_ARR 寄存器没有装入缓冲区；1：TIM×_ARR 寄存器被装入缓冲区
6:5	CMS[1:0]	选择中央对齐模式。 00：边沿对齐模式。计数器依据方向位（DIR）向上或向下计数。 01：中央对齐模式 1。计数器交替地向上和向下计数。配置为输出的通道（TIM×_CCMR×寄存器中的 CC×S = 00）的输出比较中断标志位，只在计数器向下计数时被设置。 10：中央对齐模式 2。计数器交替地向上和向下计数。配置为输出的通道的输出比较中断标志位，只在计数器向上计数时被设置。 11：中央对齐模式 3。计数器交替地向上和向下计数。配置为输出的通道的输出比较中断标志位，在计数器向上和向下计数时均被设置。 注意：在计数器开启（CEN = 1）时，不允许从边沿对齐模式转换到中央对齐模式
4	DIR	方向位。 0：计数器向上计数；1：计数器向下计数。 注意：当计数器配置为中央对齐模式或编码器模式时，该位为只读
3	OPM	单脉冲模式（One Pulse Mode）。 0：在发生更新事件时，计数器不停止。 1：在发生下一次更新事件（清除 CEN 位）时，计数器停止
1	UDIS	禁止更新（Update disable）软件通过该位允许或禁止 UEV 事件的产生。 0：允许 UEV。更新事件由下述任一事件产生：计数器溢出/下溢、设置 UG 位、从模式控制器产生的更新。 1：禁止 UEV。不产生更新事件，影子寄存器（ARR、PSC、CCR×）保持它们的值。如果设置了 UG 位或从模式控制器发出了一个硬件复位，则计数器和预分频器被重新初始化
0	CEN	使能计数器（Counter enable）。 0：禁止计数器；1：使能计数器。 注意：在软件设置了 CEN 位后，外部时钟、门控模式和编码器模式才能工作。触发模式可以自动地通过硬件设置 CEN 位。在通用定时器（TIM2 ~ TIM5）的单脉冲模式下，当发生更新事件时，CEN 被自动清除

本任务使用定时器 1 时，将该寄存器的第 4 位（DIR 位）设置为 0，第 5 ~ 6 位（CMS 位）选择边沿对齐模式，即设置为 00，启动定时器时将第 0 位（CEN 位）设置为 1。

```
TIM1->CR1 |= 1<<0;
```

2. 自动重装载寄存器

自动重装载寄存器（TIM×_ARR）是一个 16 位可读写寄存器，复位值为 0。该寄存器各位描述见表 6-7。

表 6-7　TIM×_ARR 寄存器各位描述

位段	名　称	描　　述
15:0	ARR[15:0]	自动重装载的值（Prescaler value）。 ARR 包含将要载入实际的自动重装载寄存器的值。 当自动重装载的值为空时，计数器不工作

例如定时器的装载值设置为 10000，则

TIM1->ARR = 10000;

注意：该寄存器在物理上实际对应着两个寄存器，一个是直接操作的寄存器，另一个是影子寄存器，真正起作用的是影子寄存器。根据 TIM×_CR1 的 ARPE 位的设置，当 ARPE=0 时，预装载寄存器的内容就可以随时传送到影子寄存器，此时两者是互通的；当 ARPE=1 时，在每一次更新事件时，才将预装载寄存器的内容传送至影子寄存器。

3. 预分频器

预分频器（TIM×_PSC）是一个 16 位可读写寄存器，复位值为 0。该寄存器各位描述见表 6-8。

表 6-8　TIM×_PSC 各位描述

位段	名　称	描　　述
15:0	PSC[15:0]	预分频的值。 计数器的时钟频率 CK_CNT=fCK_PSC/(PSC[15:0]+1)。当更新事件产生时，PSC 包含装入当前预分频器寄存器的值

4. 中断使能寄存器

中断使能寄存器（TIM×_DIER）是一个 16 位可读写寄存器，复位值为 0。该寄存器各位描述见表 6-9。

表 6-9　TIM×_DIER 寄存器各位描述

位段	名　称	描　　述
15	保留	保留，始终读为 0
14	TDE	是否允许触发 DMA 请求。 0：禁止触发 DMA 请求；1：允许触发 DMA 请求
13	COMDE	是否允许 COM 的 DMA 请求。 0：禁止 COM 的 DMA 请求；1：允许 COM 的 DMA 请求
12	CC4DE	是否允许捕获/比较 4 的 DMA 请求。 0：禁止捕获/比较 4 的 DMA 请求；1：允许捕获/比较 4 的 DMA 请求
11	CC3DE	是否允许捕获/比较 3 的 DMA 请求。 0：禁止捕获/比较 3 的 DMA 请求；1：允许捕获/比较 3 的 DMA 请求
10	CC2DE	是否允许捕获/比较 2 的 DMA 请求。 0：禁止捕获/比较 2 的 DMA 请求；1：允许捕获/比较 2 的 DMA 请求
9	CC1DE	是否允许捕获/比较 1 的 DMA 请求。 0：禁止捕获/比较 1 的 DMA 请求；1：允许捕获/比较 1 的 DMA 请求
8	UDE	是否允许更新的 DMA 请求。 0：禁止更新的 DMA 请求；1：允许更新的 DMA 请求

（续）

位段	名　　称	描　　述
7	BIE	是否允许刹车中断。 0：禁止刹车中断；1：允许刹车中断
6	TIE	是否触发中断使能。 0：禁止触发中断；1：使能触发中断
5	COMIE	是否允许 COM 中断（COM interrupt enable） 0：禁止 COM 中断；1：允许 COM 中断
4	CC4IE	是否允许捕获/比较 4 中断。 0：禁止捕获/比较 4 中断；1：允许捕获/比较 4 中断
3	CC3IE	是否允许捕获/比较 3 中断。 0：禁止捕获/比较 3 中断；1：允许捕获/比较 3 中断
2	CC2IE	是否允许捕获/比较 2 中断。 0：禁止捕获/比较 2 中断；1：允许捕获/比较 2 中断
1	CC1IE	是否允许捕获/比较 1 中断。 0：禁止捕获/比较 1 中断；1：允许捕获/比较 1 中断
0	UIE	是否允许更新中断。 0：禁止更新中断；1：允许更新中断

　　本任务只需要使用该寄存器里的第 0 位（UIE 位），该位是更新中断允许使能位。因为定时器开启后需要使用更新中断，所以该位设置为 1，允许更新中断的事件发生。

5. 状态寄存器

　　状态寄存器（TIM×_SR）是一个 16 位 RC_W0 寄存器，RC_W0 即软件可读，可写 0 清除此位，写 1 对此位无效。该寄存器用来标记当前与定时器相关的各种事件或中断是否发生，各位描述见表 6-10。

表 6-10　TIM×_SR 寄存器各位描述

位段	名　　称	描　　述
15:13	保留	保留，始终读为 0
12	CC4OF	捕获/比较 4 重复捕获标记
11	CC3OF	捕获/比较 3 重复捕获标记
10	CC2OF	捕获/比较 2 重复捕获标记
9	CC1OF	捕获/比较 1 重复捕获标记
8	保留	保留，始终读为 0
7	BIF	刹车中断标记（Break Interrupt Flag），一旦刹车输入有效，由硬件将该位置 1；如果刹车输入无效，则该位可由软件清零。 0：无刹车事件产生；1：刹车输入上检测到有效电平
6	TIF	触发器中断标记（Trigger Interrupt Flag），当发生触发事件（当从模式控制器处于除门控模式以外的其他模式时，在 TRGI 输入端检测到有效边沿，或门控模式下的任一边沿）时，由硬件将该位置 1。它由软件清零。 0：无触发器事件产生；1：触发中断等待响应
5	COMIF	COM 中断标记（COM Interrupt Flag），一旦产生 COM 事件（当捕获/比较控制位 CC×E、CC×NE、OC×M 已被更新时），该位由硬件置 1。它由软件清零。 0：无 COM 事件产生；1：COM 中断等待响应
4	CC4IF	捕获/比较 4 中断标记

（续）

位段	名　称	描　述
3	CC3IF	捕获/比较 3 中断标记
2	CC2IF	捕获/比较 2 中断标记
1	CC1IF	捕获/比较 1 中断标记。如果通道 CC1 配置为输出模式，除在中心对称模式下以外，当计数器值与比较值匹配时，该位由硬件置 1（可参考 TIM×_CR1 寄存器的 CMS 位）。它由软件清零。 　　0：无匹配发生；1：TIM×_CNT 的值与 TIM×_CCR1 的值匹配。 　　当 TIM×_CCR1 的内容大于 TIM×_APR 的内容时，在向上或中央对齐计数模式时计数器溢出，或在向下计数模式时的计数器下溢条件下，CC1IF 位变高。 　　如果通道 CC1 配置为输入模式，那么当捕获事件发生时该位由硬件置 1，它由软件清零或通过读 TIM×_CCR1 清零。 　　0：无输入捕获产生；1：计数器值已被捕获至 TIM×_CCR1（在 IC1 上检测到与所选极性相同的边沿）
0	UIF	UIF：更新中断标记，当产生更新事件时该位由硬件置 1。它由软件清零。 　　0：无更新事件产生；1：更新中断等待响应。 　当寄存器被更新时该位由硬件置 1： 　　若 TIM×_CR1 寄存器的 UDIS=0，当重复计数器数值上溢或下溢时（重复计数器=0 时产生更新事件）； 　　若 TIM×_CR1 寄存器的 URS=0、UDIS=0，当设置 TIM×_EGR 寄存器的 UG=1 时产生更新事件，通过软件对计数器 CNT 重新初始化时； 　　若 TIM×_CR1 寄存器的 URS=0、UDIS=0，当计数器 CNT 被触发事件重新初始化时

6.5.3　STM32 定时器相关库函数

6.5.3 STM32 定时器相关库函数

使用定时器时要对相关的寄存器进行配置，上述几个寄存器是完成本任务必须要配置的寄存器，配置好了就可以使用定时器，并可以产生定时中断，然后在定时器的中断服务程序中完成特定的任务。定时器寄存器的配置可以通过 STM32 标准库函数进行，调用库函数时写入指定的参数就可以很方便地配置定时器。与定时器相关的库函数主要在固件库文件 stm32f103x_tim.c 中，其中比较重要的有 TIM_TimeBaseInit( )函数、TIM_ITConfig( )函数和 TIM_Cmd( )函数。

1. TIM_TimeBaseInit( )函数

使用定时器 TIM3 完成定时工作任务，首先需要对定时器进行参数设置。在库函数文件中，该函数定义如下。

```
void TIM_TimeBaseInit(TIM_TypeDef * TIM×,
TIM_TimeBaseInitTypeDef * TIM_TimeBaseInitStruct);
```

其中，第一个参数用来确定使用哪个定时器，×可以为 1~8；第二个参数是定时器初始化参数结构体指针，结构体类型为 TIM_TimeBaseInitTypeDef，其结构体定义如下。

```
typedef struct
{
uint16_t TIM_Prescaler;              //分频系数
uint16_t TIM_CounterMode;            //计数方式：向上计数、向下计数和中央对齐计数
uint16_t TIM_Period;                 //自动重载计数周期值
uint16_t TIM_ClockDivision;          //时钟分频系数
uint8_t TIM_RepetitionCounter;       //重复计数次数，重复溢出到指定次数时产生一次中断
}TIM_TimeBaseInitTypeDef;
```

该结构体有 5 个成员变量，前 4 个成员变量适用于所有定时器，最后一个成员变量 TIM_RepetitionCounter 只适用于高级定时器。

使用 TIM3 初始化定时器，设置相关的参数，代码如下。

```
TIM_TimeBaseInitTypeDef TIM_STR;                  //定义定时器参数配置结构体变量
TIM_STR.TIM_Period = 5000;                        //设置定时器装载值
TIM_STR.TIM_Prescaler = 7199;                     //设置定时器预分频值
TIM_STR.TIM_ClockDivision = TIM_CKD_DIV1;         //设置定时器时钟分割
TIM_STR.TIM_CounterMode = TIM_CounterMode_Up;     //设置工作方式：向上计数
TIM_TimeBaseInit(TIM3,&TIM_STR);                  //定时器3初始化配置
```

2. TIM_ITConfig( ) 函数

定时器参数设置完成后，需要开启定时器中断使能，这样定时器的中断才能被 CPU 响应，即将 TIM×_DIER 寄存器中的第 0 位 UIE 设置为 1。在库函数中，有一个函数 TIM_ITConfig( )专门用来完成此项工作。该函数定义如下。

```
void TIM_ITConfig(TIM_TypeDef * TIM×,uint16_t TIM_IT,FunctionalState NewState);
```

其中，第一个参数用来确定使能哪个定时器，×取值为 1~8；第二个参数用来指明定时器中断的类型，包括更新中断 TIM_IT_Update、触发中断 TIM_IT_Trigger 以及输入捕获中断等；第三个参数设置定时器中断是否使能，可选 ENABLE 或 DISABLE。

使用 TIM3 的更新中断代码如下。

```
TIM_ITConfig(TIM3,TIM_IT_Update,ENABLE);
```

定时器 TIM3 中断使能后，还需要设置它的中断优先级。可使用 NVIC_Init( )函数进行中断优先级参数设置，该函数定义如下。

```
void NVIC_Init(NVIC_InitTypeDef NVIC_InitStruct);
```

使用时需要将定时器 TIM3 的相关参数设置好，最后调用 NVIC_Init 对中断进行初始化，代码如下。

```
NVIC_InitTypeDef NVIC_STR;                               //定义定时器优先级参数配置结构体变量
NVIC_STR.NVIC_IRQChannel = TIM3_IRQn;                    //设置定时器 TIM3 的中断向量
NVIC_STR.NVIC_IRQChannelPreemptionPriority =0;           //设置抢占优先级
NVIC_STR.NVIC_IRQChannelSubPriority = 3;                 //设置响应优先级
NVIC_STR.NVIC_IRQChannelCmd= ENABLE                      //中断通道使能
NVIC_Init(TIM3,&NVIC_STR);                               //定时器3中断优先级初始化配置
```

3. TIM_Cmd( ) 函数

定时器参数设置好，使能定时器中断，接下来就需要开启定时器。在库函数里，开启定时器是通过 TIM_Cmd( )函数实现的，即使用 TIM_Cmd( )函数设置 TIM3_CR1 的 CEN 位为 1 来开启定时器。其定义如下。

```
void TIM_Cmd(TIM_TypeDef * TIM×,FunctionalState NewState);
```

其中，第一个参数用来确定开启哪个定时器，×取值为 1~8；第二个参数设置定时器是否启动，可选 ENABLE 或 DISABLE。

启动定时器 TIM3 的代码如下。

```
TIM_Cmd(TIM3,ENABLE);
```

6.6　任务 3　智能电子钟系统设计

任务要求

学会 OLED 显示屏和 STM32 单片机硬件连接方法，并通过单片机控制在屏幕上显示电子钟的界面，包括日期、时间和星期几。

6.6.1　定时器溢出时间计算

定时器溢出时间 T_{out} 的计算公式为

$$T_{\text{out}} = (\text{ARR}+1) \times (\text{PSC}+1) / F_{\text{clk}}$$

其中，F_{clk} 为系统时钟频率，ARR 为自动重装载寄存器值，PSC 为预分频器值。如果 T_{out} 的值已知，那么 ARR 的计算公式为

$$\text{ARR} = T_{\text{out}} \times F_{\text{clk}} / (\text{PSC}+1) - 1$$

其中，$F_{\text{clk}}/(\text{PSC}+1)$ 即定时器的时钟频率 T_{clk}。

假设现在需要 1 s 周期的定时器中断，先设置预分频寄存器值，再设置自动重装载寄存器值。STM32 微处理器的系统时钟频率 F_{clk} 为 72 MHz，将定时器的预分频寄存器 PSC 中的值设为 7199，定时器时钟频率 $T_{\text{clk}} = 72 \text{ MHz}/7200 = 10 \text{ kHz}$，那么 $\text{ARR} = 1 \times 10000 - 1 = 9999$，也就是需要设置自动重装载寄存器的值为 9999，即可得到 1 s 的定时器中断。

6.6.2　定时器中断服务程序

定时器参数和中断使能设置完成后，启动定时器，当计数值达到预装载值时，定时器就会产生更新（溢出）中断，此时 CPU 暂停当前程序的执行，转到定时器中断服务程序中执行代码。那么中断服务程序该如何编写呢？编写定时器中断服务程序的步骤如下。

（1）判断定时器中断类型

定时器中断类型有更新中断、输入捕获中断、输出比较中断、触发信号中断。当定时器中断发生时，首先要确定发生的中断类型，然后才能编写对应的处理程序。判断定时器中断类型的库函数定义如下。

```
ITStatus TIM_GetITStatus(TIM_TypeDef * TIM×,uint16_t TIM_IT);
```

该函数的作用是判断定时器 TIM× 的中断类型 TIM_IT 是否发生中断，返回值为 SET 或者 RESET。判断 TIM3 是否发生更新中断的代码如下。

```
if (TIM_GetITStatus(TIM3,TIM_IT_Update)= =SET)
{
//中断处理程序
}
```

（2）清除中断状态标志位

当中断发生时，中断状态寄存器对应的状态标志位会被置 1，CPU 就是根据此状态位决定是否跳转到中断服务程序去执行代码。当 CPU 已经进入中断服务程序后，就需要立即清除此状态标志位，否则会导致 CPU 反复进入中断服务程序。清除中断状态标志位的库函数

定义如下。

```
void TIM_ClearITPendingBit(TIM_TypeDef * TIM×, uint16_t TIM_IT);
```

该函数的作用是清除定时器 TIM×的中断状态标志位 TIM_IT，无返回值。定时器 TIM3发生更新中断后，清除中断状态标志位的代码如下。

```
TIM_ClearITPendingBit(TIM3,TIM_IT_Update);
```

另外，库函数中还提供了判断定时器状态的函数 TIM_GetFlagStatus( )以及清除定时器状态标志位的函数 TIM_ClearFlag( )，它们的作用和前面两个函数类似，只是 TIM_GetItStatus( )函数会先判断这种中断，如果中断处于启动状态才去判断中断状态标志位，而 TIM_GetFlag-Status( )函数直接判断状态标志位。

（3）跳转定时器中断向量表

STM32F103C8T6 型号单片机只有 4 个定时器 TIM1~TIM4，定时器的中断向量定义位于启动文件 startup_stm32f10x_md.s 中，部分代码如下。

```
DCD    TIM1_BRK_IRQHandler        //0x0800191B; TIM1 Break
DCD    TIM1_UP_IRQHandler         //0x0800191B; TIM1 Update
DCD    TIM1_TRG_COM_IRQHandler    //0x0800191B; TIM1 Trigger and Commutation
DCD    TIM1_CC_IRQHandler         //0x0800191B; TIM1 Capture Compare
DCD    TIM2_IRQHandler            //0x0800191B; TIM2
DCD    TIM3_IRQHandler            //0x0800191B; TIM3
DCD    TIM4_IRQHandler            //0x0800191B; TIM4
```

在该启动文件中已经定义好了对应外设的中断服务程序的函数名称，如定时器 TIM3 产生中断时进入的中断服务程序对应的函数名为 TIM3_IRQHandler。TIM3 的中断服务程序的代码如下。

```
void TIM3_IRQHandler( void)
{
  if (TIM_GetITStatus(TIM3,TIM_IT_Update)= =SET)     //判断是否为更新中断
  {
    TIM_ClearITPendingBit(TIM3,TIM_IT_Update);       //清除更新中断状态标志位
    //其他功能代码
  }
}
```

6.6.3 程序工作流程

下面介绍程序工作流程。

1. 智能电子钟仿真电路设计

复制并粘贴"62_STM32_OLED 屏信息显示"的文件夹，将文件夹名改成"63_STM32_智能电子钟"，打开目录中的"仿真"文件夹，双击打开 STM32project.pdsprj 仿真工程。在该仿真工程里添加三个独立式按键。

2. 定时器初始化步骤

前面介绍了 STM32 定时器 TIM×的相关寄存器和库函数，为了快速完成定时器初始化工作，一般选用库函数进行操作。那么如何对 STM32 的 TIM×定时器进行初始化呢？其初始化

步骤如下。

1）使能定时器时钟。

2）配置预分频值、自动重装载值、工作模式和重复计数值。

3）使能定时器中断。

4）使能定时器的中断通道。

5）设置中断优先级。

6）启动定时器。

3. 智能电子钟程序工作流程

本任务使用 OLED 显示屏显示日期和时间，延迟 1 s 的时间间隔需要通过 STM32 微控制器内部的定时器实现。定时器设置 1 s 中断，在中断函数中完成秒数加 1 操作，在主程序循环显示当前日期和时间即可。

6.6.4 系统设计与实现

下面进行系统设计与实现。

1. 智能电子钟功能实现

在工程文件夹下的 DRV 目录中，创建 timer.c 和 timer.h 两个文件，并添加到工程中。

（1）timer.h 文件

timer.h 文件中的程序代码如下。

```
#ifndef __TIMER_H
#define __TIMER_H
u8 Cal_weekday(u16 y, u8 m, u8 d);
u8 Is_leapyear(u16 year);
void TIM3_init(u16 arr,u16 psc);
#endif
```

（2）timer.c 文件

timer.c 文件中的程序代码如下。

```
#include "stm32f10x.h"
u16 YEAR=2025,MONTH=3,DAY=1,HOUR=12,MIN=00,SEC=00;  //日期、时间全局变量
u8 NEWDAY=0;                                        //日期变化标志
u8 LEAP=0;                                           //0 表示非闰年，1 表示闰年
u8 DAYNUM[]={31,28,31,30,31,30,31,31,30,31,30,31};   //每月的天数
//基姆拉尔森计算公式，返回值为 0~6，对应星期一~星期日
u8 Cal_weekday(u16 y, u8 m, u8 d)
{
    u8 week=0;
    if (m==1 || m==2)
    {
        m+= 12;
        y--;
    }
    week=(d+2*m+3*(m+1)/5+y+y/4-y/100+y/400)%7;
```

```
        return week;
    }
    u8 Is_leapyear(u16 year)                        //是否为闰年
    {
        if(year%400==0)                             //能被 400 整除的年份是闰年
                return 1;
            else
            {
                if((year%4==0)&&(year%100!=0))   //能被 4 整除但不能被 100 整除的年份是闰年
                    return 1;
                else
                    return 0;
            }
    }
//定时器 3 中断初始化函数
void TIM3_init(u16 arr,u16 psc)
{
        TIM_TimeBaseInitTypeDef TIM_I;              //定时器中断参数定义结构体变量
        NVIC_InitTypeDef NVIC_I;                    //中断优先级参数定义结构体变量
        RCC_APB1PeriphClockCmd(RCC_APB1Periph_TIM3,ENABLE);   //开启定时器时钟
        TIM_I. TIM_Period=arr;                      //设置重装载值
        TIM_I. TIM_Prescaler=psc;                   //设置预分频值,得到定时器时钟频率
        TIM_I. TIM_ClockDivision=TIM_CKD_DIV1;      //时钟分频
        TIM_I. TIM_CounterMode=TIM_CounterMode_Up;  //向上计数
        TIM_TimeBaseInit(TIM3,&TIM_I);              //初始化配置 TIM3
        TIM_ITConfig(TIM3,TIM_IT_Update,ENABLE);    //允许更新中断
        NVIC_PriorityGroupConfig(NVIC_PriorityGroup_0);   //中断优先级 0 组
        NVIC_I. NVIC_IRQChannel=TIM3_IRQn;          //设置中断通道
        NVIC_I. NVIC_IRQChannelPreemptionPriority=0x0;   //设置抢占优先级
        NVIC_I. NVIC_IRQChannelSubPriority=0x03;    //设置响应优先级
        NVIC_I. NVIC_IRQChannelCmd=ENABLE;          //设置中断通道使能
        NVIC_Init(&NVIC_I);
        TIM_Cmd(TIM3,ENABLE);
}
//定时 3 中断服务程序,每隔 1 s 进入一次
void TIM3_IRQHandler(void)
{
        SEC++;                                      //秒数加 1
        if (SEC==60)
        {
            SEC=0;
            MIN++;
            if (MIN==60)
```

```
                {
                    MIN=0;
                    HOUR++;
                    if ( HOUR = = 24)
                    {
                        HOUR=0;
                        DAY++;
                        NEWDAY=1;
                        if((LEAP==1) && (MONTH==2))     //闰年的 2 月份
                        {
                            if ( DAY>DAYNUM[ MONTH-1]+1)
                            {
                                DAY=1;
                                MONTH++;
                            }
                        }
                        else
                        {
                            if ( DAY>DAYNUM[ MONTH-1])
                            {
                                DAY=1;
                                MONTH++;
                            }
                        }
                        if ( MONTH>12)
                        {
                            MONTH=1;
                            YEAR++;
                            LEAP=Is_leapyear( YEAR);              //判断是否为闰年
                        }
                    }
                }
            TIM_ClearITPendingBit( TIM3,TIM_IT_Update);          //清除中断更新状态标志位
        }
```

（3）main. c 文件

在系统头文件 all_system. h 中加入 timer. h 文件。main. c 文件中的程序代码如下。

```
/ * * * * * * * * * * * * * * * * * * * * *
Function：智能电子钟
Describe：TIM3 定时器实现智能电子钟的日期以及时、分、秒显示
 * * * * * * * * * * * * * * * * * * * * */
#include "all_system. h"
```

```
extern u16 YEAR,MONTH,DAY,HOUR,MIN,SEC;              //日期、时间全局变量
extern u8 NEWDAY,LEAP;
int main( void)
{
    u8 w=0;
    LEAP=Is_leapyear( YEAR);
    w=Cal_weekday( YEAR,MONTH,DAY);
    OLED_Init( );
    OLED_ShowNum(8,0,YEAR,4,16,1);                   //显示年份数字
    OLED_ShowCN(8+32,0,0,1,dispdate,1);              //显示年
    OLED_ShowNum(8+48,0,MONTH,2,16,1);               //显示月份数字
    OLED_ShowCN(8+64,0,1,1,dispdate,1);              //显示月
    OLED_ShowNum(8+80,0,DAY,2,16,1);                 //显示日数字
    OLED_ShowCN(8+96,0,2,1,dispdate,1);              //显示日
    OLED_ShowNum(8,16,HOUR,2,24,1);                  //显示小时
    OLED_ShowChar(32,16,':',24,1);
    OLED_ShowNum(48,16,MIN,2,24,1);                  //显示分
    OLED_ShowChar(72,16,':',24,1);
    OLED_ShowNum(88,16,SEC,2,24,1);                  //显示秒
    OLED_ShowCN(32,48,0,2,weekname,1);               //显示星期
    OLED_ShowCN(64,48,w,1,weekno,1);                 //显示星期中的一~日
    OLED_Refresh( );
    TIM3_init(9999,7199);
    while(1)
    {
        if( NEWDAY==1)
        {
            OLED_ShowNum(8,0,YEAR,4,16,1);           //显示年份数字
            OLED_ShowNum(8+48,0,MONTH,2,16,1);       //显示月份数字
            OLED_ShowNum(8+80,0,DAY,2,16,1);         //显示日数字
            w=Cal_weekday( YEAR,MONTH,DAY);          //星期值
            OLED_ShowCN(32,48,0,2,weekname,1);       //显示星期
            OLED_ShowCN(64,48,w,1,weekno,1);         //显示星期中的一~日
            NEWDAY=0;
        }
        OLED_ShowNum(8,16,HOUR,2,24,1);              //显示小时
        OLED_ShowNum(48,16,MIN,2,24,1);              //显示分
        OLED_ShowNum(88,16,SEC,2,24,1);              //显示秒
        OLED_Refresh( );
    }
}
```

2. 工程编译及调试

（1）仿真调试

使用 Proteus 软件打开"仿真"文件夹中的工程，双击芯片打开配置界面，选择编译好

的 hex 文件后单击"OK"按钮。回到工程主界面，单击左下角的"运行"按钮，使程序在仿真电路上运行，运行效果如图 6-10 所示。

（2）下载调试

程序编译无误后在 Proteus 仿真软件中运行，看到了实际的运行效果后，通过仿真器下载代码到芯片中运行，在开发板的 OLED 显示屏上观察实际显示效果。如果想设计时间误差极小的万年历系统，就需要使用 STM32 的实时时钟（RTC）外设来实现。

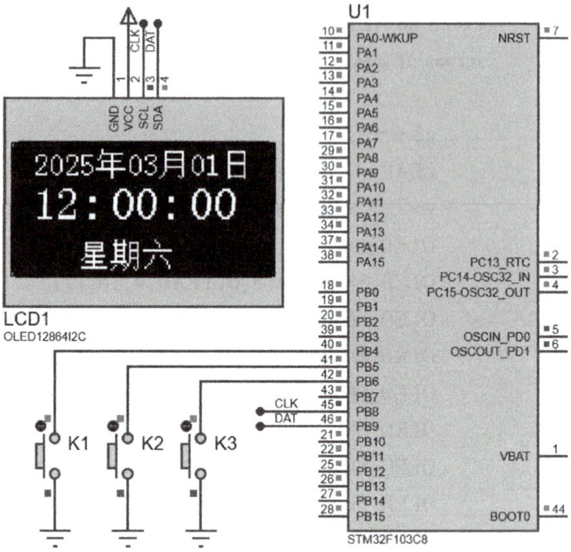

图 6-10 智能电子钟仿真电路效果图

思考与练习

一、简答题

1. STM32 的时钟源有哪些？

2. STM32 的 APB2 总线上挂载了哪些外设？

3. OLED 显示屏上每个引脚的功能分别是什么？

4. OLED 驱动程序中汉字显示函数 OLED_ShowCN 中的每个参数的含义分别是什么？

5. STM32 定时器有哪几类？每类都有哪些定时器？

6. 如何计算定时器的溢出时间参数？

7. 中断服务程序中为何要清除对应中断状态标志位？

8. STM32 定时器初始化步骤有哪些？

二、上机操作

1. 编程实现：使用 SysTick 定时器控制蜂鸣器实现"一长三短"的鸣叫报警，长的时间为 2 s，短的时间为 0.8 s。

2. 编程实现：在 OLED 显示屏上显示指定信息，屏幕第一行居中显示"个人信息"4 个字，第二行居中显示学号，第三行居中显示姓名，第四行居中显示姓名的拼音。

3. 编程实现：在 OLED 显示屏上显示图形，如使用字模生成工具手动绘制"五角星"图形。

4. 编程实现：智能电子钟项目使用 TIM1 定时器，当时间为半点时，蜂鸣器一声长鸣；当时间为整点时，蜂鸣器短鸣 N 次，N 为整点的数值。

5. 编程实现：智能电子钟项目结合矩阵键盘，将矩阵键盘的加、减、乘符号分别改为 Y、M、D 符号，对应修改年、月、日数据；将清除、等于、除符号分别改为 H、M、S 符号，对应修改时、分、秒数据。按下对应的符号按键可以改变年、月、日、时、分、秒数据，再次按下相应键可完成数据的设置。

6. 编程实现：简易计算器结合 OLED 显示屏，在屏幕的第一行显示运算结果，在第二行、第三行显示通过按键输入的计算公式。按下清除键，清除屏幕上所有内容。

项目 7
串口控制灯设计与实现

学习目标

学会使用串口的收发技术，通过 PC 的串口调试助手发送控制指令控制开发板上的 LED 灯的亮灭，同时单片机返回接收的指令，该指令会在串口调试助手上显示。

【知识目标】

1. 理解数据通信的基本概念；
2. 掌握串行通信的基本概念和相关参数；
3. 掌握串口相关寄存器和库函数的使用方法；
4. 掌握串口发送函数的使用方法；
5. 掌握串口中断技术；
6. 掌握串口接收数据的方法；
7. 掌握在 PC 上通过串口控制 LED 灯的程序设计方法。

【能力目标】

1. 具有使用串口发送数据的能力；
2. 具有使用串口中断接收数据的能力；
3. 具有在 PC 上通过串口控制开发板设备工作的能力。

【素养目标】

- 培养学生认真负责、追求极致的职业品质。
- 强化学生遵守法律法规和规范的意识。

7.1 串行通信

7.1 串行通信

7.1.1 数据通信

下面介绍通信的分类和方式。

1. 通信方式

在计算机系统中，CPU和外部设备的通信有两种方式：并行通信和串行通信。

将一组数据的各数据位在多条线上同时传送，这种通信方式称为并行通信，如图7-1所示。其特点是各数据位同时传送，传送速度快，硬件接线成本高，适用于短距离传输。并行通信一般按字节传送数据。它常用于大量数据的传输，如CPU与存储器、主机与键盘之间的数据传输。

将数据在一条线上进行逐位传输，这种通信方式称为串行通信，如图7-2所示。其特点是各数据位顺序传送，传送速度慢，硬件成本低，适用于长距离传输。串行通信按位传送数据。

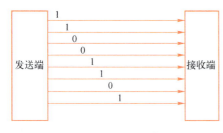

图7-1　并行通信

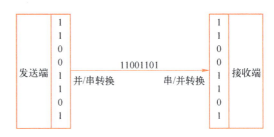

图7-2　串行通信

2. 传输方向

按照数据传输方向，通信可分成单工、半双工和全双工三种。单工通信如图7-3所示，数据只能按照一个固定的方向传输，如广播，声音只能由广播站向扬声器传输。

半双工通信如图7-4所示，每个通信端都由一个发送器和一个接收器组成，允许信号在两个方向上传输，但某一时刻只允许信号在信道上单向传输。例如对讲机，由于

图7-3　单工通信

它发送及接收使用相同的频率，不允许同时讲话，因此只能等一方讲话结束后，另一方才可以进行讲话。

全双工通信如图7-5所示，每个通信端都有发送器和接收器，两个方向上可以同时发送和接收数据。例如电话机、手机等设备，通信双方可以同时讲话。在实际应用中，尽管多数串行通信接口电路具有全双工通信的功能，但一般只工作于半双工通信方式下，因为后一种用法简单实用。

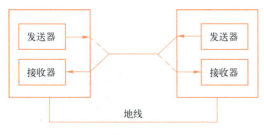

图7-4　半双工通信

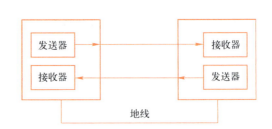

图7-5　全双工通信

7.1.2　电平标准

1. TTL 电平

TTL 一般是从单片机或者芯片中发出的电平，是嵌入式产品中最常用的电平之一。TTL 电路的电压为 0~5 V，它的输出可以是高电平（3.6 V）或者低电平（0.3 V）。电平是一个连续变化的电压范围，为了用这种模拟量的电压来表示数字量的逻辑 1 和逻辑 0，TTL 采用的是正逻辑电平，其规定如下。

1）输出电平≥2.4 V，是逻辑 1；输出电平≤0.4 V，是逻辑 0。

2）输入电平≥2 V，是逻辑 1；输入电平≤0.8 V，是逻辑 0。

TTL 电平串口通信在波特率 9600 下，TTL 电平传输距离约为 2 m。

2. RS-232 电平

RS-232 是一种通信标准，因为高电平 15 V 和低电平-15 V 的电位差为 30 V，所以其容错空间大，抗干扰能力强，一般用于工业设备之间数据通信。如果要将 RS-232 电平设备和 TTL 电平设备进行数据通信，就必须使用电平转换芯片，一般有 MAX3232、SP3232。RS-232 采用负逻辑电平，即-15~-3 V 代表逻辑 1，3~15 V 代表逻辑 0。这里的电平是 TXD 线（或者 RXD 线）相对于 GND 的电压。RS-232 接口分为公头和母头，都有 9 线。DB9 公头和母头及其引脚定义如图 7-6 所示。

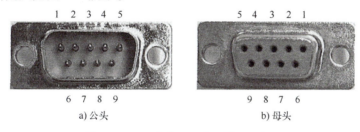

a) 公头　　　　　　　　　　b) 母头

图 7-6　DB9 公头和母头及其引脚定义

使用 RS-232 通信时，最少 3 根线即可进行数据通信，分别为接收线 RXD、发送线 TXD 和地线 GND。DB9 各引脚说明见表 7-1。

表 7-1　DB9 各引脚说明

引脚号	英文标识	引脚说明	引脚号	英文标识	引脚说明
1	DCD	数据载波检测	6	DSR	数据设备准备
2	RXD	接收数据	7	RTS	请求发送
3	TXD	发送数据	8	CTS	消除发送
4	DTR	数据终端准备	9	RI	振铃指示
5	GND	地线			

3. RS-485 电平

RS-485 可进行双向差分传输，只需要两根线，采用半双工通信方式。逻辑 1 以两线间的电压差为+2~+6 V 表示；逻辑 0 以两线间的电压差为-6~-2 V 表示。接口信号电平比 RS-232 降低了，就不易损坏接口电路的芯片，且该电平与 TTL 电平兼容，可方便与 TTL 电路连接。

RS-485 接口是平衡驱动器和差分接收器的组合，抗共模干扰能力增强，即抗噪声干扰性好，传输距离最大为 1200 m，最高传输速率为 10 Mbit/s。RS-485 的传输速率与其传输距离成反比，对于 1200 m 的最大通信距离，必须在小于 90 kbit/s 的传输速率下才能达到。

RS-232 接口在总线上只允许连接一个收发器，即单站能力。而 RS-485 接口在总线上具有多站能力，这样用户可以利用单一的 RS-485 接口方便地建立起设备网络。总线上允许连接多达 128 个收发器，但实际使用时最大连接数量和转换芯片、电缆品质及电磁环境等因素有关。

7.1.3 串行通信

串行通信是指计算机主机与外设之间以及不同主机之间数据的传输方式。发送端将 1 字节数据拆分成 8 个二进制位，按位的方式进行数据发送，接收端再将收到的二进制位组合成原来的字节，如此形成数据的完整传输。通信过程只使用一条数据线就可以实现数据的有效传输，特别适合设备之间的短距离通信。串行通信数据传输时按时钟控制方式的不同又可以分为同步串行通信和异步串行通信。

1. 同步串行通信

同步串行通信把许多字符组成一个信息组，或称为信息帧，每帧的开始用同步字符来指示。由于发送端和接收端双方采用同一时钟，所以在传送数据的同时还要传送时钟信号，以便接收端可以用时钟信号来确定每个信息位。同步串行通信如图 7-7 所示。

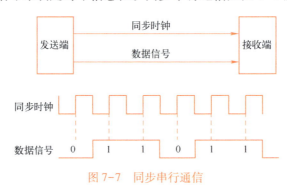

图 7-7　同步串行通信

同步串行通信要求在传输线路上始终保持连续的字符位流，若没有数据传输，则线路上要用专用的"空闲"字符或同步字符填充。

同步串行通信传输信息的位数几乎不受限制，通常一次通信传输的数据有几十到几千个字节，通信效率较高。但它要求在通信中保持精确的同步时钟，所以其发送器和接收器比较复杂，成本较高，一般用于对传输速率要求较高的场合。

2. 异步串行通信

异步串行通信即串口通信，它是指通信双方以一个字符（包括特定附加位）为数据传输单位，且发送端传输字符的间隔时间不定，具有不规则数据段传送特性的串行数据传输方式。

异步串行通信如图 7-8 所示。

异步串行通信常用的数据帧格式：1 位起始位、8 位数据位、1 位校验位、1 位停止位。在异步串行通信中，字符数据一个个地传输。在传输间隙，即空闲时，通信线路总是处于逻辑"1"状态，每个字符数据的传输均以逻辑"0"

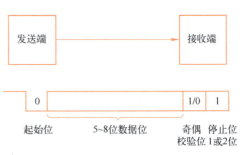

图 7-8　异步串行通信

开始。异步串口通信的重要参数有波特率、起始位、数据位、奇偶校验位和停止位，通信双方的这些参数必须匹配。

（1）波特率

串行通信的传输受到通信双方配备性能及通信线路的特性影响，收发双方必须按照同样的速率进行串口通信。通常将传输速率称为波特率，指的是串行通信中每一秒所传送的数据位数，单位是 bit/s，这是一个衡量通信速度的参数。例如，300 波特率表示每秒发送 300 bit。

例如，在某异步串行通信中，每传输一个字符需要 8 位，如果采用波特率 4800 bit/s 进行传输，则每秒可以传输 600（4800/8＝600）个字符。

（2）起始位

在通信线上，没有数据传输时该位处于逻辑 1 状态。当发送端要发送一个字符数据时，首先发出一个逻辑 0 信号，这个逻辑低电平就是起始位。起始位通过通信线传向接收端，当接收端检测到这个逻辑低电平后，就开始准备接收数据位。因此，起始位所起的作用就是表示字符传输的开始。

（3）数据位

当发送端发送起始位后，紧接着就会发送数据位，数据位可以为 5、6、7 或 8 位，接收端收到起始位后，紧接着就会收到数据位。在字符数据传输的过程中，数据位从最低有效位开始传输。

（4）奇偶校验位

在串口通信中，一种简单的检错方式为奇偶校验位，因为在通信过程中易受到外部干扰而导致数据出现偏差，所以在有效数据之后增加了校验位来解决这个问题。校验方式需要配置，可选方式有奇校验、偶校验。

1）奇校验，当校验数据中"1"的个数为偶数时，校验位为"1"；当校验数据中"1"的个数为奇数时，校验位为"0"。奇校验要保证传输数据和校验位中所有"1"的个数为奇数。

2）偶校验，当校验数据中"1"的个数为偶数时，校验位为"0"；当校验数据中"1"的个数为奇数时，校验位为"1"。偶校验要保证传输数据和校验位中所有"1"的个数为偶数。

（5）停止位

奇偶校验位或数据位（无奇偶校验位时）之后是停止位，停止位是一个串行通信数据帧的结束标志。该位用于表示单个数据帧的最后一位。停止位值可以为 1、1.5 或 2，其中 1.5 表示 1.5 个位传输时间，位传输时间为波特率的倒数。

7.2　STM32 串口

7.2 STM32 串口

7.2.1　USART 串口

通用同步/异步收发传输器（Universal Synchronous/Asynchronous Receiver/Transmitter，US-ART）是设备间进行异步通信的关键模块。USART 负责处理数据总线和串行口之间的串/并、并/串转换，并规定了帧格式。通信双方只要采用相同的帧格式和波特率，就能在未共享时钟信号的情况下，仅用两根信号线（RX 和 TX）完成通信过程，因此也称为异步串行通信。

STM32 F103 单片机拥有三路 USART 串口，串口资源丰富、功能强大，且与传统的 51 单片机（或 PC）的串口（UART）有所区别。

1. USART 串口功能

USART 是 STM32 微控制器内部集成的一个硬件外设，支持全双工串行数据通信。它能够根据数据寄存器中的一个字节数据自动生成数据帧时序，并通过 TX 引脚发送出去，同时也可以自动接收 RX 引脚的数据帧时序，将其拼接成一个字节数据并存放在数据寄存器中。STM32 的 USART 串口的主要功能如下。

1）USART 既支持同步通信，又支持异步通信。尽管"S"代表同步，但在实际应用中，USART 更常用于异步通信。同步模式通常用于兼容其他协议或特殊模式，并且两个 US-ART 设备不能通过同步模式进行直接通信。

2）USART 自带波特率发生寄存器，最高可达 4.5 Mbit/s，可使 USART 能够在高速数据传输场景下使用。

3）可配置 USART 参数，包括数据位长度（8 或 9 位）、停止位长度（1、1.5 或 2 位）、校验位类型（无校验、奇校验和偶校验）等，以满足不同的数据传输需求。

4）USART 支持全双工通信，即双方可以同时进行双向通信，提高了通信效率。

5）USART 支持硬件流控制机制，通过特定信号线（如 RTS/CTS）实现数据的可靠传输。

6）USART 支持局部互联网络、智能卡协议和红外线数据协会（IrDA）SIR ENDEC 规范，以及调制解调器（CTS/RTS）操作，这使得它能够与多种外部设备进行通信。

7）USART 常用于程序调试，通过重定向函数 printf() 输出调试信息到串口，方便开发者进行调试。

8）USART 具备多种错误检测标志，包括溢出错误、噪音错误、帧错误和校验错误。这可以帮助开发者在数据传输过程中及时发现并处理错误。

9）USART 提供多个带标志的中断源，如 CTS 改变、LIN 断开符检测、发送数据寄存器空、发送完成、接收数据寄存器满等。这使得开发者能够根据不同的中断事件进行相应的处理。

2. USART 串口引脚

串行通信是 STM32 与外界进行信息交换的一种方式，被广泛应用于 STM32 双机、多机以及 STM32 与 PC 之间通信等方面。

USART 串口是通过接收数据串行输入（RX）、发送数据输出（TX）和接地三个引脚与其他设备连接在一起的。USART 串口引脚见表 7-2。

表 7-2　USART 串口引脚

序　号	串口名称	功　能	引　脚
1	USART1	发送 TX	PA9
		接收 RX	PA10
2	USART2	发送 TX	PA2
		接收 RX	PA3
3	USART3	发送 TX	PB10
		接收 RX	PB11

这些引脚默认的功能都是 GPIO，在作为串口使用时，就要用到这些引脚的复用功能。在使用复用功能前，必须对复用的端口进行设置。

7.2.2　串口复用功能重映射

STM32 有很多内置外设，这些外设的引脚都是与 GPIO 复用的。也就是说，一个 GPIO 可以复用为内置外设的功能引脚，那么当这个 GPIO 作为内置外设使用的时候，就称为复用。

STM32 的串口外设都有功能引脚，一般这些引脚的输出端口都是固定不变的。为了让工程师设计电路板时可以更好地安排引脚的走向和功能，在 STM32 中引入了外设引脚重映射的概念，即一个外设的引脚除了具有默认的端口以外，还可以通过设置重映射寄存器的方式，把这个外设的引脚映射到其他端口。例如串口 1 的功能引脚是 PA9、PA10，如果这两个引脚正在被使用，但是又想用这个外设，就可以通过重映射方式，将串口 1 的外设引脚映射到 PB6、PB7，使用这两个引脚完成串口 1 的功能。但是重映射对可以映射到哪个引脚是有规定的，而不是想映射到哪个引脚就映射到哪个引脚。具体的串口引脚映射使用方式分别见表 7-3～表 7-5。

表 7-3　USART1 串口引脚映射使用方式

复用功能	USART1_REMAP = 0 （没有重映射）	USART1_REMAP = 1 （完全重映射）
USART1_TX	PA9	PB6
USART1_RX	PA10	PB7

表 7-4　USART2 串口引脚映射使用方式

复用功能	USART2_REMAP = 0 （没有重映射）	USART2_REMAP = 1 （完全重映射）
USART2_CTS	PA0	PD3
USART2_RTS	PA1	PD4
USART2_TX	PA2	PD5
USART2_RX	PA3	PD6
USART2_CK	PA4	PD7

表 7-5　USART3 串口引脚映射使用方式

复用功能	USART3_REMAP[1:0] = 00 （没有重映射）	USART3_REMAP[1:0] = 01 （部分重映射）	USART3_REMAP[1:0] = 11 （完全重映射）
USART3_TX	PB10	PC10	PD8
USART3_RX	PB11	PC11	PD9
USART3_CK	PB12	PC12	PD10
USART3_CTS	PB13		PD11
USART3_RTS	PB14		PD12

注意：USART2 的完全重映射只适用于 100 和 144 引脚的封装，USART3 的部分重映射不适用于 36 引脚的封装。

7.2.3 串口相关寄存器

与 STM32 的 USART 串口编程相关的寄存器有控制寄存器 USART_CR1、数据寄存器 USART_DR、状态寄存器 USART_SR 和分数波特率发生寄存器 USART_BRR。

1. 控制寄存器 USART_CR1

控制寄存器 USART_CR1 只用了低 14 位，高 18 位保留，其各位描述如图 7-9 所示。

图 7-9　控制寄存器 USART_CR1 各位描述

控制寄存器 USART_CR1 的常用位说明见表 7-6。

表 7-6　控制寄存器 USART_CR1 的常用位说明

位段	说　明
13	UE：USART 使能（USART Enable）。 当该位被清零，且当前字节传输完成后，USART 的分频器和输出停止工作，以减少功耗。该位由软件设置和清零。 0：USART 分频器和输出被禁止；1：USART 模块使能
12	M：字长（word length）。 该位定义了数据字的长度，由软件对其设置和清零。 0：一个起始位，8 个数据位，n 个停止位；1：一个起始位，9 个数据位，n 个停止位。 注意：在数据传输过程中（发送或者接收时），不能修改此位
10	PCE：检验控制使能（Parity Control Enable）。 用该位选择是否进行硬件校验控制（对于发送端来说，就是校验位的产生；对于接收端来说，就是校验位的检测）。若使能了该位，则在发送数据的最高位（如果 M=1，最高位就是第 9 位；如果 M=0，最高位就是第 8 位）时插入校验位；对接收到的数据检查其校验位。软件对它置 1 或清零。一旦设置了该位，那么只有当前字节传输完成，校验控制才会生效。 0：禁止校验控制；1：使能校验控制
6	TCIE：发送完成中断使能（Transmission Complete Interrupt Enable） 该位由软件设置或清除。 0：禁止产生中断；1：当 USART_SR 中的 TC 为 1 时，产生 USART 中断
5	RXNEIE：接收缓冲区非空中断使能（RXNE Interrupt Enable） 该位由软件设置或清除。 0：禁止产生中断；1：当 USART_SR 中的 ORE 或者 RXNE 为 1 时，产生 USART 中断
3	TE：发送使能（Transmitter Enable）。 该位使能发送器。该位由软件设置或清除。 0：禁止发送；1：使能发送
2	RE：接收使能（Receiver Enable）。 该位由软件设置或清除。 0：禁止接收；1：使能接收，并开始搜寻 RX 引脚上的起始位

2. 数据寄存器 USART_DR

数据寄存器 USART_DR 只用了低 9 位，高 23 位保留，其各位描述如图 7-10 所示。

31	30	29	28	27	26	25	24	23	22	21	20	19	18	17	16
保留															

15	14	13	12	11	10	9	8	7	6	5	4	3	2	1	0
保留							DR[8:0]								
							rw	rw	rw	rw	rw	rw	rw	rw	rw

图 7-10　数据寄存器 USART_DR 各位描述

由于 USART_DR 是由两个寄存器组成的，一个用于发送（TDR），另一个用于接收（RDR），因此该寄存器兼具读和写的功能。该寄存器的常用位说明见表 7-7。

表 7-7　数据寄存器 USART_DR 的常用位说明

位段	说　明
8:0	DR[8:0]：数据值（Data value）。 包含了发送或接收的数据。它由 TDR 和 RDR 两个寄存器组成。TDR 寄存器提供了内部总线和输出移位寄存器之间的并行接口；RDR 寄存器提供了输入移位寄存器和内部总线之间的并行接口。 当使能校验位（USART_CR1 中 PCE 位被置位）进行发送时，写到 MSB 的值（根据数据的长度不同，MSB 是第 7 位或者第 8 位）会被后来的校验位所取代。 当使能校验位进行接收时，读到的 MSB 位是接收到的校验位

3. 状态寄存器 USART_SR

状态寄存器 USART_SR 只用了低 10 位，高 22 位保留，其各位描述如图 7-11 所示。

31	30	29	28	27	26	25	24	23	22	21	20	19	18	17	16
保留															

15	14	13	12	11	10	9	8	7	6	5	4	3	2	1	0
保留						CTS	LBD	TXE	TC	RXNE	IDLE	ORE	NE	FE	PE
						rc w0	rc w0	r	rc w0	rc w0	r	r	r	r	r

图 7-11　状态寄存器 USART_SR 各位描述

该寄存器的常用位说明见表 7-8。

表 7-8　状态寄存器 USART_SR 常用位说明

位段	说　明
6	TC：发送完成（Transmission Complete）。 当包含数据的一帧发送完成，并且 TXE=1 时，由硬件将该位置 1。如果 USART_CR1 中的 TCIE 为 1，则产生中断。 由软件序列清除该位（先读 USART_SR，然后写入 USART_DR）。该位也可通过写入 0 来清除，只有在多缓存通信中才推荐这种清除程序。 0：发送还未完成；1：发送完成
5	RXNE：读数据寄存器非空（Read data register Not Empty）。 当 RDR 移位寄存器中的数据被转移到 USART_DR 寄存器中时，该位被硬件置位。如果 USART_CR1 寄存器中的 RXNEIE 为 1，则产生中断。对 USART_DR 的读操作可以将该位清零。该位也可以通过写入 0 来清除，只有在多缓存通信中才推荐这种清除程序。 0：数据没有收到；1：收到数据，可以读出
0	PE：校验错误（Parity Error）。 在接收模式下，如果出现奇偶校验错误，则硬件对该位置位。由软件序列对其清零（依次读 USART_SR 和 USART_DR）。在清除 PE 位前，软件必须等待 RXNE 标志位被置 1。如果 USART_CR1 中的 PEIE 为 1，则产生中断。 0：没有奇偶校验错误；1：有奇偶校验错误

4. 分数波特率发生寄存器 USART_BRR

分数波特率发生寄存器 USART_BRR 只用了低 16 位（12 位整数和 4 位小数），高 16 位保留。STM32 的 USART 串口是通过 USART_BRR 来选择波特率的，其各位描述如图 7-12 所示。

31	30	29	28	27	26	25	24	23	22	21	20	19	18	17	16
保留															

15	14	13	12	11	10	9	8	7	6	5	4	3	2	1	0
DIV_Mantissa[11:0]												DIV_Fraction[3:0]			
rw	rw	rw	rw	rw	rw	rw	rw	rw	rw	rw	rw	rw	rw	rw	rw

图 7-12　分数波特率发生寄存器 USART_BRR 各位描述

在写入 USART_BRR 之后，波特率计数器会被分数波特率发生寄存器的新值替换。因此，不要在通信进行中改变分数波特率发生寄存器的数值。该寄存器的各位说明见表 7-9。

表 7-9　分数波特率发生寄存器 USART_BRR 各位说明

位段	说　　明
15:4	DIV_Mantissa[11:0]：USARTDIV 的整数部分。 这 12 位定义了 USART 分频器除法因子（USARTDIV）的整数部分
3:0	DIV_Fraction[3:0]：USARTDIV 的小数部分。 这 4 位定义了 USART 分频器除法因子的小数部分

接收器和发送器的波特率在 USARTDIV 的整数和小数寄存器中的值应设置成相同。USART 波特率与 USART_BRR 寄存器中的值 USARTDIV 的关系如下。

$$Tx\ 或\ Rx\ 波特率 = \frac{fck}{16 \times USARTDIV}$$

这里的 fck 是给外设的时钟（PCLK2 用于 USART1，其他串口都用 PCLK1）。

USARTDIV 是一个无符号的定点数。只要知道 USART_BRR 寄存器的值，就可以得到 USARTDIV 的值，从而可以根据公式计算出串口通信的波特率。反过来，如果已经知道串口的波特率，就可以推导出 USARTDIV 的值，从而得到 USART_BRR 寄存器的值。

例如，使用 USART1，USART_BRR 寄存器的值为 0x1D4C，那么

$$DIV\_Mantissa = 468,\ DIV\_Fraction = 12/16 = 0.75,\ USARTDIV = 468.75$$

$$则\ Tx\ 或\ Rx\ 波特率 = \frac{72000000}{16 \times 468.75} = 9600$$

使用 USART2，如果要设置串口通信的波特率为 19200，那么

$$USARTDIV = \frac{36000000}{16 \times 19200} = 117.1875$$

$$DIV\_Mantissa = 117$$

$$DIV\_Fraction = 0.1875$$

USART_BRR 寄存器的值为 0x753。

7.2.4　串口发送相关函数

下面介绍几种串口发送相关函数。

1. USART_DeInit()函数

该函数将 USART 寄存器重置为默认值，主要调用了 RCC_APBxPeriphResetCmd 函数对寄存器进行复位操作。该函数在 stm32f10x_usart.c 文件中，其定义如下。

```
void USART_DeInit(USART_TypeDef * USART×);
```

该函数的参数 USART×用于确定使用哪个串口，×的取值为 1,2,3,4,5。

在以下两种情况下，需要对串口进行复位。

1）在系统刚开始配置外设的时候，会先执行复位外设的操作。

2）当外设出现异常的时候，可以通过复位设置来实现该外设的复位，然后重新配置这个外设，达到让其重新工作的目的。

例如，USART1 串口复位代码如下。

```
USART_DeInit (USART1);
```

2. USART_Init()函数

该函数对串口进行初始化配置，设定串口的数据传输速率、数据位数、检验方式、停止位、流量控制方式等，是串口最重要的库函数之一。该函数在 stm32f10x_usart.c 文件中，其定义如下。

```
void USART_Init(USART_TypeDef * USART×, USART_InitTypeDef * USART_InitStruct);
```

其中，第一个参数的用法同 USART_DeInit()函数一样；第二个参数是 USART_InitTypeDef 类型的结构体指针，这个结构体指针的成员变量用来设置串口的波特率、字长、停止位、奇偶校验位、硬件数据流控制和收发模式等参数。USART_InitTypeDef 类型的结构体是在 stm32f10x_usart.h 中定义的，代码如下。

```
typedef struct
{
    uint32 t USART BaudRate;              //设置波特率
    uint16tUSART WordLength;              //字长为 8 或 9（停止位）
    uint16 t USART StopBits;              //停止位
    uint16t USARTParity;                  //奇偶校验
    uint16 t USART Mode;                  //发送接收使能
    uint16t USART HardwareFlowControl;    //硬件流控制
} USART_InitTypeDef;
```

例如，USART2 串口定义结构体变量名为 USART_I，初始化代码如下。

```
USART_Init(USART2,&USART_I);
```

3. USART_Cmd()函数

该函数对串口进行使能或者失能配置，一般用于串口初始化函数的最后，当串口时钟、端口及参数全部配置完成后，使用该函数开启串口。该函数在 stm32f10x_usart.c 文件中，其定义如下。

```
void USART_Cmd(USART_TypeDef * USART×, FunctionalState NewState);
```

其中，第一个参数的用法同 USART_DeInit()函数一样；第二个参数 NewState 取值为 ENABLE 或者 DISABLE。

例如，USART2 串口使能代码如下。

```
USART_Cmd(USART2,ENABLE);
```

4. USART_SendData( )函数

STM32 的串口发送与接收是通过数据寄存器 USART_DR 实现的，它是一个双寄存器，包含了 TDR 和 RDR。当向该寄存器写数据的时候，串口会自动发送。

USART 串口是通过 USART_SendData( )函数操作 USART_DR 寄存器来发送数据的，其函数定义如下。

```
void USART_SendData(USART TypeDef * USART×,uint16_t Data);
```

其中，函数的第一个参数的用法同 USART_DeInit( )函数一样；第二个参数 Data 为要发送的数据。

例如，向串口 2 发送数据的代码如下。

```
USART_SendData(USART2,TXBUF[t]);
```

5. USART_GetFlagStatus( )函数

串口通信时有一个波特率参数表示串口发送或者接收数据的速度，一般定义为 9600 或者 19200。串口通信的速度和单片机数据发送速度相比还是太慢，所以单片机发送完一个字符后必须确认该字符已经发送完成，才能发送新的字符，否则就会出现错误。那么怎样判断串口发送数据是否已经完成呢？可以读取串口的 USART_SR 状态寄存器，然后根据 USART_SR 的第 6 位（TC）的状态来判断，该位为 0 时表示发送未完成，为 1 时表示发送已完成。

当该位被置 1 时，说明 USART_DR 内的数据已经发送完成。若设置了这个位的中断，就会产生中断。通过读或写 USART_DR，可以将该位清零，也可以向该位写 0 来直接清零。读取串口的 USART_SR 状态寄存器（串口状态）是通过 FlagStatus USART_GetFlagStatus( )来实现的，该函数定义如下。

```
FlagStatus USART_GetFlagStatus(USART TypeDef * USART×, uint16 USART_FLAG);
```

其中，第一个参数的用法同 USART_DeInit( )函数一样；第二个参数 USART_FLAG 是一个整型值，可取值为 stm32f10x_usart.h 头文件里的宏定义，宏定义代码如下。

```
#define USART_FLAG_CTS          ((uint16_t)0x0200)
#define USART_FLAG_LBD          ((uint16_t)0x0100)
#define USART_FLAG_TXE          ((uint16_t)0x0080)
#define USART_FLAG_TC           ((uint16_t)0x0040)
#define USART_FLAG_RXNE         ((uint16_t)0x0020)
#define USART_FLAG_IDLE         ((uint16_t)0x0010)
#define USART_FLAG_ORE          ((uint16_t)0x0008)
#define USART_FLAG_NE           ((uint16_t)0x0004)
#define USART_FLAG_FE           ((uint16_t)0x0002)
#define USART_FLAG_PE           ((uint16_t)0x0001)
```

6. 串口输出重定向

C 语言中输出函数为 printf( )，在 STM32 处理器中也可以用 printf( )来输出串口数据。在使用前需要禁用半主机模式，并且对 printf( )函数的输出重定向到 USART 串口。程序代码如下。

```
#include" stdio. h"
#pragma import(__use_no_semihosting)
//标准库需要的支持函数
struct __FILE
{
int handle;
};
FILE __stdout;
//定义_sys_exit()函数以避免使用半主机模式
void _sys_exit(int x)
{
x = x;
}
//重定义 fputc()函数
int fputc(int ch, FILE  * f)
{
while(USART_GetFlagStatus(USART1,USART_FLAG_TC)= =RESET);
    USART_SendData(USART1,(uint8_t)ch);
return ch;
}
```

　　半主机模式是用于 ARM 目标的一种机制，可将来自应用程序代码的输入/输出请求传送至运行调试器的主机。使用此机制可以启用 C 语言库中的函数，如使用 printf()函数将信息输出到计算机屏幕并显示，使用 scanf()函数接收来自键盘的输入数据。

　　这种机制很有用，因为软件开发时使用的硬件开发板通常没有最终系统的输入和输出设备，半主机模式可让主机来提供这些设备。

　　简单来说，如果开发板没有键盘和屏幕，使用半主机模式后，就可以利用仿真器或其他连接到计算机（主机），使用计算机的屏幕和键盘通过 printf()和 scanf()来与开发板交互。这种方式常用于调试。

　　单片机使用 printf()和 scanf()函数时，只是希望通过自身硬件带有的串口，输出或接收数据，此时的单片机并不是工作在半主机模式的，所以必须在程序中关闭半主机模式。

　　单片机有多个串口，需要通过重写底层函数来告诉 printf()和 scanf()使用的是哪个串口收发数据。

7.3　任务 1　串口发送 LED 状态

7.3 任务 1　串口发送 LED 状态

任务要求

　　使用三个独立按键（K1、K2 和 K3）控制三个 LED 灯（D1、D2 和 D3）工作状态，按下 K1 时 D1 亮，同时将"LED 灯 D1 亮"发送到 PC 的串口；按下 K2 时 D2 亮，同时将"LED 灯 D2 亮"发送到 PC 的串口；按下 K3 时 D3 亮，同时将"LED 灯 D3 亮"发送到 PC 的串口。

7.3.1 仿真电路设计

下面进行仿真电路设计。

1）复制并粘贴"63_STM32_智能电子钟"文件夹，将文件夹名改成"71_STM32_串口发送 LED 状态"，打开目录中的"仿真"文件夹，双击打开 STM32project. pdsprj 仿真工程。

2）根据项目中元件的要求，绘制 LED 灯和独立式按键，可参考"按键控制 LED 灯系统设计"任务中的仿真电路设计（见 3.3 节）。

3）单击左侧工具栏中的 按钮，在对应的右侧列表框中选中"VIRTUAL TERMINAL"元件，如图 7-13 所示，把该元件放置到项目画布中。双击该元件设置串口通信参数，波特率为 9600，数据位为 8，停止位为 1，校验位无。

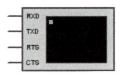

图 7-13　VIRTUAL TERMINAL 元件

4）根据串口硬件电路原理图可知，串口的输出引脚为 PA9，输入引脚为 PA10，于是将 PA9 连接到元件的 RXD 引脚、PA10 连接到元件的 TXD 引脚。串口发送 LED 状态仿真电路如图 7-14 所示。

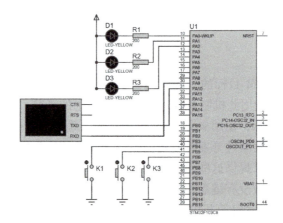

图 7-14　串口发送 LED 状态仿真电路

7.3.2 程序工作流程

1. 串口发送数据过程

STM32 单片机调用串口发送函数，将数据送到串口的发送数据寄存器 TDR，TDR 寄存器将数据发送到串口的发送移位寄存器，由该寄存器控制将数据按位输出在单片机的发送引脚，直到一帧数据发送完毕为止。串口发送数据过程如图 7-15 所示。

图 7-15　串口发送数据过程

2. 串口初始化配置步骤

串口发送时需要进行一系列配置才能正常使用，配置内容包括如下几方面。

1）串口和串口对应的 GPIO 时钟使能。

2）串口引脚映射（如有必要）。

3）串口复位。

4）串口引脚工作模式配置。

5）串口参数配置。

6）串口使能。

3. 程序工作流程

该任务是在"按键控制 LED 灯系统设计"任务的基础上完成的，在每次按键控制 LED 灯的工作完成之后加入一条串口发送字符串的语句即可，字符串的内容为被控制 LED 灯的工作状态。

7.3.3 系统设计与实现

下面进行系统设计与实现。

1. 串口发送 LED 状态功能实现

在工程文件夹下的 DRV 目录中，新建 usart. c 和 usart. h 两个文件，添加串口初始化相关代码到文件中。

（1）usart. h 文件

usart. h 文件中添加函数声明的程序代码如下。

```
#ifndef _USART_H
#define _USART_H
void usart_init(u32 baud);
#endif
```

（2）usart. c 文件

usart. c 文件添加串口初始化函数程序代码如下。

```
#include "stm32f10x. h"
#include "stdio. h"
#include "usart. h"
//此处添加前面的串口重定向代码
void usart_init(u32 baud)                                //串口初始化函数
{
    GPIO_InitTypeDef GPIO_I;                             //GPIO 端口设置
    USART_InitTypeDef USART_I;
    RCC_APB2PeriphClockCmd(RCC_APB2Periph_USART1 | RCC_APB2Periph_GPIOA, ENA-
BLE);
    USART_DeInit(USART1);                                //复位串口 1
    GPIO_I. GPIO_Pin = GPIO_Pin_9;                       //PA9 引脚
    GPIO_I. GPIO_Speed = GPIO_Speed_50MHz;
    GPIO_I. GPIO_Mode = GPIO_Mode_AF_PP;                 //复用推挽输出
    GPIO_Init(GPIOA, &GPIO_I);
    GPIO_I. GPIO_Pin = GPIO_Pin_10;
```

```
        GPIO_I. GPIO_Mode = GPIO_Mode_IN_FLOATING;              //浮空输入
        GPIO_Init(GPIOA, &GPIO_I);
    //USART 初始化设置
    USART_I. USART_BaudRate = baud;                             //一般设置为 9600
    USART_I. USART_WordLength = USART_WordLength_8b;            //字长为 8 位数据格式
    USART_I. USART_StopBits = USART_StopBits_1;                 //一个停止位
    USART_I. USART_Parity = USART_Parity_No;                    //无奇偶校验位
    //无硬件数据流控制
    USART_I. USART_HardwareFlowControl = USART_HardwareFlowControl_None;
    USART_I. USART_Mode = USART_Mode_Rx | USART_Mode_Tx;       //收发模式
    USART_Init(USART1, &USART_I);                               //初始化串口
    USART_Cmd(USART1, ENABLE);                                  //使能串口
}
```

（3）main. c 文件

在系统头文件 all_system. h 中加入 usart. h、stdio. h 文件。main. c 文件中的代码如下。

```
/* * * * * * * * * * * * * * * * * * * * *
Function: 串口发送 LED 状态
Describe: 按键 K1、K2、K3 控制 LED 灯亮时发送 LED 工作状态
* * * * * * * * * * * * * * * * * * * * */
#include "all_system. h"
#define ON 0
#define OFF 1
u8 D1S=0,D2S=0,D3S=0;              //定义三个 LED 灯的工作状态, 0 为灭, 1 为亮
int main(void)
{
    #if 1                          //仿真时用内部 8 MHz 时钟, 下载程序时 1 改成 0
    RCC_SYSCLKConfig(RCC_SYSCLKSource_HSI);
    #endif
     usart_init(9600);
     key_init();
     led_init();
     printf("系统初始化 LED 灯灭!\r\n");
while(1)
    {
         key=key_scan();
         if(key>0)
             {
             switch(key)
                 {
                     case 1:
                         if(D1S==0)   //如果 D1 灭
                         {
                             D1S=1;
```

```
                                        D1=ON;
                                        printf("LED 灯 D1 亮!\r\n");
                                }
                            else
                                {
                                        D1S=0;
                                        D1=OFF;
                                        printf("LED 灯 D1 灭!\r\n");
                                }
                    break;
                    case 2:
                        if(D2S==0)                       //如果 D2 灭
                            {
                                        D2S=1;
                                        D2=ON;
                                        printf("LED 灯 D2 亮!\r\n");
                            }
                            else
                                {
                                        D2S=0;
                                        D2=OFF;
                                        printf("LED 灯 D2 灭!\r\n");
                                }
                    break;
                    case 3:
                        if(D3S==0)                       //如果 D3 灭
                            {
                                        D3S=1;
                                        D3=ON;
                                        printf("LED 灯 D3 亮!\r\n");
                            }
                            else
                                {
                                        D3S=0;
                                        D3=OFF;
                                        printf("LED 灯 D3 灭!\r\n");
                                }
                    break;
                    }
                }
            }
        }
    }
```

2. 工程编译及调试

（1）仿真调试

仿真调试时，首先使用#if 1 语句通过 RCC_SYSCLKConfig( ) 函数打开系统内部 8 MHz 时钟进行编译，然后使用 Proteus 软件打开仿真文件夹中的工程，双击芯片打开配置界面，选择编译好的 hex 文件后单击"OK"按钮。

回到工程主界面，单击左下角的"运行"按钮，使程序在仿真电路上运行，按下 K1 键后，D1 灯亮，虚拟串口显示"LED 灯 D1 亮!"；按下 K2 键后，D2 灯亮，虚拟串口显示"LED 灯 D2 亮!"；按下 K3 键后，D3 灯亮，虚拟串口显示"LED 灯 D3 亮!"。串口发送 LED 状态仿真电路运行效果如图 7-16 所示。

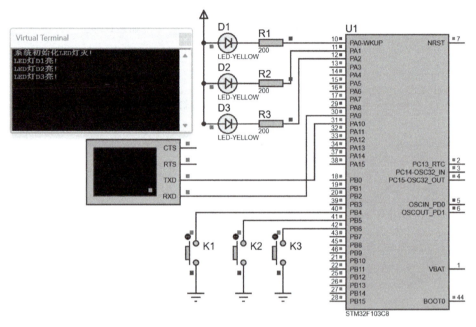

图 7-16　串口发送 LED 状态仿真电路运行效果

（2）下载调试

DAP 仿真器带有串口功能，将仿真器上的 TXD 接 PA10 脚、仿真器上的 RXD 接 PA9 脚，打开计算机上的串口调试助手，选择识别到的新串口，配置串口通信参数和程序中保持一致。通过仿真器下载代码到芯片中运行。在开发板上分别按下 K1、K2 和 K3 键后，在计算机上的串口调试助手中观察输出信息的实际运行效果。

7.4　任务 2　串口控制 LED 灯系统设计

7.4 任务 2　串口控制 LED 灯系统设计

任务要求

使用 PC 的串口调试助手发送指令来控制开发板上的 4 个 LED 灯工作。串口发送指令的格式见表 7-10。

表 7-10　PC 串口控制 LED 灯指令格式

起 始 字 符	序　号	功　能	结　尾
F	1~4、9	1 或 0	换行符或 "&"

起始字符 F 为有效控制指令的确认字符；第 2 个字符为要操作 LED 灯的序号，1~4 表示对应的 D1~D4 灯，9 表示所有灯；第 3 个字符表示执行的功能，1 表示亮，0 表示灭；第 4 个字符表示以换行符或者 "&" 结尾。

7.4.1　串口中断

中断机制是协调软硬件运行的重要手段。USART 的驱动程序除了可以采用查询方式（即定期或循环查询 USART 各状态寄存器状态）决定下一步是否可以执行发送/接收或转入相应错误处理以外，也可以设置使能中断触发条件，在中断中执行相应处理。STM32F103 的 USART 支持的串口中断事件及标志见表 7-11。

表 7-11　串口中断事件及其标志

中 断 事 件	事 件 标 志	中断使能位（寄存器、位置）
奇偶校验错	PE	PEIE(USART_CR1,8)
发送数据寄存器空	TXE	TXEIE(USART_CR1,7)
发送完成	TC	TCIE(USART_CR1,6)
接收数据就绪可读	RXNE	RXEIE(USART_CR1,5)
检测到空闲线路	IDLE	IDLEIE(USART_CR1,4)
CTS 清除发送标志	CTS	CTSIE(USART_CR3,10)
多缓冲通信中溢出错误	ORE	
噪声标志	NE	EIE(USART_CR3,0)
帧错误	FE	

以上中断可以被分成下列两类。

1）发送期间：发送完成中断、CTS 清除发送标志中断、发送数据寄存器空中断。

2）接收期间：奇偶校验错中断、接收数据就绪可读中断、检测到空闲线路中断、多缓冲通信中溢出错误中断、噪声标志中断和帧错误中断。

但需要注意，STM32 的 USART 在设计上把所有中断事件连接到同一个中断向量上，因此中断服务程序需要先查询各中断标志位以区分中断源，然后执行相应处理。这种设计在一定程度上简化了硬件实现，也避免了不同优先级的多个中断在协调时引发的不确定性，使整个工作状态更加可控。

串口 1 发送中断的代码如下。

```
void USART1_IRQHandler( void)
{
    if ( USART_GetITStatus( USART1, USART_IT_TC) != RESET)
    {
        //数据发送完成后，需要执行的操作
    }
}
```

串口 1 接收中断的代码如下。

```
void USART1_IRQHandler(void)
{
    if (USART_GetITStatus(USART1, USART_IT_RXNE) != RESET)
    {
        //接收到数据后，需要执行的操作
    }
}
```

7.4.2　串口接收相关函数

下面介绍几种串口接收相关函数。

1. USART_ReceiveData()函数

STM32 的串口接收也是通过数据寄存器 USART_DR 实现的。当串口收到数据时，会自动将数据保存在 RDR 寄存器中，需要时从该寄存器中读取数据。

USART 串口接收数据是通过 USART_ReceiveData()函数实现的，该函数定义如下。

```
uint16_t USART_ReceiveData (USART TypeDef * USART×);
```

2. USART_ITConfig()函数

在串行接收数据时，还需要开启串口接收中断，即使能串口中断。使能串口中断的函数定义如下。

```
void USART_ITConfig(USART_TypeDef * USARTx,uint16_t USART_IT,FunctionalState NewState);
```

这个函数的第二个参数代表使能串口的中断类型，也就是使能哪种中断，因为串口的中断类型有很多种。

1）USART1 串口在接收到数据的时候（RXNE 读数据寄存器非空），就要产生中断。开启 USART1 串口接收到数据中断的代码如下。

```
USART_ITConfig (USART1,USART_IT_RXNE,ENABLE);     //开启 USART1,数据接收中断
```

2）USART1 串口在发送数据结束的时候（TC 发送完成），就要产生中断，其代码如下。

```
USART_ITConfig (USART1,USART_IT_TC,ENABLE);
```

3. USART_GetITStatus()函数

在使能了某个中断后，如果该中断发生，就会设置状态寄存器中的某个标志位。在中断处理函数中，经常需要判断该中断是哪种中断，函数定义如下。

```
ITStatus USART_GetITStatus (USART_TypeDef * USART×,uint16_t USART_IT);
```

第二个参数 USART_IT 的取值是一个整型值，可取值为 stm32f10x_usart.h 头文件里的宏定义，宏定义代码如下。

```
#define USART_IT_PE          ((uint16_t)0x0028)
#define USART_IT_TXE         ((uint16_t)0x0727)
#define USART_IT_TC          ((uint16_t)0x0626)
#define USART_IT_RXNE        ((uint16_t)0x0525)
#define USART_IT_IDLE        ((uint16_t)0x0424)
```

#define USART_IT_LBD	((uint16_t)0x0846)
#define USART_IT_CTS	((uint16_t)0x096A)
#define USART_IT_ERR	((uint16_t)0x0060)
#define USART_IT_ORE	((uint16_t)0x0360)
#define USART_IT_NE	((uint16_t)0x0260)
#define USART_IT_FE	((uint16_t)0x0160)

例如，使能了 USART1 串口发送完成中断，如果中断发生，便可以在中断处理函数中调用这个函数，来判断是否为串口发送完成中断，代码如下。

```
USART_GetITStatus(USART1,USART IT TC);
```

返回值是 SET，说明发生了串口发送完成中断。

4. 串口接收状态标志

读取串口的 USART_SR 状态寄存器（串口状态）是通过 FlagStatus USART_GetFlagStatus()来实现的。RXNE 位为串口接收状态标志位，当 RXNE 位被置 1 时，说明串口已接收到数据，并且可以读出来。这时就要尽快读取 USART_DR 中的数据。通过读取 USART_DR，可以将该位清零，也可以向该位写 0 以直接清零。

判断读寄存器是否非空（RXNE），代码如下。

```
USART_GetFlagStatus (USART1,USART_FLAG_RXNE);
```

7.4.3 仿真电路设计

下面进行仿真电路设计。

1）复制并粘贴"71_STM32_串口发送 LED 状态"文件夹，将文件夹名改成"72_STM32_串口控制 LED 灯"，打开目录中的"仿真"文件夹，双击打开 STM32project.pdsprj 仿真工程。

2）选中左侧工具栏中的 按钮，在对应的右侧列表框中选中"VIRTUAL TERMINAL"元件，放置两个这种元件到项目画布中。双击该元件设置串口通信参数，波特率为 9600，数据位为 8，停止位为 1，校验位无。

3）单击主界面左侧列表"Device"上的"P"按钮，打开元件选取界面"Pick Devices"，在左上角的"Keywords"文本框中输入"COMPIM"，选中右侧列表框里的元件后单击"确定"按钮，如图 7-17 所示。

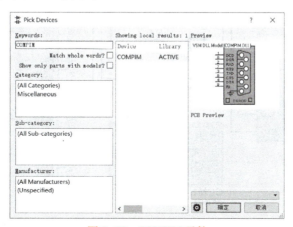

图 7-17 COMPIM 元件

4）使用串口仿真时需要用到虚拟串口软件 VSPD，软件安装好后添加一对虚拟串口 COM1 和 COM2，可以实现从 COM1 到 COM2 或者从 COM2 到 COM1 发送数据。

5）将该元件选中后放置到画布中，双击该元件更改相关参数，其中物理端口号设置为 COM1，物理波特率和虚拟波特率都设置为 9600，物理数据位和虚拟数据位都设置为 8，物理校验位和虚拟校验位都设置为 NONE，物理停止位设置为 1。参数设置如图 7-18 所示。

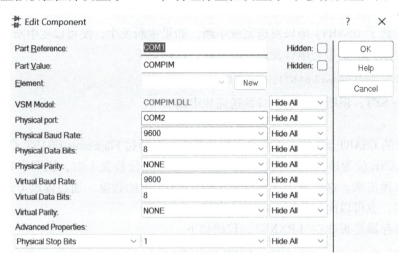

图 7-18　COMPIM 元件参数设置

6）将 COMPIM 的 TXD 连接 STM32 的 PA9 引脚，RXD 连接 PA10 引脚；两个 Virtual Terminal 元件 P1 与 P2 的 RXD 引脚分别连接 PA9 和 PA10 引脚，作为串口通信数据监测窗口。其仿真电路如图 7-19 所示。

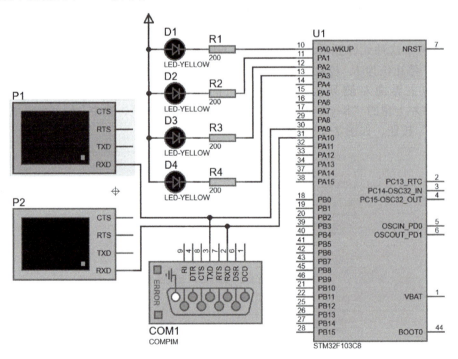

图 7-19　串口控制 LED 灯状态仿真电路

7）打开串口调试助手软件 XCOM 2.6，串口选择 COM2→COM1 虚拟串口，串口通信的参数设置和 COMPIM 的参数相同。串口调试助手发送数据时，COMPIM 元件的 RXD 引脚、P2 的 RXD 引脚和 PA10 引脚会同时收到数据。

7.4.4　程序工作流程

PC 通过串口发送控制指令到 STM32 单片机的串口接收引脚，单片机的接收移位寄存器按位接收完一帧数据后发给串口接收数据寄存器 RDR，CPU 检测到串口接收到数据后读取RDR 寄存器中的数据到接收缓冲区备用。串口接收数据过程如图 7-20 所示。

图 7-20　串口接收数据过程

串口接收时需要进行一系列配置才能正常使用，配置内容包括如下几方面。

1）串口时钟使能。

2）GPIO 时钟使能。

3）串口引脚映射（如有必要）。

4）串口复位。

5）串口引脚输入/输出配置。

6）串口参数配置。

7）串口中断优先级配置。

8）串口中断使能。

9）串口使能。

10）串口中断接收数据。

11）主程序串口缓冲区数据处理及操作。

7.4.5　系统设计与实现

下面进行系统设计与实现。

1. 串口控制 LED 功能实现

在工程文件夹下的 DRV 目录中，打开 usart.c 和 usart.h 两个文件，添加串口初始化及收发程序相关代码到文件中。

（1）usart.c 文件

usart.c 文件中添加如下代码：

```
u8 RXBUF[20]={0};                          //接收数据缓冲区
u8 Index=0;                                //接收数据缓冲区位置
u8 RXF=0;                                  //数据接收完成标志
void usart_init(u32 baud)
{
    GPIO_InitTypeDef GPIO_I;               //GPIO 端口设置
```

```
        NVIC_InitTypeDef NVIC_I;
        USART_InitTypeDef USART_I;
        RCC_APB2PeriphClockCmd ( RCC_APB2Periph_USART1 | RCC_APB2Periph_GPIOA, ENA-
BLE);
        USART_DeInit(USART1);                                    //复位串口1
        GPIO_I.GPIO_Pin = GPIO_Pin_9;                           //PA9引脚
        GPIO_I.GPIO_Speed = GPIO_Speed_50MHz;
        GPIO_I.GPIO_Mode = GPIO_Mode_AF_PP;                     //复用推挽输出
        GPIO_Init(GPIOA, &GPIO_I);                              //初始化PA9
        GPIO_I.GPIO_Pin = GPIO_Pin_10;
        GPIO_I.GPIO_Mode = GPIO_Mode_IN_FLOATING;               //浮空输入
        GPIO_Init(GPIOA, &GPIO_I);                              //初始化PA10
        //USART NVIC 配置
        NVIC_PriorityGroupConfig(NVIC_PriorityGroup_2);         //中断优先级2组
        NVIC_Conf.NVIC_IRQChannel = USART1_IRQn;
        NVIC_Conf.NVIC_IRQChannelPreemptionPriority=3;          //抢占优先级3
        NVIC_Conf.NVIC_IRQChannelSubPriority = 3;               //子优先级3
        NVIC_Conf.NVIC_IRQChannelCmd = ENABLE;                  //IRQ通道使能
        NVIC_Init(&NVIC_Conf);                                  //根据指定的参数初始化VIC寄存器
        //USART 初始化设置
        USART_I.USART_BaudRate = baud;                          //一般设置为9600
        USART_I.USART_WordLength = USART_WordLength_8b;         //字长为8位数据格式
        USART_I.USART_StopBits = USART_StopBits_1;              //一个停止位
        USART_I.USART_Parity = USART_Parity_No;                 //无奇偶校验位
        USART_I.USART_HardwareFlowControl = USART_HardwareFlowControl_None;
        USART_I.USART_Mode = USART_Mode_Rx | USART_Mode_Tx;     //收发模式
        USART_Init(USART1, &USART_I);                           //初始化串口
        USART_ITConfig(USART1, USART_IT_RXNE, ENABLE);          //开启串口接收中断
        USART_Cmd(USART1, ENABLE);                              //使能串口
    }
    void USART1_IRQHandler(void)                                //串口1中断服务程序
    {
        u8 ch;
        if(USART_GetITStatus(USART1, USART_IT_RXNE) != RESET)   //接收到数据
        {
            ch = USART_ReceiveData(USART1);
            RXBUF[Index++]=ch;
            if (ch==0x0D || ch=='&')                            //接收数据完成
            RXF=1;                                              //接收数据完成
        }
    }
```

（2）usart. h 文件

usart. h 文件代码修改如下。

```
#ifndef _USART_H
#define _USART_H
extern u8 RXBUF[20];
extern u8 Index;
extern u8 RXF;
void usart_init(u32 baud);
#endif
```

（3）main. c 文件

main. c 文件代码如下。

```
/ * * * * * * * * * * * * * * * * * * * * *
Function：PC 串口控制 LED
Describe：PC 串口调试助手发送指令控制 LED 灯工作
* * * * * * * * * * * * * * * * * * * * */
#include "all_system. h"
int main(void)
{
        int i;
        u8 cmd=1;                       //LED 功能开关, 初始灭
        #if 1                           //仿真时用内部 8 MHz 时钟, 下载程序时, 将 1 改成 0
        RCC_SYSCLKConfig(RCC_SYSCLKSource_HSI);
        #endif
        usart_init(115200);
        while(1)
        {
                if(RXF==1)
                {
                        printf("接收到的数据:\r\n");
                        for(i-0;i<Index;i++)//回显数据
                        {
                                USART_SendData(USART1,RXBUF[i]);
                                while(USART_GetFlagStatus(USART1,USART_FLAG_TC)!=SET);
                        }
                        printf(" \r\n");
                        if (RXBUF[0]=='F')
                        {
                                cmd=RXBUF[2]-48;
                                switch(RXBUF[1]-48)
                                {
                                        case 1:D1=cmd;break;
                                        case 2:D2=cmd;break;
                                        case 3:D3=cmd;break;
                                        case 4:D4=cmd;break;
```

```
                                    case 9:
                                        D1 = cmd; D2 = cmd; D3 = cmd; D4 = cmd;
                                    break;
                                }
                            }
                        Index = 0;
                        RXF = 0;
                    }
                }
            }
```

2. 工程编译及调试

（1）仿真调试

1）使用 Proteus 软件打开仿真文件夹中的工程，双击芯片打开配置界面，选择编译好的 hex 文件后单击"OK"按钮。

2）回到工程主界面，单击左下角的"运行"按钮，使程序在仿真电路上运行。

3）在串口调试助手 XCOM 2.6 的文本框中依次输入 F、9、1 和 & 四个字符，但不要勾选"发送新行"复选框，每输入一个字符单击一下"发送"按钮，将四个字符依次发送出去。

4）虚拟串口 P3 的显示区显示了 XCOM 软件发送的字符数据，虚拟串口 P2 的显示区显示了 STM32 单片机串口回传的字符数据。

5）单片机接收到控制指令后操作 LED 灯工作。

（2）下载调试

程序编译无误后在 Proteus 仿真软件中运行，看到了实际的运行效果后，通过仿真器下载代码到芯片中运行。打开串口调试助手，选择实际的 USB 转串口的端口号，设置对应的串口通信参数，在文本框输入"F11""F21""F20"和"F91"指令，勾选"发送新行"复选框，单击"发送"按钮。观察开发板上的 4 个 LED 灯的亮灭状态。

思考与练习

一、简答题

1. 按照数据传输方向，数据通信分为哪几种工作方式？分别有什么特点？

2. 什么是异步串行通信？

3. 串行通信时需要设置哪些参数？

4. STM32 F103C8T6 有三个串口，每个串口发送和接收的引脚分别是什么？

5. 想要设置 STM32 的串口以完成发送功能，需要如何配置？

6. 写出串口 2 接收中断的代码框架。

7. 想要设置 STM32 的串口以完成接收功能，需要如何配置？

8. 串口中断服务程序中的 RXF 标志位有何作用？

二、上机操作

1. 编程实现：使用串口 1 按行输出跑马灯的工作状态，4 个灯的实时工作状态用汉字

"亮""灭"表示，如 D1 灯亮、其他灯灭，输出格式为：亮灭灭灭。

2. 编程实现：使用串口 1 输出简易计算器按键输入的符号，按下等于键时，串口显示等于号和运算结果。

3. 编程实现：使用串口 3 输出高度 n 指定的杨辉三角形，n 的取值为 3~10。

4. 编程实现：串口调试助手发送指令"F1"，继电器开；发送指令"B1"，蜂鸣器开；发送指令"F0"，继电器关；发送指令"B0"，蜂鸣器关。

5. 编程实现：串口调试助手发送指令"L1"，跑马灯开始运行；发送指令"L2"，跑马灯暂停；再次发送"L1"指令，可以从暂停处继续运行；发送指令"L0"，4 个 LED 灯全关。

6. 编程实现：在"智能电子钟设计与实现"项目中，通过串口发送指令"Y2024M05D01"完成对年、月、日的修改，Y、M、D 字符后面的数字分别表示年、月、日；通过串口发送指令"H08M12S00"完成对时、分、秒的修改，H、M、S 后面的数字分别表示时、分、秒；执行串口发送指令"ST"，系统开始工作。

项目 8
声光控制灯设计与实现

学习目标

学会使用声音传感器进行声控灯系统的软硬件设计；通过光敏电阻的 A/D 转换方法获取环境光照强度，学会声光控制灯系统的软硬件设计及控制程序的设计方法。

【知识目标】

1. 了解传感器的定义、分类、特性及选用原则；
2. 掌握电压比较器的工作原理；
3. 掌握声控灯的软硬件设计方法；
4. 掌握光敏电阻的原理、特性及硬件电路设计；
5. 掌握 A/D 转换的工作原理；
6. 熟悉 ADC 相关寄存器和库函数的使用方法；
7. 掌握声光控制灯程序设计方法。

【能力目标】

1. 具有传感器的识别及应用选择能力；
2. 具有对数字量传感器、模拟传感器正确使用的能力；
3. 具有使用传感器设计简单应用系统的能力。

【素养目标】

- 培养协作能力，增进集体荣誉感。
- 强化学生绿色环保、节能减排的意识。

8.1 传感器

8.1 传感器

8.1.1 传感器的定义

人可以通过五官（视、听、嗅、味、触）接收外界的信息，经过大脑的思维（信息计算）后做出相应的动作。而对于用计算机（或单片机）控制的自动化装置（如机器人），则可以说计算机（或单片机）是其"大脑"，传感器是其"五官"（又称为"电五官"）。常用的传感器如图 8-1 所示。

图 8-1　常用的传感器

传感器是获取自然界中信息的一种主要途径或手段。在当今这个信息时代，信息技术有三大支柱：传感器技术、通信技术和计算机技术，它们分别完成对被测量的信息提取、信息传输及信息处理。传感器是信息的源头，是获取信息的元件，是计算机信息处理的数据来源。

国家标准 GB/T 7665—2005《传感器通用术语》中传感器的定义是："能感受被测量并按照一定的规律转换成可用输出信号的器件或装置，通常由敏感元件和转换元件组成。"传感器是一种检测装置，能感受到被测量的信息，并能将检测感受到的信息，按一定规律转换成为电信号或其他所需形式的信息输出，以满足信息的传输、处理、存储、显示、记录和控制等要求。它是实现自动检测和自动控制的首要环节。

从传感器的定义来看，主要包括：

1）从传感器的输入端来看，一个指定的传感器只能感受规定的被测量，即传感器对规定的物理量具有最大的灵敏度和最好的选择性。例如，温度传感器只能用于测温，而不希望它同时还受其他物理量的影响。

2）从传感器的输出端来看，传感器的输出信号为"可用信号"，这里所谓的"可用信号"是指便于处理、传输的信号，常见的有电信号、光信号。

3）从输入与输出的关系来看，它们之间的关系具有"一定规律"，即传感器的输入与输出不仅是相关的，而且可以用确定的数学模型来描述，也就是输出和输入之间是一一对应的关系。

8.1.2　传感器的组成

传感器的基本功能是检测信号和信号转换。传感器总是处于测试系统的最前端，用来获取检测信息，其性能将直接影响整个测试系统，对测量精确度起着决定性作用。按其定义，传感器一般由敏感元件、转换元件、转换电路（信号调理电路）三部分组成，有时还需要外加辅助电源以提供转换能量，如图 8-2 所示。

图 8-2　传感器的组成

敏感元件是一种直接感受被测量（如温度、湿度、流速、光照等）并输出与被测量成确定关系的某一物理量的元件。转换元件以敏感元件的输出作为输入，把输入转换成电路参数（电压、电流、电阻、电感、电容等），最后由转换电路将转换元件输出的电路参数转换成电量信号输出。

当然，不是所有的传感器都有敏感元件与转换元件之分，有些传感器很简单，仅由一个敏感元件（兼作转换元件）组成，它感受被测量时直接输出电量。有些传感器由敏感元件和转换元件组成，没有转换电路。有些传感器，转换元件不止一个，要经过若干次转换。

8.1.3　传感器的分类

传感器的种类繁多，往往同一种被测量可以用不同类型的传感器来测量，而同一原理的传感器又可测量多种物理量，因此传感器有许多种分类方法。常用的分类方法如下。

1. 按被测物理量类型划分

按被测物理量类型划分时，传感器可分为位移、力、力矩、转速、振动、加速度、温度、压力、流量、流速等传感器。常见的有温度传感器、压力传感器、位移传感器、流量传感器、流速传感器等。

2. 按工作原理划分

按工作原理划分时，传感器可分为电阻式、电容式、电感式、压电式、超声式、光电式、霍尔式（磁式）、电化学式等传感器。常见的电阻式传感器有光敏电阻传感器、拉力传感器、位移传感器等。

3. 按输出信号类型划分

按输出信号类型划分时，可分为模拟传感器和数字传感器。

1）模拟传感器，它将被测量的非电学量转换成模拟电信号，如光敏电阻传感器、压力传感器等。

2）数字传感器，它将被测量的非电学量转换成数字输出信号（包括直接和间接转换），如数字式温湿度传感器、数字式气体传感器等。

8.1.4　传感器的选用原则

选用传感器时，可以遵循以下几条原则。

1. 足够的量程

传感器的工作范围或量程足够大，具有一定的过载能力。传感器的线性范围越宽，则其量程越大，并且能保证一定的测量精度。在选择传感器时，当传感器的种类确定后，首先要看其量程是否满足要求。

2. 灵敏度高，精度适当

要求其输出信号与被测信号有确定的关系（通常为线性），且比值要大，传感器的静态响应与动态响应的准确度能满足要求。

在传感器的线性范围内，希望传感器的灵敏度越高越好，因为只有灵敏度高，与被测量变化对应的输出信号的值才比较大，有利于信号处理。

精度是传感器的一个重要的性能指标，它关系到整个测量系统的测量精度。传感器的精度越高，其价格越昂贵，因此，传感器的精度只要满足整个测量系统的精度要求就可以，不必选得过高。这样就可以在满足同一测量要求的诸多传感器中选择比较便宜和简单的传感器。

3. 工作稳定，可靠性好

传感器在使用一段时间后，其性能保持不变的能力称为稳定性。影响传感器长期稳定性的因素除传感器本身结构以外，主要是传感器的使用环境。因此，要使传感器具有良好的稳定性，它必须要有较强的环境适应能力。

要根据使用环境的不同选择合适的传感器，如选择耐高温、耐腐蚀等的传感器。传感器的稳定性有定量指标，在超过使用期后，在使用前应重新进行标定，以确定传感器的性能是否发生变化。

4. 使用性和适应性强

要求传感器的体积小，重量轻，对被测对象的状态影响小，内部噪声小而又不易受外界干扰的影响，其输出力求采用通用或标准形式。

在传感器能长期使用而又不能轻易更换或标定的场合，所选用的传感器应该具有适应性强的特点且要求更严格，要能够经受住长时间的考验。

5. 使用经济

成本低，寿命长，且便于使用、维修和校准。传感器选用时要考虑它的使用成本是否符合项目预算的要求，使用寿命是否符合项目设计的要求。而且还要考虑当传感器出现故障后，校准、维修及替换的成本是否经济。

8.2   声音传感器硬件设计

8.2 声音传感器
硬件设计

8.2.1   声音传感器模块

下面介绍声音传感器模块。

1. 驻极体话筒

某些材料再加上电荷后可以永久性地保存这些电荷，这些材料就是通常所说的驻极体材料。使用这些材料的话筒就是驻极体电容话筒（简称驻极体话筒），如图 8-3 所示。驻极体话筒具有体积小、结构简单、电声性能好、价格低的特点，广泛用于盒式录音机、无线话筒及声控等电路中。

2. 声音传感器

使用驻极体话筒加上外围电路构成一个灵敏度可调的声音传感器模块，可以检测周围环境的声音强度，如图 8-4 所示。

图 8-3   驻极体话筒实物

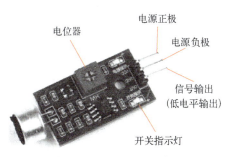

图 8-4   声音传感器模块

该模块的特点如下。

1）此传感器只能识别声音的有无（根据振动原理），不能识别声音的大小或者特定频率的声音。

2）灵敏度可调。可通过调节电位器来调节灵敏度。

3）工作电压范围为 3.3~5 V。

4）输出形式为数字开关量输出（1 和 0 分别为高、低电平）。

5）设有固定螺栓孔，方便安装。

6）PCB 尺寸小：3.2 cm×1.7 cm。

在将模块通电后放置在安静环境下后，调节电位器，直到板上开关指示灯亮为止，然后往回微调，直到开关指示灯灭为止，然后在传感器附近产生一个声音（如击掌），开关指示灯再回到点亮状态，说明声音可以触发模块。

在环境声音强度未达到设定阈值时，输出高电平；当外界环境声音强度超过设定阈值时，输出低电平。模块的输出可以与单片机直接相连，通过单片机来检测高低电平，由此来检测环境的声音。输出也可以直接驱动继电器模块，由此组成一个声控开关。

8.2.2　电压比较器 LM393

LM393 是由两个独立的、高精度电压比较器组成的集成电路，其引脚如图 8-5 所示。其引脚的功能说明见表 8-1。

电压比较器 LM393 主要应用在脉冲发生器、模数转换器、限幅器、数字逻辑门电路、电压比较电路等场合。该芯片可以将输入的模拟电压与参考电压进行比较，然后产生一个数字输出信号，以触发下一步对电路或设备的控制操作。

该集成电路的功能是同相端电压大于反向端电压时，输出高电平；同相端电压小于反向端电压时，输出低电平。

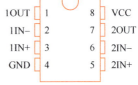

图 8-5　LM393 引脚

表 8-1　LM393 引脚功能

引 脚 号	引 脚 名 称	引 脚 功 能
1	1OUT	比较器 1 输出端
2	1IN-	比较器 1 反相输入端
3	1IN+	比较器 1 同相输入端
4	GND	接地
5	2IN+	比较器 2 同相输入端
6	2IN-	比较器 2 反相输入端
7	2OUT	比较器 2 输出端
8	VCC	电源

很多传感器开关模块都是通过 LM393 制作的，如光照传感器、振动传感器、霍尔传感器、火焰传感器、声音传感器等。光敏电阻中 LM393 的典型应用电路如图 8-6 所示。光线亮度低于阈值时，D0 输出高电平；光线亮度大于阈值时，D0 输出低电平。

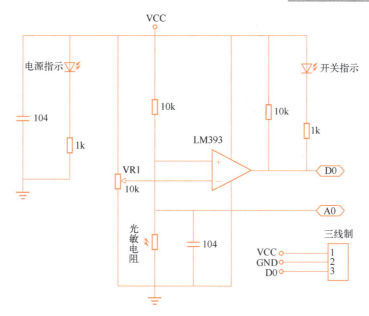

图 8-6　光敏电阻中 LM393 的典型应用电路

8.2.3　声音传感器硬件设计实现

使用开关量输出的声音传感器时，只需要设计该传感器连接单片机的接口，使用时将声音传感器模块插到该接口，单片机通过引脚读取该模块的开关量输出值，就可以识别环境声音的状态。声音传感器接口如图 8-7 所示。

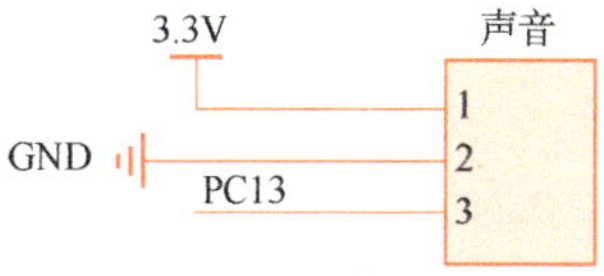

该接口的第 1 脚接电源 3.3 V，第 2 脚接地，第 3 脚接单片机的 PC13 引脚。使用时将 PC13 引脚设置为上拉输入，读取 PC13 引脚上的电平状态。如果读到高电平"1"，则表示环境声音未超过可调电阻设定的阈值，环境声音很小或者没有；如果读到低电平"0"，则表示环境声音超过可调电阻设定的阈值，即检测到环境声音了。

图 8-7　声音传感器接口

8.3　任务 1　声控灯系统设计

8.3 任务 1　声控灯系统设计

任务要求

使用声音传感器模块，在单片机检测到有声音时，闭合继电器（点亮 220 V 楼道电灯）、开指示灯 D1；当没有声音的状态超过 5 s 后，断开继电器（熄灭 220 V 楼道电灯）和关指示灯 D1。

8.3.1　仿真电路设计

复制并粘贴"72_STM32_串口控制 LED 灯"文件夹，将文件夹名改成"81_STM32_声控灯"，打开目录中的"仿真"文件夹，双击打开 STM32project. pdsprj 仿真工程。

该任务中，声音传感器模块只是向单片机提供一个开关量信号，仿真时可以用一个按键代替，按键按下表示声音传感器检测到有声音，仿真电路如图 8-8 所示。

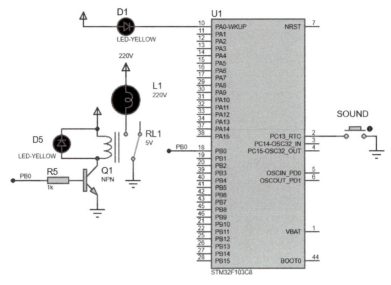

图 8-8　声控灯仿真电路

8.3.2　程序工作流程

从该任务的描述中可以了解到，系统工作需要用到的外部设备有 LED 灯 D1、继电器和声音传感器模块，要实现延时 5 s 灭灯的功能就必须用到处理器内部的定时器功能模块，系统的工作流程图如图 8-9 所示。

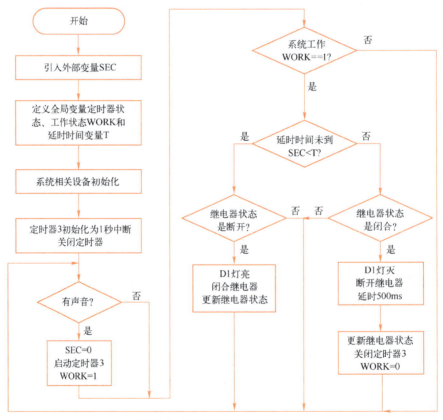

图 8-9　声控灯系统工作流程图

声控灯的工作步骤如下。

1）定义继电器工作状态 R_ST 和系统工作状态变量 WORK，定义延时变量 T 并赋值为 5 s，引用 timer. c 中的外部变量 SEC。

2）系统初始化。包含该任务中用到的所有单片机引脚的初始化、初始化声音传感器数据采集引脚为上拉输入，以及初始化继电器和 LED 灯引脚为推挽输出。

3）定时器 3 初始化配置为 1 s 中断，停止定时器 3 计数。

4）在主循环中读取声音传感器数据采集引脚的数值。

5）如果采集到声音，则先设置计时变量 SEC 为 0，再启动定时器 3 开始计时，系统工作状态变量 WORK 置 1；如果未检测到声音，则直接到下一步。

6）判断系统工作状态变量 WORK，如果不为 1，则触发开灯条件不满足，直接重新检测是否有声音。

7）如果 WORK 为 1，则控制系统开始工作，继续判断 SEC，如果 SEC 值小于延时 T，则说明延时关闭时间还未到，执行开 D1 灯和开继电器动作；如果 SEC 值 ≥ 延时 T，则说明延时关闭时间已到，执行关 D1 灯和关继电器动作，再关闭定时器 3 以终止计时功能，同时设置系统工作状态 WORK 为 0。

8）回到第 4）步中的主循环程序体，循环执行程序代码。

8.3.3 系统设计与实现

下面进行系统设计与实现。

1. 声控灯程序功能实现

在工程文件夹下的 DRV 目录中，新建 sensor. c 和 sensor. h 两个文件，并添加到工程中。

（1）sensor. h 文件

打开 sensor. h 文件，代码如下。

```
#ifndef _SENSOR_H
#define _SENSOR_H
#define SOUND PCin(13)
void sound_init(void);
#endif
```

（2）sensor. c 文件

打开 sensor. c 文件，代码如下。

```
#include "stm32f10x. h"
#include "sensor. h"
void sound_init(void)
{
    GPIO_InitTypeDef GPIO_I;                         //定义端口配置结构体变量
    RCC_APB2PeriphClockCmd(RCC_APB2Periph_GPIOC, ENABLE);
    GPIO_I. GPIO_Pin = GPIO_Pin_13;                  //13 引脚
    GPIO_I. GPIO_Speed = GPIO_Speed_50MHz;
    GPIO_I. GPIO_Mode = GPIO_Mode_IPU;               //上拉输入
    GPIO_Init(GPIOC, &GPIO_I);
}
```

（3）timer. c 文件

打开 timer. c 文件，中断服务程序的代码如下。

```
//定时3中断服务程序，每隔1s执行一次
void TIM3_IRQHandler(void)
{
    SEC++;                                  //秒数加1
    if (SEC>=10000)
        SEC=0;
    TIM_ClearITPendingBit(TIM3,TIM_IT_Update);  //清除中断更新标志位
}
```

（4）main. c 文件

打开系统头文件 all_system. h，加入 sensor. h 文件。打开 main. c 文件，代码如下。

```
/********************************
Function：声控灯
Describe：有声时继电器闭合，延时10s后继电器断开
********************************/
#include "all_system. h"
u32 T=5;                              //延时为5s
u8 R_ST=0;                            //继电器工作状态
extern u16 SEC;
int main(void)                        //入口函数
{
    led_init();
    sound_init();                     //声音传感器初始化
    relay_init();                     //继电器初始化
    delay_init();                     //延时函数初始化
    TIM3_init(10000,7199);            //定时器初始化
    TIM_Cmd(TIM3,DISABLE);
    while(1)
    {
        if (SOUND==0)                 //检测到声音
        {
            SEC=0;                    //计时时间重置
            TIM_Cmd(TIM3,ENABLE);     //启动定时器
        }

        if(SEC<T)                     //计时时间未到
        {
            if (R_ST==0)
            {
                D1=0;
                RLY=1;                //继电器闭合
```

```
                    R_ST=1;
                }
            }
        else
            {
                if (R_ST==1)
                {
                    D1=1;
                    RLY=0;                //继电器断开
                    delay_ms(500);        //延时过滤继电器动作的声音
                    R_ST=0;
                    TIM_Cmd(TIM3,DISABLE);
                }
            }
        }
    }
```

2. 工程编译及调试

（1）仿真调试

在 Proteus 软件中打开仿真文件夹中的工程，双击芯片打开配置界面，选择编译好的 hex 文件后单击"OK"按钮。

回到工程主界面，单击左下角的"运行"按钮，使程序在仿真电路上运行。仿真电路工作时，按下按键模拟声音，传感器检测到声音，继电器闭合，仿真电路上的指示灯 L1 被点亮。在此期间再次检测到声音（按下按键）时，延时关闭的时间从头开始计算。若直到延时结束也没有检测到声音，则关闭继电器，仿真电路上的指示灯 L1 熄灭。

（2）下载调试

在开发板上插上声音传感器模块，继电器的 COM 端和 NO 端充当电源开关，接 12 V 的 LED 灯正极线。发出声音后，指示灯 D1 亮的同时会听到继电器闭合的声音，接在继电器上的指示灯点亮。无声状态 5 s 后，指示灯 D1 灭的同时会听到继电器断开的声音，按在继电器上的指示灯熄灭。如果在延时结束前检测到有声音，则延时关闭时间从头开始计算。

8.4　光照传感器硬件设计

8.4 光照传感器硬件设计

8.4.1　光照传感器

下面介绍光照传感器相关内容。

1. 光照度

光照度一般指光照强度，是指单位面积上所接收可见光的光通量，简称照度，其计量单位为"勒克斯"，简称"勒"，单位符号为 lx。1 lx 为 1 个烛光在 1 m 距离的光亮度。常见环境下的光照度见表 8-2。

表 8-2 常见环境下的光照度

环 境	光照度/lx
夜晚室内灯光	100～200
晴天室内灯光	1000～5000
北方室外正午	60 000～120 000
南方室外正午	80 000～200 000
夜晚明亮月光下	0.03～0.3
夜晚没有月光下	0.0007～0.003

2. 光照传感器的概念

光照传感器是一种可以检测周围环境光照强度的电子传感器。它是一种常用的传感器，用于检测环境的光线并将其转换为电信号输出，可以用来控制电子设备的开关，帮助控制系统自动调节照明设备，从而实现智能化照明，通常被用于智能家居、工业自动化、照明控制等领域。路灯光控开关实物如图 8-10 所示。

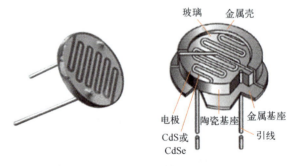

图 8-10 路灯光控
开关实物

3. 光照传感器分类

根据测量原理和工作方式，光照传感器可以分为以下几类。

1）光敏电阻传感器：采用光敏电阻作为感光元件，可以测量光照强度。

2）硅光电池传感器：硅光电池传感器采用硅光电池作为感光元件，可以测量可见光谱范围内的光照强度。

3）光电二极管传感器：采用光电二极管作为感光元件，可以测量光照强度和光源频率等参数。

4）CCD 传感器：采用 CCD 芯片作为感光元件，可以测量可见光谱范围内的光照强度。

8.4.2 光敏电阻

下面介绍光敏电阻相关内容。

1. 光敏电阻简介

光敏电阻是利用硫化镉或硒化镉等半导体材料制成的一种特殊电阻器，如图 8-11 所示。其工作原理是基于内光电效应（该效应是光电效应的一种），是指由于光量子作用，引发物质电化学性质（电阻率）的改变。光敏电阻对光线十分敏感，其在无光照时，呈高阻状态，暗电阻一般可达 1.5 MΩ 左右。光敏电阻受到的光照越强，阻值就越低，随着光照强度的升高，电阻迅速降低，亮电阻可至 10 kΩ 以下。

玻璃　金属壳

电极　陶瓷基座　金属基座
CdS或　　　　　引线
CdSe

图 8-11 光敏电阻

光敏电阻对光的敏感性（即光谱特性）与人眼对可见光（波长为 0.4～0.76 μm）的响应接近，只要人眼可感受的光，都会引起它的阻值变化。随着光照强度的增加，光敏电阻的阻值开始迅速下降。若进一步增大光照强度，则电阻变化减小，然后逐渐趋向平缓。在大多数情况下，该特性为非线性。光敏电阻具有灵敏度高、响应速度快和稳定可靠的特点。根据光敏电阻的这个特性，可用它来设计光控可调光电路、光控开关等。

2. 光敏电阻特性

光敏电阻的主要特性如下。

1）亮电流、亮电阻。在室温和一定光照条件下，光敏电阻测得的稳定电阻称为亮电阻。这时在给定工作电压下测得的电流称为亮电流。

2）暗电流、暗电阻。将光敏电阻置于室温、全暗条件下，经过一段时间稳定后测得的阻值称为暗电阻。这时在给定的工作电压下测得的电流称为暗电流。

3）灵敏度，是指光敏电阻不受光照射时的电阻（暗电阻）与受光照射时的电阻的相对变化值。光敏电阻的暗电阻和亮电阻之间的比值大约为 1500∶1，比值越大，其特性越好。暗电阻越大，亮电阻越小，它们的相对变化值越大，即亮电流越大，暗电流越小，光敏电阻的灵敏度就越高。

4）光谱响应，又称光谱灵敏度，是指光敏电阻在不同波长的单色光照射下的灵敏度。若将不同波长下的灵敏度画成曲线，就可以得到光谱响应的曲线。

5）光照特性，是指光敏电阻输出的电信号随光照度变化的特性。

6）伏安特性。在一定的光照度下，加在光敏电阻两端的电压与电流之间的关系称为其伏安特性。任何光敏电阻都受额定功率、最高工作电压和额定电流的限制，超过最高工作电压和最大额定电流，可能导致光敏电阻永久性损坏。

3. 常用光敏电阻参数

常用光敏电阻参数见表 8-3。

表 8-3　常用光敏电阻参数

型号	亮电阻/kΩ	暗电阻/MΩ	光谱峰值/nm	最大电压（VDC）	最大功耗/mW	环境温度/℃	响应时间/ms
5516	5~10	0.5	540	150	90	-30~70	30
5539	50~100	5	540	150	100	-30~70	20
5649	100~200	15	560	150	100	-30~70	20

常用 5516 光敏电阻串联 10 kΩ 电阻使用，测量光敏电阻两端的电压，当环境光线变化时，电压也跟着变化。变化的电压是模拟量信号，必须经过 A/D 转换，将模拟信号转换成数字信号后单片机才能识别。

8.4.3　光敏电阻硬件设计

选用型号为 5516 的光敏电阻，它的亮电阻为 5~10 kΩ，暗电阻为 500 kΩ。光敏电阻电路模块如图 8-12 所示。

使用时将该 5516 光敏电阻的一端接 3.3 V 电源，另一端串联一个 10 kΩ 的电阻后接地。单片机的 PB1 引脚连接在光敏电阻和 10 kΩ 电阻的中间，读取电压的变化值。在该位置设置一个电压测试点 TL，可以通过万用表检测电压。

在黑暗环境中，5516 光敏电阻的阻值为 500 kΩ，则 TL 测试点的电压为 3.3×10/（500+10）≈0.06 V。

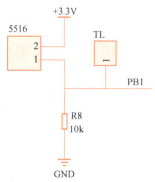

图 8-12　光敏电阻电路模块

在有光环境中，5516 光敏电阻的阻值为 $10 \text{ k}\Omega$，则 TL 测试点的电压为 $3.3 \times 10 / (10+10) \text{ V} = 1.65 \text{ V}$。

由此可知，当光线由暗变亮时，TL 测试点的电压由小变大，从 0.06 V 变化到 1.65 V。单片机通过 A/D 转换技术读取测试点的电压，从而可以测算出环境光线的强弱。

8.5　A/D 转换技术

8.5 A/D 转换技术

8.5.1　信号简介

信号是信息传递的载体，是信息的物理表现形式。信号可以表现为多种形式，如电信号、磁信号、声信号、光信号、热信号等。在数学上，信号可用一个或多个独立变量的函数来表示。信号按其表现形态可以分为两大类：模拟信号和数字信号。

1. 模拟信号

模拟信号是指信息参数在给定范围内表现为连续的物理量，或在一段连续的时间间隔内，其代表信息的特征量可以在任意瞬间呈现为任意数值的信号。

模拟信号是指用连续变化的物理量所表达的信息，如温度、湿度、压力、光照、电流、电压等，通常又称为连续信号，它在一定的时间范围内可以有无限多个不同的取值。如图 8-13a 所示，一段时间之内的温度变化是模拟信号，温度的大小随着时间的变化总是连续变化的，不是跳变的；如图 8-13b 所示，正弦交流电流是随着正弦函数规律变化的模拟信号。电流的大小随着时间的变化总是连续变化的，也不是跳变的。

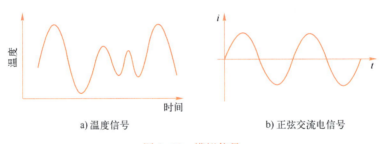

a) 温度信号　　　　　　　　b) 正弦交流电信号

图 8-13　模拟信号

2. 数字信号

数字信号是一种标准化的离散信号，它由一系列离散数值组成，这些数值的取值仅限于一定范围内的特定数字。数字信号在信息传输、存储和处理中都有着广泛的应用，是现代信息科技中的重要组成部分，是现代通信系统的基础。

最常用的是具有高、低两个电压，只有两个取值（0 和 1）的二进制码数字信号，如图 8-14 所示。二进制码数字信号受噪声的影响小，易于由数字电路进行处理，因此得到了广泛的应用。

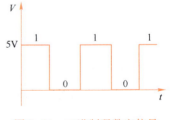

图 8-14　二进制码数字信号

数字信号的特点包括：抗噪声能力强、传输距离远、传输质量稳定；信号处理灵活，可以实现多种信号处理方式；数据存储和传输方便，可实现高效的数据管理和传输；系统的可靠性高，可以保证数据的安全和稳定。

8.5.2   A/D 转换简介

下面介绍 A/D 转换的概念和过程。

1. A/D 转换概念

随着数字技术，特别是信息技术的飞速发展与普及，在现代控制、通信及检测等领域，为了提高系统的性能指标，对信号的处理广泛采用了数字计算机技术。由于系统的实际对象往往是一些模拟信号（如温度、湿度、压力、位移、光照等），要使计算机或数字仪表能识别、处理这些信号，必须首先将这些模拟信号转换成数字信号。

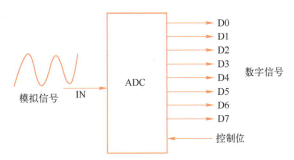

图 8-15   ADC 的模拟信号转数字信号功能

A/D（Analog to Digital）转换是将模拟信号转换成对应的数字信号，以方便计算机的识别与处理。完成这一功能的部件因此称为模拟-数字转换器（Analog to Digital Converter，ADC），如图 8-15 所示。物理世界中绝大多数信号都是模拟信号，它们可以通过传感器直接测得并以模拟信号形式输出，然后经过 ADC 转换为二进制数值并送入 CPU 处理，可见 ADC 事实上起着联系物理世界和数字世界的桥梁作用，它的能力对整个系统的最终性能有着重要影响。与 ADC 类似，完成数字-模拟转换的器件称为 DAC。

有多种方式可以实现从模拟信号到数字信号的转换，按照转换原理，大致可分为直接 ADC 和间接 ADC。

直接 ADC 是指不经过中间环节，直接把模拟信号转换成数字信号，如逐次逼近型 ADC、并联比较型 ADC 等。

间接 ADC 则是先把模拟量转换成某种中间量，然后再转换成数字量，如电压-时间转换型（积分型）ADC、电压-频率转换型 ADC、电压-脉宽转换型 ADC 等。其中积分型 ADC 的电路简单、抗干扰能力强、分辨率较高，在实际中应用广泛，但转换速度较慢。

2. A/D 转换过程

模拟信号转化为数字信号包含三个关键步骤：采样、量化和编码，而其中的要点是要理解模拟信号的数字表示。模拟信号采样和量化过程如图 8-16 所示。

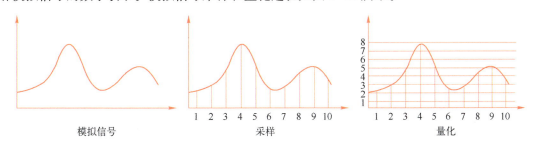

图 8-16   模拟信号采样和量化过程

数值序列如何表示模拟信号呢？采用类似于微积分中的细分方式，可以将连续的时间段分成若干小时间区间，已知可以在每一个小时间区间内测量模拟信号的近似强度（不妨暂时理解为电压测量），如果将每次测量的结果数值按顺序排列，就可以得到原始模拟信号的一个近似表示。

（1）采样

划分小时间区间本质上就决定了采样时刻，小时间区间的宽度也就是采样周期，表示两次采样行为之间的时间间隔，其倒数也就是采样频率，表示单位时间内采样的次数。

（2）量化

与时间轴上划分小时间区间的方式类似，可在纵轴上划分小数值区间，从而可以用有限个离散值表示原来连续变化的幅度值，这一过程就是量化。量化是将连续的模拟信号值转换为数字形式的过程。在这个过程中，连续的模拟信号值被映射到有限数量的离散数值上，这些离散数值代表了模拟信号在特定时刻的近似值。

（3）编码

编码则是按照一定的规律，把量化后的值用二进制数字表示，见表8-4。

表 8-4　模拟信号采样和量化后编码表

样本序号	1	2	3	4	5	6	7	8	9	10
值（十进制）	2	3	5	8	5	2	3	4	5	3
值（二进制）	0010	0011	0101	1000	0101	0010	0011	0100	0101	0011

由此 A/D 转换过程可以推断出，对于一个给定时间长度的连续信号，如果细分的时间区间越多，最后所得的时间序列就会越接近真实信号，香农采样定理则进一步明确了这一推理并指出，如果采样频率超过信号频率的 2 倍，那么理论上就可以从测量序列中无失真地恢复出原始信号。

8.5.3　逐次逼近法

逐次逼近型 ADC 是比较常见的一种 A/D 转换电路。其基本原理是从高位到低位逐位试探比较，就好像用天平称物品，从重到轻逐级增减砝码进行试探。逐次逼近的操作过程是在一个控制电路的控制下进行的，如图 8-17 所示。VREF 为 ADC 的参考电压，该转换器以时钟信号（CLK）为工作基准，在启动控制信号（START）控制下开始工作，转换结束后产生转换结束信号（EOC）。

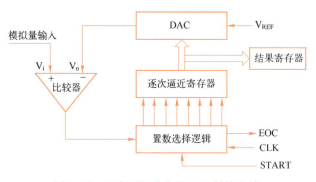

图 8-17　逐次逼近法中的 A/D 转换电路

逐次逼近法中的 A/D 转换步骤如下。

1）初始化 ADC 中的各个寄存器，将它们清零。

2）转换开始时，通过置数选择逻辑将 1 送入逐次逼近寄存器的最高位，然后将二进制数 10000000 送入 DAC，经 D/A 转换后生成的模拟量电压 V_o 送到比较器，与送入比较器的待转换的模拟量 V_i 进行比较，若 $V_o < V_i$，则逐次逼近寄存器里的最高位 1 被保留，否则被清除。

3）用同样的方式将剩余位逐位写 1 试探，最后将逐次逼近寄存器的数传输到结果寄存器中备用。

以 8 位 A/D 转换精度的芯片为例，该芯片的电压识别精度为 $V_{REF}/256$。设置单片机 A/D 转换的参考电压 V_{REF} 为 3.3 V，那么它可以识别的电压精度约为 0.0129 V。

假设输入的电压 V_i 为 2.6 V，ADC 的精度为 8 位，参考电压为 3.3 V，D/A 转换输出电压四舍五入保留两位小数，则逐次逼近法工作步骤见表 8-5。转换结束后，将逐次逼近寄存器中的数 "11001001" 送入结果寄存器，得到数字量的输出为 201。

表 8-5　逐次逼近法工作步骤

步　骤	置数选择逻辑	逐次逼近寄存器初值	D/A 转换输出	$V_i \geqslant V_o$	逐次逼近寄存器终值
1	10000000	10000000	1.65 V	是	10000000
2	01000000	11000000	2.48 V	是	11000000
3	00100000	11100000	2.89 V	否	11000000
4	00010000	11010000	2.68 V	否	11000000
5	00001000	11001000	2.58 V	是	11001000
6	00000100	11001100	2.63 V	否	11001000
7	00000010	11001010	2.61 V	否	11001000
8	00000001	11001001	2.59 V	是	11001001

1）先将寄存器第 7 位置 1，将数 128 送入 DAC，经 D/A 转换后生成电压 $V_o = 128 \times 0.0129$ V = 1.65 V。比较 V_o 和 V_i 的值，若 $V_o < V_i$，则保留该位，数值为 "10000000"。

2）同理，将寄存器第 6 位置 1，将数 192 送入 DAC，经 D/A 转换后生成电压 $V_o = 192 \times 0.0129$ V = 2.48 V。此时若 $V_o < V_i$，则保留该位，数值为 "11000000"。

3）将寄存器第 5 位置 1，将数 224 送入 DAC，经 D/A 转换后生成电压 $V_o = 224 \times 0.0129$ V = 2.89 V。此时若 $V_o > V_i$，则该位清除，数值为 "11000000"。

4）将寄存器第 4 位置 1，将数 208 送入 DAC，经 D/A 转换后生成电压 $V_o = 208 \times 0.0129$ V = 2.68 V。此时若 $V_o > V_i$，则该位清除，数值为 "11000000"。

5）将寄存器第 3 位置 1，将数 200 送入 DAC，经 D/A 转换后生成电压 $V_o = 200 \times 0.0129$ V = 2.58 V。此时若 $V_o < V_i$，则该位保留，数值为 "11001000"。

6）将寄存器第 2 位置 1，将数 204 送入 DAC，经 D/A 转换后生成电压 $V_o = 204 \times 0.0129$ V = 2.63 V。此时若 $V_o > V_i$，则该位清除，数值为 "11001000"。

7）将寄存器第 1 位置 1，将数 202 送入 DAC，经 D/A 转换后生成电压 $V_o = 202 \times 0.0129$ V = 2.61 V。此时若 $V_o > V_i$，则该位清除，数值为 "11001000"。

8）将寄存器第 0 位置 1，将数 201 送入 DAC，经 D/A 转换后生成电压 $V_o = 201 \times 0.0129$ V = 2.59 V。此时若 $V_o < V_i$，则该位保留，数值为 "11001001"。

9）转换结束后，将逐次逼近寄存器中的数 "11001001" 送入缓冲寄存器，得到数字量的输出为 201。

8.6 STM32 A/D 转换

8.6.1 STM32 ADC 简介

STM32F103 系列单片机有三个 ADC，这些 ADC 可以独立使用，也可以使用双重模式（提高采样率），ADC 功能结构图如图 8-18 所示。

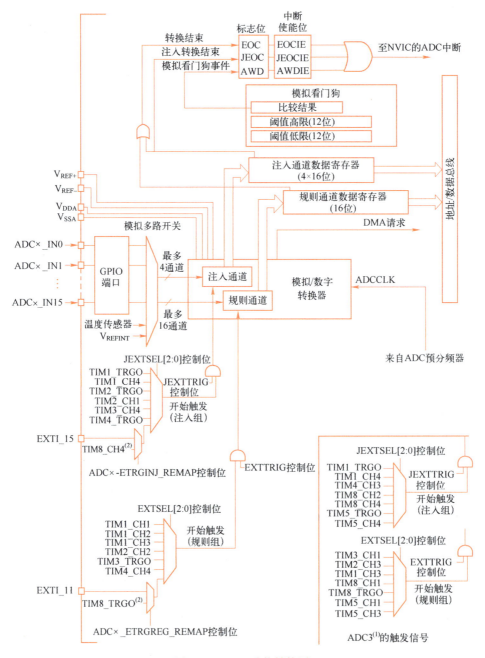

图 8-18 ADC 功能结构图

STM32 的 ADC 是精度为 12 位、逐次逼近型的模拟/数字转换器，每个 ADC 最多有 16 个外部通道和 2 个内部通道。其中 ADC1 和 ADC2 都有 16 个外部通道，ADC3 有 8 个外部通道，各通道的 A/D 转换可以单次、连续、扫描或间断执行，ADC 转换的结果可以左对齐或右对齐存储在 16 位数据寄存器中。ADC 的输入时钟不得超过 14 MHz，其时钟频率由 PCLK2 分频产生。

STM32 ADC 的主要特征如下。

- 12 位分辨率。
- 转换结束、注入转换结束和发生模拟看门狗事件时产生中断。
- 单次和连续转换模式。
- 从通道 0 到通道 n 的自动扫描模式。
- 自校准。
- 带内嵌数据一致性的数据对齐功能。
- 采样间隔可以按通道分别编程。
- 规则转换和注入转换均有外部触发选项。
- 间断模式、双重模式（带两个及两个以上 ADC 的器件）。
- ADC 转换时间最快可达 1 μs。
- ADC 供电要求：2.4~3.6 V。
- ADC 输入范围：$V_{REF-} \leqslant V_{IN} \leqslant V_{REF+}$。
- 规则通道转换期间有 DMA 请求产生。

通过 ADC 功能结构图，可以理解 ADC 工作的全过程。

1. 电压输入范围

ADC 的供电电压的引脚是电源 V_{DDA} 和接地 V_{SSA}，参考电压的引脚是正极 V_{REF+} 和负极 V_{REF-}，使用时将 V_{DDA} 和 V_{REF+} 接电源 3.3 V，将 V_{SSA} 和 V_{REF-} 接地。ADC 的供电电压为 3.3 V，ADC 的输入电压 V_{IN} 的范围为 0~3.3 V。

在图 8-18 中，ADC3 的规则转换和注入转换触发与 ADC1 和 ADC2 的不同，TIM8_CH4 和 TIM8_TRGO 及它们的重映射位只存在于大容量产品中。

2. ADC 输入通道

ADC 的参考电压设定好后，外部需要测量的模拟电压信号如何输入到 ADC 呢？STM32 单片机中引入了输入通道的概念，一共有 18 个输入通道，包括 16 个外部信号输入通道和 2 个内部信号输入通道。

外部信号输入通道分别是 ADC×_IN0、ADC×_IN1……ADC×_IN15，每一个外部信号输入通道对应一个单片机的 I/O 端口。内部信号输入通道分别是 ADC×_IN16 和 ADC×_IN17，ADC1 的内部信号输入通道分别对应内部温度传感器和 V_{REF}，ADC2 的内部信号输入通道都对应内部 VSS。

ADC 输入通道的映射关系见表 8-6。

表 8-6 ADC 输入通道的映射关系

ADC1	I/O 端口	ADC2	I/O 端口	ADC3	I/O 端口
通道 0	PA0	通道 0	PA0	通道 0	PA0

（续）

ADC1	I/O 端口	ADC2	I/O 端口	ADC3	I/O 端口
通道 1	PA1	通道 1	PA1	通道 1	PA1
通道 2	PA2	通道 2	PA2	通道 2	PA2
通道 3	PA3	通道 3	PA3	通道 3	PA3
通道 4	PA4	通道 4	PA4	通道 4	无
通道 5	PA5	通道 5	PA5	通道 5	无
通道 6	PA6	通道 6	PA6	通道 6	无
通道 7	PA7	通道 7	PA7	通道 7	无
通道 8	PB0	通道 8	PB0	通道 8	无
通道 9	PB1	通道 9	PB1	通道 9	连接内部 VSS
通道 10	PC0	通道 10	PC0	通道 10	PC0
通道 11	PC1	通道 11	PC1	通道 11	PC1
通道 12	PC2	通道 12	PC2	通道 12	PC2
通道 13	PC3	通道 13	PC3	通道 13	PC3
通道 14	PC4	通道 14	PC4	通道 14	连接内部 VSS
通道 15	PC5	通道 15	PC5	通道 15	连接内部 VSS
通道 16	连接内部温度传感器	通道 16	连接内部 VSS	通道 16	连接内部 VSS
通道 17	连接内部 V_{REF}	通道 17	连接内部 VSS	通道 17	连接内部 VSS

3. ADC 通道转换顺序

下面介绍转换通道和转换顺序。

（1）转换通道

外部的 16 个信号输入通道进入 ADC 时，有两种转换通道：一是按规定好的顺序进入的通道，称为规则通道（最多 16 路）；二是高于规则通道优先权的，可以插队先进入的通道，称为注入通道（最多 4 路）。

如果规则通道转换过程中有注入通道信号进入 ADC，那么就要先中断规则通道的转换，优先去完成注入通道的信号转换，注入通道转换完成后再回到规则通道继续转换。这个过程和单片机的中断过程类似。

（2）转换顺序

在知道 ADC 的转换通道后，如果 ADC 只使用一个通道来转换，就很简单，但如果使用多个通道进行转换，就会涉及先后顺序，毕竟规则转换通道只有一个数据寄存器。多个通道的使用顺序分为两种情况：规则通道的转换顺序和注入通道的转换顺序。

1）规则通道的转换顺序。

规则通道中的转换顺序由三个寄存器控制：SQR1、SQR2、SQR3，它们都是 32 位寄存器。SQR 寄存器控制着转换通道的数量和转换顺序，只要在对应的寄存器位 SQ×中写入相应的数值 $n(0\sim17)$，这个通道 n 就是第×个转换。具体的对应关系见表 8-7。例如 SQ1 中存放的数值为 9，那么输入通道 9 第 1 个开始转换。

表 8-7 规则通道转换序列对应关系

寄 存 器	寄 存 器 位	功　能	取　值
SQR3	SQ1[4:0]	设置第 1 个转换通道	0~17
	SQ2[4:0]	设置第 2 个转换通道	0~17
	SQ3[4:0]	设置第 3 个转换通道	0~17
	SQ4[4:0]	设置第 4 个转换通道	0~17
	SQ5[4:0]	设置第 5 个转换通道	0~17
	SQ6[4:0]	设置第 6 个转换通道	0~17
SQR2	SQ7[4:0]	设置第 7 个转换通道	0~17
	SQ8[4:0]	设置第 8 个转换通道	0~17
	SQ9[4:0]	设置第 9 个转换通道	0~17
	SQ10[4:0]	设置第 10 个转换通道	0~17
	SQ11[4:0]	设置第 11 个转换通道	0~17
	SQ12[4:0]	设置第 12 个转换通道	0~17
SQR1	SQ13[4:0]	设置第 13 个转换通道	0~17
	SQ14[4:0]	设置第 14 个转换通道	0~17
	SQ15[4:0]	设置第 15 个转换通道	0~17
	SQ16[4:0]	设置第 16 个转换通道	0~17
	SQL[4:0]	需要转换多少个通道	1~16

2）注入通道的转换顺序。

和规则通道转换顺序的控制一样，注入通道的转换顺序是通过 JSQR 寄存器来控制的，其对应关系见表 8-8。

表 8-8 注入通道转换序列对应关系

寄 存 器	寄 存 器 位	功　能	取　值
JSQR	JSQ1[4:0]	设置第 1 个转换通道	0~17
	JSQ2[4:0]	设置第 2 个转换通道	0~17
	JSQ3[4:0]	设置第 3 个转换通道	0~17
	JSQ4[4:0]	设置第 4 个转换通道	0~17
	JSQL[1:0]	需要转换多少个通道	1~4

需要注意的是，只有当 JL = 4 的时候，注入通道的转换顺序才会按照 JSQ1、JSQ2、JSQ3、JSQ4 的顺序执行。当 JL<4 时，注入通道的转换顺序恰恰相反，也就是执行顺序为：JSQ4、JSQ3、JSQ2、JSQ1。

4. A/D 转换触发源

A/D 转换触发分为软件触发和外部事件触发。

（1）软件触发

ADC 转换可以由 ADC_CR2 的 ADON 位来控制，写 1 的时候开始转换，写 0 的时候停止转换。也可以调用库函数，将 ADC_CR2 寄存器的 ADON 位置 1，然后就可以进行转换了。

（2）外部事件触发

外部事件触发包括内部定时器触发和外部 I/O 触发。通过内部定时器或者外部 I/O 触发转换，也就是说，可以利用内部时钟让 ADC 进行周期性的转换，也可以利用外部 I/O 信号使 ADC 在需要时转换，具体的触发由 ADC_CR2 决定。触发源有很多，具体选择哪一种，由 ADC_CR2 的 EXTSEL[2:0] 和 JEXTSEL[2:0] 位来控制。

5. 转换时间

ADC 的每一次信号转换都需要时间，这个时间就是转换时间，转换时间由输入时钟和采样周期来决定。

（1）输入时钟

由于 ADC 在 STM32 中是挂载在 APB2 总线上的，因此 ADC 的时钟是由 PCLK2（72 MHz）经过分频得到的，分频因子由 RCC 时钟配置寄存器 RCC_CFGR 的位 15:14 的 ADCPRE[1:0] 设置，可以是 2、4、6 或 8 分频，一般配置分频因子为 6，即 6 分频得到 ADC 的输入时钟频率为 12 MHz。

（2）采样周期

采样周期是确立在输入时钟上的，配置采样周期可以确定使用多少个 ADC 时钟周期对电压进行采样，采样的周期数可通过 ADC 采样时间寄存器 ADC_SMPR1 和 ADC_SMPR2 中的 SMP[2:0] 位设置，ADC_SMPR2 控制的是通道 0~9，ADC_SMPR1 控制的是通道 10~17。每个通道可以配置不同的采样周期，但最小的采样周期是 1.5 个周期，也就是说，如果想以最快时间采样，就设置采样周期为 1.5。

（3）转换时间

$$转换时间=（最快采样时间+12.5 个周期）×1/采样频率$$

STM32F4 ADC 时钟设为最大值 32 MHz，STM32F1 ADC 时钟最大为 14 MHz。12.5 个周期是固定的，STM32F1 系列处理器的最快采样时间设置为 1.5 个周期，则最短的转换时间为 $(1.5+12.5)×1/(14×10^6) = 1\ \mu s$。

8.6.2　ADC 相关寄存器

下面介绍几种 ADC 寄存器。

1. 规则序列寄存器（ADC_SQR1~ADC_SQR3）

ADC 规则序列寄存器 ADC_SQR1~ADC_SQR3 的功能基本一样，在这里只介绍 ADC_SQR1，其各位描述如图 8-19 所示。

图 8-19　ADC_SQR1 寄存器各位描述

该寄存器的各位使用说明见表 8-9。

表 8-9　ADC_SQR1 寄存器各位使用说明

位　段	说　明
23:20	L[3:0]：规则通道序列长度（regular channel sequence length）。 这些位用于软件定义在规则通道转换序列中的通道数目。 0000：1 个转换；0001：2 个转换……1111：16 个转换
19:15	SQ16[4:1]：规则序列中的第 16 个转换（16th conversion in regular sequence）。 这些位由软件定义转换序列中的第 16 个转换通道编号（可取值为 0~17）
14:10	SQ15[4:0]：规则序列中的第 15 个转换（15th conversion in regular sequence）
9:5	SQ14[4:0]：规则序列中的第 14 个转换（14th conversion in regular sequence）
4:0	SQ13[4:0]：规则序列中的第 13 个转换（13th conversion in regular sequence）

在 ADC_SQR2 和 ADC_SQR3 中用相同的方法定义了规则序列的第 1~12 个转换，在此不再详述，可以参考该芯片的用户使用手册。

2. 注入序列寄存器（ADC_JSQR）

注入通道中由 JSQR 寄存器控制着转换通道的数目和转换顺序。ADC_JSQR 寄存器各位描述如图 8-20 所示。

31	30	29	28	27	26	25	24	23	22	21	20	19	18	17	16
保留										JL[3:0]		JSQ4[4:1]			
										rw	rw	rw	rw	rw	rw

15	14	13	12	11	10	9	8	7	6	5	4	3	2	1	0
JSQ4_0	JSQ3[4:0]					JSQ2[4:0]					JSQ1[4:0]				
rw	rw	rw	rw	rw	rw	rw	rw	rw	rw	rw	rw	rw	rw	rw	rw

图 8-20　ADC_JSQR 寄存器各位描述

该寄存器的各位使用说明见表 8-10。

表 8-10　ADC_JSQR 寄存器各位使用说明

位　段	说　明
21:20	JL[3:0]：注入通道序列长度（injected channel sequence length）。 这些位用于软件定义在注入通道转换序列中的通道数目。 00：1 个转换；01：2 个转换；10：3 个转换；11：4 个转换
19:15	JSQ4[4:1]：注入序列中的第 4 个转换（4th conversion in inject sequence）。 这些位由软件定义转换序列中的第 16 个转换通道编号（可取值为 0~17）
14:10	JSQ3[4:0]：注入序列中的第 3 个转换（3th conversion in inject sequence）
9:5	JSQ2[4:0]：注入序列中的第 2 个转换（2th conversion in inject sequence）
4:0	JSQ1[4:0]：注入序列中的第 1 个转换（1th conversion in inject sequence）

不同于规则转换序列之处如下。

1）如果 JL[1:0]的长度等于 4，那么就按 JSQ1、JSQ2、JSQ3、JSQ4 的顺序转换。

2）如果 JL[1:0]的长度小于 4，则转换的序列顺序是从第（4-JL）个通道开始的。JL 中的数值为 10，即有三个通道转换，那么转换顺序就从第（4-2）个通道开始。例如：ADC_JSQR[21:0]=1000100000110011100010，意味着扫描转换将按下列通道顺序进行：7、3、4，而不是 2、7、3。

3. ADC 控制寄存器（ADC_CR1 和 ADC_CR2）

下面分别介绍 ADC 中的这两个控制寄存器。

（1）ADC 控制寄存器 1（ADC_CR1）

在双 ADC 模式里，根据 ADC_CR1 寄存器中 DUALMOD［3：0］位所选的模式，转换的启动可以是 ADC1 为主和 ADC2 为从的交替触发或同步触发。在双 ADC 模式里，当转换配置成由外部事件触发时，用户必须将其设置成仅触发主 ADC，从 ADC 设置成软件触发，这样可以防止意外触发从转换。ADC_CR1 寄存器各位描述如图 8-21 所示。

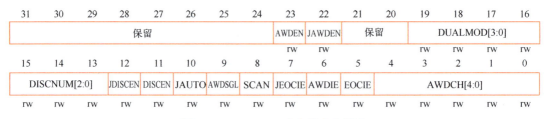

图 8-21　ADC_CR1 寄存器各位描述

该寄存器的部分位使用说明见表 8-11。

表 8-11　ADC_CR1 寄存器部分位使用说明

位　段	说　　明
19:16	DUALMOD［3：0］：双模式选择（dual mode selection）。 软件使用这些位选择操作模式。 0000：独立模式；0001：混合的同步规则+注入同步模式； 0010：混合的同步规则+交替触发模式；0011：混合的同步注入+快速交叉模式； 0100：混合的同步注入+慢速交叉模式；0101：注入同步模式；0110：规则同步模式； 0111：快速交叉模式；1000：慢速交叉模式；1001：交替触发模式。 在 ADC2 和 ADC3 中，这些位为保留位。 在双模式中，改变通道的配置会产生一个重新开始的条件，这将导致同步丢失。建议在进行任何配置改变前关闭双模式
8	SCAN：扫描模式（scan mode）。 该位由软件设置和清除，用于开启或关闭扫描模式。在扫描模式中，转换由 ADC_SQR×或 ADC_JSQR×寄存器选中的通道。 0：关闭扫描模式；1：使用扫描模式。 如果分别设置了 EOCIE 或 JEOCIE 位，则只在最后一个通道转换完毕后才会产生 EOC 或 JEOC 中断

（2）ADC 控制寄存器 2（ADC_CR2）

ADC 的触发源有软件触发和外部事件触发，它们都是由 ADC_CR2 寄存器相应位进行控制的。ADC_CR2 寄存器各位描述如图 8-22 所示。

图 8-22　ADC_CR2 寄存器各位描述

该寄存器的部分位使用说明见表 8-12。

表 8-12　ADC_CR2 寄存器部分位使用说明

位　段	说　明
23	TSVREFE：温度传感器和 VREFINT 使能（temperature sensor and VREFINT enable）。 该位由软件设置和清除，用于开启或禁止温度传感器和 VREF 通道。在多于 1 个 ADC 的器件中，该位仅出现在 ADC1 中。 0：禁止温度传感器和 VREF；1：启用温度传感器和 VREF
11	ALIGN：数据对齐（data alignment）。 该位由软件设置和清除。0：右对齐；1：左对齐
3	RSTCAL：复位校准（reset calibration）。 该位由软件设置并由硬件清除。在校准寄存器初始化后，该位将被清除。 0：校准寄存器已初始化；1：开始初始化校准寄存器。 如果在转换时设置 RSTCAL，则清除校准寄存器需要额外的周期
2	CAL：A/D 校准（A/D calibration）。 该位由软件设置以开始校准，并在校准结束时由硬件清除。 0：校准完成；1：开始校准
1	CONT：连续转换（continuous conversion）。 该位由软件设置和清除。如果设置了此位，则转换将连续进行，直到该位被清除为止。 0：单次转换模式；1：连续转换模式
0	ADON：开或关 ADC（A/D converter ON/OFF） 该位由软件设置和清除。当该位为 0 时，写入 1 将把 ADC 从断电模式中唤醒。 当该位为 1 时，写入 1 将启动转换。应用时需要注意，在从转换器上电至转换开始时，有一个延时 t_{STAB}。 0：关闭 ADC 转换/校准，并进入断电模式；1：开启 ADC 并启动转换。 如果在这个寄存器中还有其他位与 ADON 一起被改变，则转换不会被触发。这是为了防止触发错误的转换

4. ADC 采样时间寄存器（ADC_SMPR1 和 ADC_SMPR2）

ADC 的每个输入通道都可以通过 ADC_SMPR1 和 ADC_SMPR2 单独设置采样周期，其中 ADC_SMPR1 寄存器各位描述如图 8-23 所示。

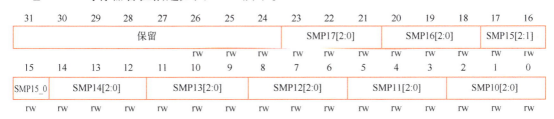

图 8-23　ADC_SMPR1 寄存器各位描述

该寄存器的各位使用说明见表 8-13。

表 8-13　ADC_SMPR1 寄存器各位使用说明

位　段	说　明
23:0	SMP×[2:0]：选择通道×的采样时间（channel×sample time selection）。 这些位用于独立地选择每个通道的采样时间。在采样周期中通道选择位必须保持不变。 000：1.5 周期；100：41.5 周期；001：7.5 周期；101：55.5 周期； 010：13.5 周期；110：71.5 周期；011：28.5 周期；111：239.5 周期。 ADC1 的模拟输入通道 16 和 17 在芯片内部分别连接温度传感器与 VREF。 ADC2 的模拟输入通道 16 和 17 在芯片内部连接 VSS。ADC3 的模拟输入通道 14~17 均与 VSS 相连

ADC_SMPR2 寄存器可以设置通道 1~9 的采样周期，方法同 ADC_SMPR1，这里不再详述。

5. ADC 数据寄存器

下面介绍两种 ADC 数据寄存器。

（1）ADC 规则数据寄存器（ADC_DR）

ADC 规则通道转换后，数据存放于 ADC_DR 寄存器中，其各位描述如图 8-24 所示。

31	30	29	28	27	26	25	24	23	22	21	20	19	18	17	16
ADC2DATA[15:0]															
r	r	r	r	r	r	r	r	r	r	r	r	r	r	r	r
15	14	13	12	11	10	9	8	7	6	5	4	3	2	1	0
DATA[15:0]															
r	r	r	r	r	r	r	r	r	r	r	r	r	r	r	r

图 8-24　ADC_DR 寄存器各位描述

该寄存器的各位使用说明见表 8-14。

表 8-14　ADC_DR 寄存器各位使用说明

位　段	说　明
31：16	ADC2DATA[15:0]：ADC2 转换的数据（ADC2 data）。 • 在 ADC1 中：双模式下，这些位包含了 ADC2 转换的规则通道数据。 • 在 ADC2 和 ADC3 中：不使用这些位
15：0	DATA[15:0]：规则转换的数据（regular data）。 这些位为只读，包含了规则通道的转换结果。数据是左对齐或右对齐

（2）ADC 注入数据寄存器（ADC_JDR）

ADC 注入通道转换后，数据存放于 ADC_ JDR 寄存器中，其各位描述如图 8-25 所示。

31	30	29	28	27	26	25	24	23	22	21	20	19	18	17	16
保留															
15	14	13	12	11	10	9	8	7	6	5	4	3	2	1	0
JDATA[15:0]															
r	r	r	r	r	r	r	r	r	r	r	r	r	r	r	r

图 8-25　ADC_JDR 寄存器各位描述

该寄存器的各位使用说明见表 8-15。

表 8-15　ADC_JDR 寄存器各位使用说明

位　段	说　明
31：16	保留。必须保持为 0
15：0	JDATA[15:0]：注入转换的数据（injected data）。 这些位为只读，包含了注入通道的转换结果。数据是左对齐或右对齐

6. ADC 状态寄存器（ADC_SR）

在 ADC_SR 寄存器中，保存了 ADC 转换时的各种状态，其各位描述如图 8-26 所示。

31	30	29	28	27	26	25	24	23	22	21	20	19	18	17	16
							保留								

15	14	13	12	11	10	9	8	7	6	5	4	3	2	1	0
				保留							STRT	JSTRT	JEOC	EOC	AWD
											rc w0	rc w0	rc w0	rc w0	rc w0

图 8-26　ADC_SR 寄存器各位描述

该寄存器的各位使用说明见表 8-16。

表 8-16　ADC_SR 寄存器各位使用说明

位　段	说　明
31:5	保留。必须保持为 0
4	STRT：规则通道开始位（regular channel start flag）。 该位由硬件在规则通道转换开始时设置，由软件清除。 0：规则通道转换未开始；1：规则通道转换已开始
3	JSTRT：注入通道开始位（injected channel start flag）。 该位由硬件在注入通道组转换开始时设置，由软件清除。 0：注入通道组转换未开始；1：注入通道组转换已开始
2	JEOC：注入通道转换结束位（injected channel end of conversion）。 该位由硬件在所有注入通道组转换结束时设置，由软件清除。 0：转换未完成；1：转换完成
1	EOC：转换结束位（end of conversion）。 该位由硬件在（规则或注入）通道组转换结束时设置，由软件或读取 ADC_DR 时清除。 0：转换未完成；1：转换完成
0	AWD：模拟看门狗标志位（analog watchdog flag）。 该位由硬件在转换的电压超出 ADC_LTR 和 ADC_HTR 寄存器定义的范围时设置，由软件清除。 0：没有发生模拟看门狗事件；1：发生模拟看门狗事件

8.6.3　ADC 相关库函数

STM32 的 ADC 编程相关的库函数主要在 stm32f10x_adc.c 和 stm32f10x_adc.h 文件中。

1. ADC_DeInit( ) 函数

该函数将 ADCx 的所有寄存器重置为默认值。函数定义如下。

```
void ADC_DeInit(ADC_TypeDef * ADCx);
```

参数 ADCx 用于确定使用哪个 ADC，x 可以为 1、2 或 3。

例如，ADC1 复位代码如下。

```
ADC_DeInit (ADC1);     //ADC1 初始化
```

2. RCC_ADCCLKConfig( ) 函数

该函数用来设置 ADC 的时钟分频因子。函数定义如下。

```
void RCC_ADCCLKConfig(uint32_t RCC_PCLK2);
```

参数 RCC_PCLK2 用于确定 ADC 时钟的分频因子，取值范围如下。

```
#define RCC_PCLK2_Div2                ((uint32_t)0x00000000)
#define RCC_PCLK2_Div4                ((uint32_t)0x00004000)
```

```
#define RCC_PCLK2_Div6          ((uint32_t)0x00008000)
#define RCC_PCLK2_Div8          ((uint32_t)0x0000C000)
```

例如，设置 ADC 的时钟分频因子为 6：

```
RCC_ADCCLKConfig(RCC_PCLK2_Div6);    //6 分频时钟：72 MHz/6 = 12 MHz
```

3. ADC_Init( )函数

该函数用来进行 ADC 参数配置，以确定 ADC 工作模式、通道扫描模式、转换模式、外部触发方式、数据对齐方式、转换通道数量等。

```
void ADC_Init(ADC_TypeDef * ADC×, ADC_InitTypeDef * ADC_InitStruct);
```

第一个参数 ADC×用于确定使用哪个 ADC，×可以为 1、2 或 3。

第二个参数 ADC_InitStruct 是结构体类型 ADC_InitTypeDef，该结构体类型的定义如下。

```
typedef struct
{
    uint32_t ADC_Mode;                      //ADC 工作模式
    FunctionalState ADC_ScanConvMode;       //扫描模式（或单通道模式）
    FunctionalState ADC_ContinuousConvMode; //连续转换模式（或单次转换模式）
    uint32_t ADC_ExternalTrigConv;          //外部触发方式
    uint32_t ADC_DataAlign;                 //数据对齐方式
    uint8_t ADC_NbrOfChannel;               //转换通道数量
} ADC_InitTypeDef;
```

该结构体成员 ADC_Mode 的通常取值为 ADC_Mode_Independent（独立工作模式），其他工作模式可以参考 stm32f10x_adc.h 中的工作模式定义。

- ADC_ScanConvMode 的取值为 ENABLE（扫描模式或多通道模式）或者 DISABLE（单通道模式）。
- ADC_ContinuousConvMode 的取值为 ENABLE（连续转换模式）或者 DISABLE（单次转换模式）。
- ADC_ExternalTrigConv 的通常取值为 ADC_ExternalTrigConv_None（软件启动无外部触发方式），其他的触发方式可以参考 stm32f10x_adc.h 中的触发方式的宏定义。
- ADC_DataAlign 表示数据的对齐方式，通常选择 ADC_DataAlign_Right（右对齐）。
- ADC_NbrOfChannel 表示 A/D 转换规则通道数量，取值为 1~16。

4. ADC_Cmd( )函数

该函数用来使能 A/D 转换，函数定义如下。

```
void ADC_Cmd(ADC_TypeDef * ADC×, FunctionalState NewState);
```

第一个参数 ADC×用于确定使用哪个 ADC，×可以为 1、2 或 3。

第二个参数 NewState 用来设置 ADC 的状态，取值为 ENABLE 或 DISABLE。

例如，ADC1 使能代码如下。

```
ADC_Cmd(ADC1,ENABLE);
```

5. 校准函数

（1）ADC_ResetCalibration( )函数

该函数实现复位校准功能，设置 ADC_CR2 寄存器的第 3 位 RSTCAL 为 1。该函数定义如下。

```
void ADC_ResetCalibration(ADC_TypeDef * ADC×);
```

例如，实现 ADC1 复位校准代码如下。

```
ADC_ResetCalibration(ADC1);
```

（2）ADC_StartCalibration( )函数

该函数实现 A/D 校准功能，设置 ADC_CR2 寄存器的第 2 位 CAL 为 1。该函数的定义如下。

```
void ADC_StartCalibration(ADC_TypeDef * ADC×);
```

例如，实现 ADC1 的 A/D 校准代码如下。

```
ADC_StartCalibration(ADC1);
```

（3）ADC_GetResetCalibrationStatus( )函数

该函数实现复位校准功能状态读取，读 ADC_CR2 寄存器的第 3 位 RSTCAL，如果读到 0，则说明校准寄存器已完成初始化。该函数的定义如下。

```
FlagStatus ADC_GetResetCalibrationStatus(ADC_TypeDef * ADC×);
```

该函数的返回值为 RESET（校准已完成）或 SET（校准未完成）。

例如，循环等待复位校准完成的代码如下。

```
while(ADC_GetResetCalibrationStatus(ADC1));
```

（4）ADC_GetCalibrationStatus( )函数

该函数实现 A/D 校准功能状态读取，读 ADC_CR2 寄存器的第 2 位 CAL，如果读到 0，则说明 A/D 校准已完成。该函数的定义如下。

```
FlagStatus ADC_GetCalibrationStatus(ADC_TypeDef * ADC×);
```

该函数的返回值为 RESET（校准已完成）或 SET（校准未完成）。

例如，循环等待 A/D 校准完成的代码如下。

```
while(ADC_GetCalibrationStatus(ADC1));
```

6. ADC_RegularChannelConfig( )函数

该函数设置规则序列通道以及采样周期。该函数的定义如下。

```
void ADC_RegularChannelConfig(ADC_TypeDef * ADC×, uint8_t ADC_Channel, uint8_t Rank, uint8_t
ADC_SampleTime);
```

参数 ADC_Channel 定义 ADC 规则通道采样的通道号，取值为 0~17。

参数 Rank 定义了 ADC 转换的顺序。

参数 ADC_SampleTime 定义了采样周期。

例如，使用 ADC1 的通道 0，以及第 1 个 A/D 转换，采样周期为 239，代码如下。

```
ADC_RegularChannelConfig(ADC1,ADC_Channel_0,1,ADC_SampleTime_239Cycles5);
```

7. ADC_SoftwareStartConvCmd( )函数

该函数的功能是通过软件启动 A/D 转换。函数定义如下。

```
void ADC_SoftwareStartConvCmd(ADC_TypeDef * ADC×, FunctionalState NewState);
```

参数 NewState 的取值为 ENABLE 或者 DISABLE。

例如，启动 ADC1 开始进行 A/D 转换的代码如下。

```
ADC_SoftwareStartConvCmd(ADC1,ENABLE);
```

8. ADC_GetFlagStatus( )函数

该函数的功能是获取 A/D 转换状态，判断 A/D 转换是否结束。该函数的定义如下。

```
FlagStatus ADC_GetFlagStatus(ADC_TypeDef * ADC×, uint8_t ADC_FLAG);
```

参数 ADC_FLAG 表示 A/D 转换状态，定义如下。

```
#define ADC_FLAG_AWD                    ((uint8_t)0x01)
#define ADC_FLAG_EOC                    ((uint8_t)0x02)
#define ADC_FLAG_JEOC                   ((uint8_t)0x04)
#define ADC_FLAG_JSTRT                  ((uint8_t)0x08)
#define ADC_FLAG_STRT                   ((uint8_t)0x10)
```

例如，判断 ADC1 规则转换是否已经结束，如果未结束，则继续等待，代码如下。

```
while(! ADC_GetFlagStatus(ADC1,ADC_FLAG_EOC));      //等待 A/D 转换结束
```

9. ADC_GetConversionValue( )函数

该函数读取 A/D 转换后的结果，返回 16 位数。函数定义如下。

```
uint16_t ADC_GetConversionValue(ADC_TypeDef * ADC×);
```

例如，读取 ADC1 转换后的结果并放在变量 data 中，代码如下。

```
u16 data;
data = ADC_GetConversionValue(ADC1);
```

8.7　任务 2　声光控制灯系统设计

 任务要求

使用声音传感器和光敏电阻，实现如下功能：当光线较弱且有声音时，LED 灯 D1 亮，同时 220 V 的楼道灯点亮；当没有声音超过 5 s 后，LED 灯 D1 灭，同时 220 V 的楼道灯熄灭。

8.7.1　程序工作流程

下面介绍具体程序工作流程。

1. A/D 转换步骤

STM32 单片机内部集成了 A/D 转换硬件模块，通过单片机的引脚输入模拟信号，A/D 转换的工作步骤如下。

1）端口时钟、ADC 时钟使能。

2）设置 ADC 时钟的分频因子。

3）设置端口引脚为模拟输入。

4）初始化配置 ADC 工作模式。

5）使能 ADC。

6）ADC 校准。

7）设置 ADC 采样周期。

8）启动 A/D 转换并读取结果。

2. 具体程序工作流程

声光控制灯系统是在声控灯系统的基础上实现的，亮灯的条件从原来的只要有声音，变成了不仅要有声音，而且还要光线弱。程序流程图如图 8-27 所示。

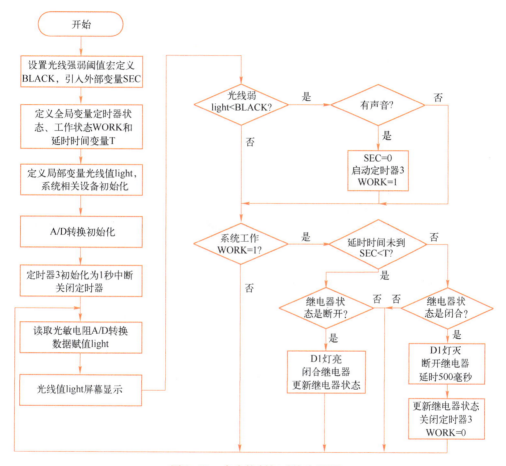

图 8-27　声光控制灯系统流程图

系统的工作步骤可以参考声控灯程序，在系统初始化的时候增加 A/D 转换初始化函数，在主循环中调用函数读取 A/D 转换值，然后根据 A/D 转换值判断当前环境中光线弱的条件是否成立，如果成立，再判断环境中是否有声音。

8.7.2　系统设计与实现

下面进行系统设计与实现。

1. 声光控制灯功能实现

复制并粘贴"81_STM32_声控灯"文件夹，将文件夹名改成"82_STM32_声光控制灯"，打开系统工程。在工程文件夹下的 DRV 目录中，创建 adc.c 和 adc.h 两个文件，并添加到工程中。

（1）adc. h 文件

adc. h 文件中的代码如下。

```
#ifndef _ADC_H
#define _ADC_H
void adc_init(void);
u16 get_adc();
#endif
```

（2）adc. c 文件

adc. c 文件中的代码如下。

```
#include "stm32f10x. h"
#include "ioconfig. h"
#include "adc. h"


void adc_init(void)
{
    ADC_InitTypeDef ADC_I;
    GPIO_InitTypeDef GPIO_I;
    //开启端口和 A/D 转换时钟
    RCC_APB2PeriphClockCmd(RCC_APB2Periph_GPIOB|RCC_APB2Periph_ADC1,ENABLE);
    RCC_ADCCLKConfig(RCC_PCLK2_Div6);              //A/D 转换时钟分频

    GPIO_I. GPIO_Pin=GPIO_Pin_1;                   //设置输入引脚号
    GPIO_I. GPIO_Mode = GPIO_Mode_AIN;             //模拟输入
    GPIO_Init(GPIOB,&GPIO_I);                      //端口引脚初始化

    ADC_DeInit(ADC1);                              //清除 ADC1 参数设置
    ADC_I. ADC_Mode = ADC_Mode_Independent;        //独立工作模式
    ADC_I. ADC_ScanConvMode = DISABLE;             //非扫描模式
    ADC_I. ADC_ContinuousConvMode = DISABLE;       //单次转换模式
    ADC_I. ADC_ExternalTrigConv=ADC_ExternalTrigConv_None;
    ADC_I. ADC_DataAlign = ADC_DataAlign_Right;
    ADC_I. ADC_NbrOfChannel = 1;
    ADC_Init(ADC1,&ADC_I);

    ADC_Cmd(ADC1,ENABLE);                          //使能 ADC1
    ADC_ResetCalibration(ADC1);
    while(ADC_GetResetCalibrationStatus(ADC1));
    ADC_StartCalibration(ADC1);
    while(ADC_GetCalibrationStatus(ADC1));
    ADC_RegularChannelConfig(ADC1,ADC_Channel_9,1,ADC_SampleTime_239Cycles5);
}


u16 get_adc()
```

```
}
        ADC_SoftwareStartConvCmd(ADC1,ENABLE);              //启动 ADC1 进行 A/D 转换
        while(!ADC_GetFlagStatus(ADC1,ADC_FLAG_EOC));//等待 A/D 转换结束
        return ADC_GetConversionValue(ADC1);
}
```

（3）main. c 文件

在系统头文件 all_system. h 中加入 adc. h 文件。main. c 文件中的代码如下。

```
/ * * * * * * * * * * * * * * * * * * * * * * * * * * * * * * *
Function：声光控制灯
Describe：光线弱且有声时继电器闭合，延时 5 s 后继电器断开
* * * * * * * * * * * * * * * * * * * * * * * * * * * * * * * /
#include "all_system. h"
#define BLACK 2000                        //光线阈值，比之小则光线弱，比之大则光线强
u8 R_ST=0,WORK=0;                         //R_ST 为继电器工作状态；WORK 为系统工作
//状态，0 为未工作，1 为已工作
u32 T=5;                                  //延时 5 s
extern u16 SEC;
int main(void)                            //入口函数
{
    u16 light=0;
    sound_init();                         //声音传感器初始化
    led_init();                           //LED 初始化
    relay_init();                         //继电器初始化
    adc_init();                           //A/D 转换初始化
    delay_init();                         //延时函数初始化
    TIM3_init(10000,7199);                //定时器初始化

    TIM_Cmd(TIM3,DISABLE);
    while(1)
    {
      light=get_adc();
      OLED_ShowNum(8,0,light,4,16,1);
      OLED_Refresh();
      if (light<BLACK)                    //检测到光线弱
      {
            if (SOUND==0)                 //检测到有声音
            {
                    SEC=0;                //计时时间重置
                    TIM_Cmd(TIM3,ENABLE);      //启动定时器
                    WORK=1;               //系统工作
            }
      }
            if (WORK==1)                  //系统工作时去判断延时时间
            {
```

```
            if(SEC<T)                    //计时时间未到
            {
                if (R_ST==0)
                {
                    D1=0;
                    RLY=1;               //继电器闭合
                    R_ST=1;
                }
            }
            else
            {
                if (R_ST==1)
                {
                    D1=1;
                    RLY=0;               //继电器断开
                    delay_ms(500);
                    R_ST=0;
                    WORK=0;              //系统停止
                    TIM_Cmd(TIM3,DISABLE);
                }
            }
        }
    }
}
```

2. 工程编译及调试

程序编译无误后在 Proteus 仿真软件中运行，看到实际运行效果后，通过仿真器下载代码到芯片中运行。观察开发板上 OLED 显示屏上显示的光照传感器 A/D 转换后的数值。

用手捏紧光敏电阻以遮挡光线，模拟光线弱环境，发出声响后，继电器闭合。继电器闭合则 LED 灯亮，经过 5 s，继电器断开，LED 灯灭。

思考与练习

一、简答题

1. 什么是传感器？它一般由哪些部分组成？
2. 传感器的选用原则是什么？
3. 电压比较器 LM393 是如何工作的？
4. 单片机如何识别开关型传感器的数值？
5. 分析光敏电阻电路中 PB1 引脚上的电压随光照强度变化的情况。
6. 什么是模拟信号？什么是数字信号？
7. 什么是 A/D 转换？
8. 阐述 A/D 转换的工作步骤。

二、上机操作

1. 编程实现：当有声音时，跑马灯开始工作，当没有声音超过 5 s 时，跑马灯暂停工作，再次有声音时，从暂停处继续执行；当没有声音超过 10 s 时，LED 灯全灭。

2. 编程实现：当环境光线暗时，继电器闭合，同时 LED 灯 D1 亮；当环境光线亮时，继电器断开，同时 LED 灯 D1 灭。

3. 编程实现：环境光线亮度分为四个等级，分别用 4 个 LED 灯的亮灭表示，当环境光线最暗时，LED 灯 D1 亮，以此类推，最亮时 LED 灯 D4 亮（每个等级只亮一个灯）。

4. 编程实现：将环境光线强度 A/D 转换后的数值每隔 3 s 通过串口输出到串口调试助手。

5. 编程实现：通过串口调试助手动态设置光照强度 A/D 转换后的阈值 1 和阈值 2，当光线强度 A/D 转换值<阈值 1 时，LED 灯 D1 亮；当阈值 1≤光线强度 A/D 转换值≤阈值 2 时，LED 灯 D2 亮；当光线强度 A/D 转换值>阈值 2 时，LED 灯 D3 亮（指定灯亮时，其他灯灭）。

6. 编程实现：在 OLED 显示屏的第一行显示"声光检测系统"，第二行显示"光照强度：××××"，第三行显示"声音持续：××秒"，当在夜晚且声音持续时间超过 5 s 时，继电器闭合，LED 灯 D1 闪烁，当在白天或声音停止时，继电器断开，LED 灯 D1 熄灭。

项目 9
智能家居系统设计与实现

学习目标

使用温湿度传感器和光照传感器分别检测室内的温湿度与光照度，继电器连接排风风扇和补光灯，通过 WiFi 模块将传感器数据传输到手机 App，当温湿度超过阈值时，自动开启风扇排风，当光线不足时，自动开启照明灯。

【知识目标】

1. 了解 DHT11 传感器；
2. 掌握 DHT11 传感器单总线通信原理；
3. 掌握电子温湿度计的程序设计方法；
4. 了解 WiFi 模块及 AT 指令；
5. 掌握 WiFi 网络控制程序的设计方法；
6. 掌握嵌入式系统硬件设计方法；
7. 掌握嵌入式系统软件程序设计方法。

【能力目标】

1. 具有温湿度传感器项目设计开发能力；
2. 具有 ESP8266 WiFi 模块应用配置能力；
3. 具有嵌入式综合应用系统分析、设计和开发能力。

【素养目标】

- 培养学生不畏困难、永不言弃的工匠精神。
- 激发学生的创新潜能与创业激情，鼓励他们积极实践。

9.1　温湿度传感器 DHT11

9.1 温湿度传感器 DHT11

9.1.1　DHT11 传感器

下面介绍 DHT11 的组成、特点、引脚和典型应用电路等。

1. DHT11 简介

DHT11 是一款湿温度一体化的数字式传感器，其实物如图 9-1 所示。该传感器包括一个电阻式测湿元件和一个 NTC 测温元件，并与一个高性能 8 位单片机相连接，实现实时地采集本地湿度和温度。DHT11 与单片机之间能采用单总线进行通信，仅仅需要一个 I/O 口。传感器内部湿度和温度的 40 bit 数据一次性传给单片机，数据采用"校验和"方式进行校验，有效地保证数据传输的准确性。该产品具有功耗低、体积小、性能卓越、超快响应、抗干扰能力强、性价比极高等优点。在产品精度方面，湿度精度为±5%RH，温度精度为±2℃。量程湿度为 5%～95%RH，量程温度为-20～60℃。

图 9-1　DHT11 实物

每个 DHT11 传感器都在极为精确的湿度校验室中进行了校准。校准系数以程序的形式存在 OTP 内存中，传感器内部在检测信号的处理过程中要调用这些校准系数。单线制串行接口，使系统集成变得简易快捷，传输距离达 20 m 以上。采用 4 引脚单排封装，连接方便。

2. DHT11 引脚说明

DHT11 一共有 4 个引脚，在网孔正面，从左到右对引脚进行依次编号，引脚说明见表 9-1。

表 9-1　DHT11 引脚说明

引　脚　号	名　　称	说　　明
1	VDD	供电电压为 3～5.5 V
2	DATA	串行数据，单总线
3	NC	空脚，悬空
4	GND	接地，电源负极

3. DHT11 典型应用电路

DHT11 的供电电压为 3～5.5 V。传感器上电后，要等待 1 s 以越过不稳定状态，在此期间无须发送任何指令。数据线 DATA 需要加 5 kΩ 的上拉电阻，使得 DATA 引脚保持高电平状态，DATA 数据线接单片机的 I/O 端口引脚。DHT11 典型应用电路如图 9-2 所示。

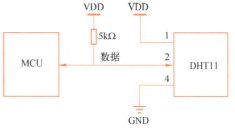

图 9-2　DHT11 典型应用电路

4. DHT11 单总线通信协议

DATA 引脚连接微控制器进行数据通信，采用单总线数据格式进行一次通信的时间在 4 ms 左右。数据分小数部分和整数部分，当前小数部分用于以后扩展，现读出时为 0。该通信协议介绍如下。

1）一次完整的数据传输的大小为 40 位，高位先出。

2）数据格式：8 位湿度整数数据+8 位湿度小数数据+8 位温度整数数据+8 位温度小数数据+8 位校验和。

3）数据传送正确时"校验和"数据等于"8 位湿度整数数据+8 位湿度小数数据+8 位温度整数数据+8 位温度小数数据"所得结果的末 8 位。

MCU 发送一次开始信号后，DHT11 从低功耗模式转换到高速模式，在主机开始信号结束后，DHT11 发送响应信号，送出 40 位的数据到单总线上，单片机可以从该总线读取温、湿度数值。在从模式下，DHT11 不会主动进行温、湿度采集，必须要有单片机发送的起始信号，DHT11 接收到起始信号后完成数据采集工作，采集数据完成后转换到低速模式。

9.1.2 DHT11 通信过程

下面介绍单总线接口和具体的 DHT11 通信过程。

1. 单总线接口

单总线是美国 Dallas Semiconductor 公司推出的一种外围串行扩展总线技术。与 SPI、I^2C 等串行数据通信方式不同，它采用单根信号线，既传输时钟，又传输数据，而且数据传输是双向的，具有节省 I/O 端口、资源结构简单、成本低廉、便于总线扩展和维护等诸多优点。

单总线利用一根线实现双向通信，其协议对时序的要求较严格，如应答等时序都有明确的时间要求。基本的时序包括：复位时序、应答时序、写 1 位时序、读 1 位时序。在复位及应答时序中，主器件发出复位信号后，要求从器件在规定的时间内送回应答信号；在位读和位写时序中，主器件要在规定的时间内读出或写入数据。

2. 具体的 DHT11 通信过程

DHT11 和单片机数据通信时序如图 9-3 所示。

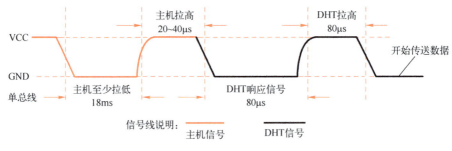

图 9-3　DHT11 和单片机数据通信时序

（1）主机发送起始信号

总线空闲状态为高电平，主机把总线拉低以等待 DHT11 响应。主机至少要把总线拉低 18 ms，保证 DHT11 能检测到起始信号。

（2）主机起始信号结束

主机控制总线为高电平，保持 20~40 μs，结束主机起始信号。

（3）DHT11 发送响应信号

DHT11 接收到主机的起始信号后，等待主机起始信号结束，然后发送 80 μs 的低电平响应信号。

（4）DHT11 响应信号结束

DHT11 控制总线高电平，保持 80 μs，结束 DHT11 的响应信号，此时总线保持高电平状态。

（5）数据传输

完成以上工作后，DHT11 准备发送数据，每一位数据都以 50 μs 的低电平时隙开始，高电平持续时间的长短决定了数据位是 0 还是 1，当 50 μs 的低电平时隙过后，拉高总线，高电平持续 26~28 μs 来表示数据 "0"，如图 9-4 所示；持续 70 μs 表示数据 "1"，如图 9-5 所示。当最后一位数据传送完毕后，DHT11 拉低总线 50 μs，随后总线由上拉电阻拉高以进入空闲状态。

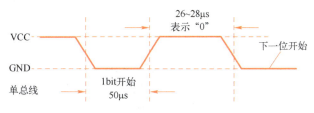

图 9-4　DHT11 通信中数字 "0" 表示方法

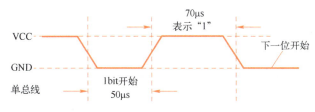

图 9-5　DHT11 通信中数字 "1" 表示方法

（6）主机读数

数据 "0" 的高电平持续 26~28 μs，数据 "1" 的高电平持续 70 μs，每一位数据前都有 50 μs 的起始时隙。可以取一个中间值 40 μs 来区分数据 "0" 和数据 "1" 的时隙。当数据位之前的 50 μs 的低电平时隙过后，总线肯定会拉高，此时延时 40 μs 后检测总线状态。

1）若读到高电平，说明此时处于 70 μs 的时隙，则数据为 "1"。

2）若读到低电平，说明此时处于下一位数据的 50 μs 的起始时隙，那么上一位数据肯定是 "0"。

通过这种方法，主机就可以顺利读取到 DHT11 传输的 40 位数据了。

为什么延时 40 μs？由于误差的原因，数据 "0" 时隙并不是准确的位于 26~28 μs，可能比这个范围小，也可能比这个范围大。数据 "0" 时隙范围大于 26~28 μs 时，如果延时太短，则无法判断当前是处于数据 "0" 的时隙还是数据 "1" 的时隙；如果延时太长，则会错过下一位数据前的起始时隙，导致检测不到后面的数据。

9.1.3　DHT11 硬件设计

DHT11 有 4 个引脚，分别为：电源、数据、空和接地。使用时只需要设计该传感器连接单片机的接口，单片机通过单总线数据引脚读取温湿度数据。DHT11 接口如图 9-6 所示。该接口的第 1 脚接 3.3 V 电源，第 2 脚接 5.1 kΩ 的上拉电阻后接单片机 PA8 引脚，第 3 脚悬空，第 4 脚接地。硬件连接时注意 DHT11 传感器插入接口的方向，不要装反，因为一旦 DHT11 装反，电路板上的电源和接地正好连接到 DHT11 的接地与电源引脚，会导致元件烧毁。

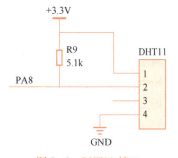

图 9-6　DHT11 接口

9.2 任务1 智能风扇系统设计

9.2 任务 1　智能风扇系统设计

📋 任务要求

显示屏上显示温湿度数据，当温度超过设定的阈值时，LED 灯 D1 亮并开启风扇；当温度不超过设定的阈值时，D1 灭并关闭风扇；当湿度超过设定的阈值时，LED 灯 D2 亮并开启加湿器；当湿度不超过设定的阈值时，D2 灭并关闭加湿器。

9.2.1　继电器模块

选用 BESTEP 继电器模块外接 220 V 的排风风扇，通过单片机接口控制模块工作，该继电器模块如图 9-7 所示。该模块的特点如下。

1）常开接口最大负载为交流 250 V/10 A，直流 30 V/10 A。

2）采用贴片光耦隔离，驱动能力强，性能稳定，触发电流为 5 mA。

3）模块工作电压有 3.3 V、5 V、12 V、24 V。

4）模块可以通过跳线设置高电平或低电平触发。

5）有容错设计，即使控制线断，继电器也不会动作。

图 9-7　BESTEP 继电器模块

6）有电源指示灯（绿色）、继电器状态指示灯（红色）。

7）接口设计人性化，所有接口均可通过接线端子直接引出，非常方便。

该模块的输入端有三个引脚，分别为：DC+（接电源正极）、DC-（接电源负极）和 IN（继电器控制端）。使用时只需要接上电源，将 IN 引脚连接到单片机引脚。

9.2.2　仿真电路设计

根据 Altium Designer 软件设计的 DHT11 硬件电路原理图，绘制 DHT11 的仿真电路。

1）复制并粘贴"82_STM32_声光控制灯状态"文件夹，将文件夹名改成"91_STM32_智能风扇"，打开目录中的"仿真"文件夹，双击打开 STM32project. pdsprj 仿真工程。

2）根据项目中元件的要求，绘制 LED 灯 D1、OLED 显示屏和继电器的仿真电路。单击主界面左侧列表"Device"上的"P"按钮，打开元件选取界面"Pick Devices"，在左上角的"Keywords"文本框中输入"MOTOR-DC"，选中右侧列表框里的元件后单击"确定"按钮，如图 9-8 所示。

3）单击主界面左侧列表"Device"上的"P"按钮，打开元件选取界面"Pick Devices"，在左上角的"Keywords"文本框中输入"DHT11"，选中右侧列表框里的 DHT11 元件后单击"确定"按钮，如图 9-9 所示。

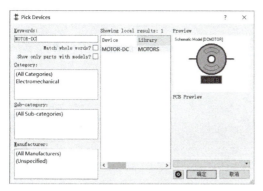

图 9-8   MOTOR-DC 元件选取

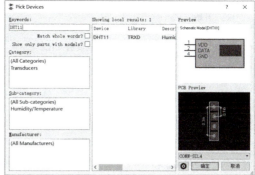

图 9-9   DHT11 元件选取

4）选取 DHT11 元件并放置到画布中，1 引脚接 VDD、4 引脚接地、2 引脚 DATA 接 5.1 k 上拉电阻后接 PA8 引脚。智能风扇的仿真电路如图 9-10 所示。

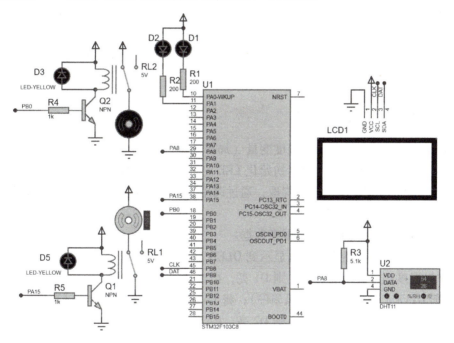

图 9-10   智能风扇仿真电路

9.2.3   程序工作流程

单片机通过 DHT11 传感器实时检测环境中的温湿度数据，当温度高于设定的阈值时，LED 灯 D1 亮，继电器闭合，风扇转；当温度不超过设定的阈值时，D1 灭，继电器断开，风扇停。当湿度小于设定的阈值时，LED 灯 D2 亮并通过 PA15 控制外接继电器，开启加湿器；当湿度不小于设定的阈值时，D2 灭并通过 PA15 控制外接继电器，关闭加湿器。这里的温度和湿度的阈值可以根据实际情况进行设置。智能风扇系统程序流程图如图 9-11 所示。

智能风扇的工作步骤如下。

1）系统开始工作后设置温度和湿度阈值的宏定义。

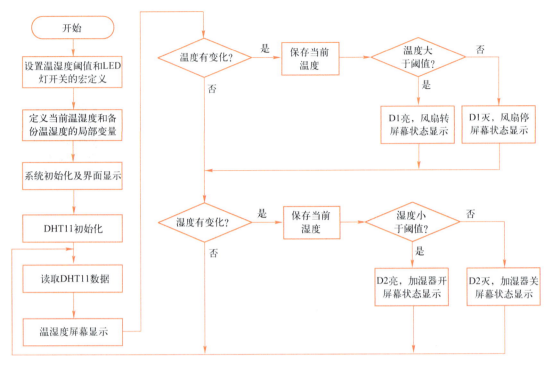

图 9-11　智能风扇系统程序流程图

2）定义当前温湿度和备份温湿度变量（局部变量）。

3）系统进行初始化工作，包括初始化 LED 灯、继电器、OLED 显示屏；进行系统界面设计，根据界面要求进行汉字点阵提取，通过调用 OLED 汉字显示函数显示系统界面。

4）初始化 DHT11 传感器。

5）调用 DHT11 函数来读取温湿度数据。

6）调用相应函数将温湿度数据显示到 OLED 显示屏上。

7）如果温度超过设定的阈值，则 D1 亮，继电器闭合（风扇转）；如果温度不超过设定的阈值，则 D1 灭，继电器断开（风扇停）；将 D1 灯和风扇状态显示在屏幕上。

8）如果湿度小于设定的阈值，则 D2 亮，PA15 输出高电平（加湿器开）；如果湿度不小于设定的阈值，则 D2 灭，PA15 输出低电平（加湿器关）；将 D2 灯和加湿器状态显示在屏幕上。

9）返回第 5）步，循环执行。

9.2.4　系统设计与实现

下面进行系统设计与实现。

1. 智能风扇功能实现

1）打开项目工程文件 STM32PRJ.uvprojx，找到 dev.c 和 dev.h 文件。在 dev.c 文件中添加控制线 PA15 的初始化函数。

```
void ctrl_init(void)              //PA15 控制线初始化
{
```

```
    GPIO_InitTypeDef GPIO_I;                       //定义端口配置结构体变量
    RCC_APB2PeriphClockCmd(RCC_APB2Periph_GPIOA | RCC_APB2Periph_AFIO, ENABLE);
    GPIO_PinRemapConfig(GPIO_Remap_SWJ_JTAGDisable, ENABLE);
    GPIO_I. GPIO_Pin = GPIO_Pin_15;                //15 引脚
    GPIO_I. GPIO_Speed = GPIO_Speed_50MHz;
    GPIO_I. GPIO_Mode = GPIO_Mode_Out_PP;          //推挽输出
    GPIO_Init(GPIOB, &GPIO_I);
}
```

2）在 dev. h 文件中加入上述函数的函数声明和 PA15 输出操作的宏定义。

```
#define CTRL PAout(15)                             //控制线 PA15
    void ctrl_init(void);
```

3）在工程文件夹下的 DRV 目录中，添加 dht11. c 和 dht11. h 两个文件，并将它们添加到工程中。

4）DHT11 是单总线通信，程序中包含大量的时序指令和数据，Proteus 仿真运行时需要加载 bsp_dht11. c 和 bsp_dht11. h 两个文件到工程中。

5）在系统头文件 all_system. h 中加入 dht11. h、stdlib. h 文件。main. c 文件中的代码如下。

```
/ * * * * * * * * * * * * * * * * * * * * * * * * * * * * * * * * * * * *
Function：智能风扇
Describe：当环境温度超过设定阈值时，D1 亮，风扇转，温度不超过设定阈值时，D1 灭，风扇停；
当环境湿度小于设定阈值时，D2 亮，加湿器开，当湿度不小于设定阈值时，D2 灭，加湿器关
* * * * * * * * * * * * * * * * * * * * * * * * * * * * * * * * * * * * /
#include "all_system. h"
#define WT 25    //温度阈值（实验时设置此阈值大于环境温度，当前温度低于该值时，风扇关，
                 //手指捏住传感器后温度变高，当超过该值时，风扇开）
#define ST 60    //湿度阈值（实验时设置此阈值大于环境湿度，当前湿度低于该值时，加湿器
                 //开，手指捏住传感器后湿度变高，当超过该值时，加湿器关）
#define ON 0
#define OFF 1
int main(void)             //入口函数
{
    u8 data[5] = {0};  //定义数组 data 作为函数调用的实参，存储温湿度数值
    u8 p_wd = 0,p_sd = 0,wd = 0,sd = 0;            //备份温湿度值和当前温湿度值的 4 个变量
    relay_init();                                  //继电器引脚初始化
    ctrl_init();                                   //控制线 PA15 初始化
    delay_init();
    led_init();
    OLED_Init();
    OLED_ShowCN(36,0,0,4,smartfan,1);              //显示"智能风扇"
    OLED_ShowCN(0,16,0,2,wsdsta,1);                //显示"温度"
    OLED_ShowCN(64,16,2,2,wsdsta,1);               //显示"湿度"
    OLED_ShowCN(0,32,2,2,smartfan,1);              //显示"风扇"
```

```
            OLED_ShowString(32,32,":",16,1);
            OLED_ShowCN(48,32,1,1,switchonoff,1);              //显示"关"
            OLED_ShowString(88,32,"D1:",16,1);
            OLED_ShowCN(112,32,1,1,lightonoff,1);              //显示"灭"
            OLED_ShowCN(0,48,0,3,humidifier,1);                //显示"加湿器"
            OLED_ShowString(48,48,":",16,1);
            OLED_ShowCN(64,48,3,1,switchonoff,1);              //显示"关"
            OLED_ShowString(88,48,"D2:",16,1);
            OLED_ShowCN(112,48,1,1,lightonoff,1);              //显示"灭"
            OLED_Refresh();
    while(1)
        {
            dht11_read_data(data);
            wd=data[2];
            sd=data[0];
        OLED_ShowNum(35,16,wd,2,16,1);
        OLED_ShowNum(100,16,sd,2,16,1);
            if(abs(wd-p_wd)>0)                                 //温度有变化
            {
                    p_wd=wd;
                    if(wd>WT)
                    {
                        RLY=1;
                        D1=ON;
                        OLED_ShowCN(112,32,0,1,lightonoff,1);   //显示 D1 "亮"
                        OLED_ShowCN(48,32,0,1,switchonoff,1);   //显示"开"
                    }
                    else
                    {
                        RLY=0;
                        D1=OFF;
                        OLED_ShowCN(112,32,1,1,lightonoff,1);   //显示 D1 "灭"
                        OLED_ShowCN(48,32,1,1,switchonoff,1);   //显示"关"
                    }
            }
            if(abs(sd-p_sd)>0)                                 //湿度有变化
            {
                    p_sd=sd;
                    if(sd<ST)
                    {
                        CTRL=1;
                        D2=ON;
                        OLED_ShowCN(112,48,0,1,lightonoff,1);   //显示 D2 "亮"
```

```
                    OLED_ShowCN(64,48,0,1,switchonoff,1);            //显示"开"
                }
            else
                {
                    CTRL=0;
                    D2=OFF;
                    OLED_ShowCN(112,48,1,1,lightonoff,1);            //显示 D2 "灭"
                    OLED_ShowCN(64,48,1,1,switchonoff,1);            //显示"关"
                }
            }
        OLED_Refresh();
        }
    }
```

2. 工程编译及调试

（1）仿真调试

由于 DHT11 传感器对通信时序要求非常严格，因此原有驱动程序在仿真软件中无法正确执行以获得数据，然而通过使用 bsp_dht11.c 驱动程序可以在仿真软件中得到温湿度。

使用 Proteus 软件打开仿真文件夹中的工程，双击芯片打开配置界面，选择编译好的 hex 文件后单击 "OK" 按钮。

回到工程主界面，单击左下角的 "运行" 按钮，使程序在仿真电路上运行。调整仿真电路中的 DHT11 传感器的数值，会在 OLED 显示屏上看到温湿度数据。继续升高温度，当超过阈值时，D1 被点亮，继电器闭合，风扇开始运转。智能风扇仿真电路运行效果如图 9-12 所示。

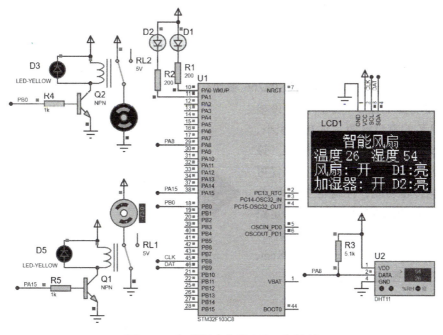

图 9-12　智能风扇仿真电路运行效果

（2）下载调试

使用 dht11.c 驱动程序的工程编译无误后，通过仿真器下载代码到芯片中运行，就可以在开发板上看到实际运行效果了。

用手捏住 DHT11，为传感器加热，当温度超过设定的阈值时，D1 亮，同时继电器闭合；手松开后，会在 OLED 显示屏上看到温度在下降，当温度不超过设定的阈值时，D1 灭，同时继电器断开。

9.3 WiFi 模块

9.3 WiFi 模块

9.3.1 WiFi 模块 ESP8266

WiFi 是当今使用广泛的一种无线网络传输技术，以前访问互联网时需要通过网线连接计算机，而现在则可以通过无线信号来联网。实际上就是通过无线路由器把有线网络信号转换成无线信号，供支持 WiFi 功能的计算机、手机和 PDA 等设备连接使用。

WiFi 技术的优势如下。

1）无线电波的覆盖范围广。基于蓝牙技术的电波的覆盖范围非常小，覆盖半径大约为 15 m，而 WiFi 的覆盖半径可达 100 m。

2）传输速度非常快，符合个人和社会信息化的需求。

3）不需要布线，网络使用成本低。在人员较密集的地方设置"热点"，用户即可通过无线方式高速接入互联网，从而节省了大量的成本。

ESP8266 是超低功耗的 UART-WiFi 透传模块的总称，支持 IEEE 802.11 b/g/n 标准，其中 802.11b 标准的传输速率为 11 Mbit/s，802.11g 标准的传输速率为 54 Mbit/s，802.11n 标准的传输速率为 600 Mbit/s。

该模块拥有业内极富竞争力的封装尺寸和超低能耗技术，专为移动设备和物联网应用设计，可将用户的物理设备连接到 WiFi 无线网络上，进行互联网或局域网通信，实现联网功能，可广泛应用于智能电网、智能交通、智能家居、手持设备、工业控制等领域。

ESP-01S 是一款非常流行的 ESP8266 模块，模块内部自带固件，操作简单。ESP8266 模块实物和引脚如图 9-13 所示。该模块使用 3.3 V 的直流电源，具有体积小、功耗低、支持透传和价格低等特点。该模块还允许用户自己编写 ROM，不仅可以实现数据传输功能，控制建立 WiFi 热点，或者作为 WiFi 客户端连接到指定路由器，同时还可编程控制 GPIO 引脚。

ESP-01S 模块长 2.48 cm、宽 1.48 cm，共有 8 个引脚，各引脚说明见表 9-2。

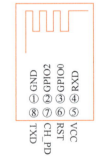

图 9-13　ESP8266 模块实物和引脚

表 9-2　ESP-01S 引脚说明

序　　号	引 脚 名 称	功 能 说 明
1	GND	接地

（续）

序 号	引脚名称	功能说明
2	GPIO2	通用I/O端口，内部已上拉
3	GPIO0	悬空：工作模式； 下拉：下载模式
4	RXD	串口接收
5	VCC	3.3 V电源
6	RST	复位引脚，低电平有效
7	CH_PD	使能引脚，高电平有效
8	TXD	串口发送

该模块的特点如下。

1）支持 IEEE 802.11 b/g/n 标准。

2）支持 STA、AP 和 STA+AP 三种工作模式。

3）内置 TCP/IP 协议栈，支持多路 TCP 客户端连接。

4）支持丰富的 Socket AT 指令。

5）支持 UART、GPIO 数据通信接口。

6）支持智能联网功能。

7）支持远程固件升级（OTA）。

8）内置 32 位 MCU，可兼作应用处理器。

9）超低能耗，适合电池供电应用。

10）3.3 V 的单电源供电。

ESP8266 共有三种工作模式，分别是无线终端模式（STA）、无线接入点模式（AP）以及混合模式（STA+AP）。

1）STA 模式：客户端模式，ESP8266 模块通过路由器连接互联网，手机或计算机通过互联网实现对设备的远程控制。

2）AP 模式：默认模式，ESP8266 模块作为热点，实现手机或计算机直接与模块通信，以及局域网无线控制，就相当于它作为路由器，散发 WiFi 信号。

3）STA+AP 模式：两种模式的共存模式，既可以连接至其他设备提供的无线网络，又能作为热点，供其他设备连接，以实现广域网与局域网的无缝切换，方便操作使用。

9.3.2 ESP8266 AT 指令

AT 指令是应用于终端设备和 PC 应用之间的连接与通信指令。AT 是 Attention 的缩写，每个 AT 命令行中只能包含一条 AT 指令，每个指令均以 AT 开头。ESP8266 模块的 AT 指令介绍如下。

1. 基础指令

（1）模块测试

  指令：AT

  返回：OK

该指令用来测试 PC 串口和模块串口之间是否可以正常通信，返回 OK 表示通信正常。

（2）获取固件版本

  指令：AT+GMR

返回:AT version:1.2.0.0(Jul1 2016 20:04:45)SDK version:1.5.4.1(39cb9a32)

Ai-Thinker Technology Co. Ltd. Dec2 2016 14:21:16

OK

该指令用来获取模块的固件版本信息,返回 OK 表示获取固件信息成功。

(3)重启模块

指令:AT+RST

返回:OK

该指令用来重启模块,返回 OK 表示重启成功。

(4)重置模块

指令:AT+RESTORE

返回:OK

该指令用来恢复模块的出厂设置,返回 OK 表示重置成功。

2. TCP 通信指令

TCP 通信分为 TCP 服务器端和 TCP 客户端,TCP 服务器端需要配置模块为 AP 模式,TCP 客户端需要配置模块为 STA 模式。

(1)TCP 服务器端(AP 模式)配置命令

1)配置 AP 模式。

指令:AT+CWMODE=2

返回:OK

该指令设置模块的工作模式为 AP 模式。

2)配置 AP 信息。

指令:AT+CWSAP="ESP-01","12345678",5,4

返回: OK

该指令设置模块在 AP 模式下的名称为"ESP-01"、连接密码为"12345678"、信道号为 5、加密方式为 WPA_WPA2_PSK。

3)查询本机地址。

指令:AT+CIFSR

返回:+CIFSR:APIP,"192.168.4.1"

+CIFSR:APMAC,"a2:20:a6:19:c7:0a"

OK

该指令查询 AP 模式的 IP 地址和 MAC 地址。

4)开启多连接。

指令:AT+CIPMUX=1

返回:OK

该指令开启模块工作在 AP 模式下的多连接功能。

5)开启服务器。

指令:AT+CIPSERVER=1,9800

返回: OK

该指令开启模块在 AP 模式下的服务器功能，开启 9800 端口。

6）发送数据。

> 指令：AT+CIPSEND=0,12
>
> 返回：OK

TCP 客户端连接到服务器后，服务器端发送数据到客户端，数据长度为 12。

7）关闭服务器。

> 指令：AT+CIPSERVER=0
>
> 返回：OK

（2）TCP 客户端（STA 模式）配置命令

1）配置 STA 模式。

> 指令：AT+CWMODE=1
>
> 返回：OK

该指令设置模块的工作模式为 STA 模式。

2）连接 AP。

> 指令：AT+CWJAP="ESP-01","12345678"
>
> 返回：WIFI CONNECTED
>
> WIFI GOT IP
>
> OK

该指令连接名称为 "ESP-01" 的 AP 热点，连接密码为 "12345678"。

3）查询本机地址。

> 指令：AT+CIFSR
>
> 返回：+CIFSR:APIP,"192.168.4.2"
>
> +CIFSR:APMAC,"5c:cf:7f:91:8b:3b"
>
> OK

该指令查询本机的 IP 地址和 MAC 地址。

4）连接 TCP 服务器。

> 指令：AT+CIPSTART="TCP","192.168.4.1",9800
>
> 返回：CONNECT
>
> OK

该指令连接 IP 地址和端口为 "192.168.4.1：9800" 的 TCP 服务器。

5）设置串口透传模式。

> 指令：AT+CIPMODE=1
>
> 返回：OK

该指令设置模块为串口透传的数据传输模式。参数设置为 0，关闭透传模式。

6）数据透传。

> 指令：AT+CIPSEND
>
> 返回：OK
>
> >

该指令设置模块进入数据透传状态，返回 ">" 符号表示可以进行数据传输。

7）上电自动透传。

> 指令：AT+SAVETRANSLINK=1，"192.168.4.1"，9800，"TCP"
>
> 返回：OK
>
> >

ESP8266 断电再上电后只会主动连接最后一次连接过的路由，并不会自动进入透传模式。使用该指令，使得模块上电后自动连接服务器以进入透传模式。

3. UDP 通信指令

UDP 通信分为 UDP 服务器端和 UDP 客户端，UDP 服务器端需要配置模块为 AP 模式，开启本地端口 8001；UDP 客户端需要配置模块为 STA 模式，开启本地端口 8002。

（1）UDP 服务器端（AP 模式）配置命令

1）配置 AP 模式。

> 指令：AT+CWMODE=2
>
> 返回：OK

该指令设置模块的工作模式为 AP 模式。

2）配置 AP 信息。

> 指令：AT+CWSAP="UDP_Server"，"12345678"，5，4
>
> 返回：OK

该指令设置模块在 AP 模式下的名称为 "UDP_Server"，连接密码为 "12345678"。

3）开启 UDP 连接。

> 指令：AT+CIPSTART="UDP"，"192.168.4.2"，8002，8001，0
>
> 返回：CONNECT
>
> OK

该指令开启 UDP 连接，"192.168.4.2：8002" 为 UDP 客户端的 IP 地址和端口。

4）发送数据。

> 指令：AT+CIPSEND=10
>
> 返回：OK
>
> >
>
> Recv 10 bytes
>
> SEND OK

该指令设置模块进入发送数据状态，将串口接收到的 10 B 数据通过 WiFi 发送到 UDP 客户端。

5）关闭 UDP 连接。

> 指令：AT+CIPCLOSE
>
> 返回：CLOSED
>
> OK

（2）UDP 客户端（STA 模式）配置命令

1）配置 STA 模式。

> 指令：AT+CWMODE=1

　　　　返回:OK

该指令设置模块的工作模式为 STA 模式。

　　2）配置 AP 信息。

　　　　指令:AT+CWJAP＝"UDP_Server","12345678"

　　　　返回:OK

该指令设置模块在 AP 模式下的名称为"UDP_Server",连接密码为"12345678"。

　　3）查询本机地址。

　　　　指令:AT+CIFSR

　　　　返回:+CIFSR:APIP,"192.168.4.2"

　　　　+CIFSR:APMAC,"5c:cf:7f:91:8b:3b"

　　　　OK

该指令查询 STA 模块的 IP 地址和 MAC 地址。

　　4）开启 UDP 连接。

　　　　指令:AT+CIPSTART＝"UDP","192.168.4.1",8001,8002,0

　　　　返回:CONNECT

　　　　OK

该指令开启 UDP 连接,"192.168.4.1:8001"为 UDP Server 端的 IP 地址和端口。

　　5）发送数据。

　　　　指令:AT+CIPSEND＝10

　　　　返回:OK

　　　　>

　　　　　　Recv 10 bytes

　　　　SEND OK

该指令设置模块进入发送数据状态,将串口接收到的 10 B 数据通过 WiFi 发送到 UDP 服务器端。

　　6）关闭 UDP 连接。

　　　　指令:AT+CIPCLOSE

　　　　返回:CLOSED

　　　　OK

9.3.3　串口透传模式

　　串口透传一般出现在串口转换模块中,模块接上单片机用透传模式把要发的数据发送到接收端,串口模块不会对单片机发送的数据做任何处理,它只是原封不动地把数据转发出去。

　　在非透传模式下要发送字符串,就需要包括起始字符、传输长度、有效数据、校验字符和结束字符等信息数据,虽然实际目的只是发送其中有效数据部分,但额外传送了一大串字符。数据在传输过程中需要添加若干控制字符,对于串口这类慢速设备来说,这是一种浪费且低效的数据传输方式。对于传感器类的数据,需要不间断地循环发送,非透传模式中每次发送数据都要包含大量的控制字符,真正有效的传感器数据占比很小,这样势必造成工作的低效和资源的浪费。

串口透传则可以解决这个问题，只需要输入一次固定字符串（对应的是进入串口透传模式之前所执行的 AT 指令），以后再写入串口的数据，就自动将其当成解析有效数据，从而确保了通信的高效。

在串口透传过程中，对外界是透明的，即不关心所传输的内容、数据协议形式，对要传输数据不做任何处理，只是把需要传输的内容当成一组二进制数据完整地传输到目的节点。这相当于一条数据线或者串口线，保证传输的质量即可，不对传输的内容进行任何处理。

9.4 任务 2 WiFi 控制设备

9.4 任务 2 WiFi 控制设备

任务要求

配置 WiFi 模块为 AP 模式，用手机或计算机连接该 AP，在手机或者计算机的网络调试助手上发送指令以控制开发板上的设备工作。

9.4.1 系统通信协议

通信协议是指双方实体完成通信或服务所必须遵循的规则和约定。通过有线或者无线方式连接起来的设备，要使其能协同工作以实现信息交换和资源共享，它们之间必须具有共同语言。交流什么、怎样交流及何时交流，都必须遵循某种互相都能接受的规则。这个规则就是通信协议。

在计算机通信中，通信协议在计算机与网络连接之间起着至关重要的作用，如果网络没有统一的通信协议，计算机之间的信息传递就无法识别。通信协议是指通信各方事前约定的通信规则，可以简单地理解为各计算机之间进行相互会话所使用的共同语言。两台计算机在进行通信时，必须使用相同的通信协议。

通信协议定义了信息单元使用的格式，信息单元应该包含信息与含义，连接方式，以及信息发送和接收的时序等，从而确保网络中的数据顺利地传送到指定的地方。

智能手机或计算机通过 WiFi 通信连接开发板，定义它们之间的通信协议，见表 9-3。

表 9-3 系统通信协议

开始字节	设备类型	控制指令	校验码	结尾字节
0x99	0xXX	0xXX	0xXX	0xFF

1）开始字节定义为 0x99。

2）设备类型：1~4 表示 LED 灯 D1~D4，5 表示风扇（继电器），6 表示加湿器（控制线），7 表示报警器（蜂鸣器）。

3）控制指令：表示设备的工作状态，0 为灯熄灭，设备停止；1 为灯亮、设备工作。

4）校验码：前 2 字节数据累加和取低 8 位，判断数据传输过程中是否出错。

5）结尾字节：0xFF 作为通信指令数据的结尾标志。

9.4.2 ESP8266 网络调试

下面介绍配置 ESP8266 模块的两种模式。

1. STA 模式

现有一台无线路由器，名称为 "TP-LINK"，密码为 "12345678"，开启 DHCP 服务器。

假设一台计算机和一部手机连接到无线路由器，IP 地址设置为自动获取，在计算机上运行网络调试助手程序 NetAssist，在手机上运行 TCP 网络调试助手（App 程序）。配置 ESP8266 模块为 STA 模式。

（1）连接无线路由器

计算机通过有线或者无线方式连接到无线路由器，分配的 IP 地址为"192.168.0.113"，手机也连接到无线路由器，分配的 IP 地址为"192.168.0.109"。

（2）网络调试助手配置

在计算机上打开 NetAssist，设置协议类型为"TCP Server"，IP 地址默认为本机主机地址"192.168.0.113"，端口号为"9800"，设置完成后单击"打开"按钮，此时按钮由黑色变成红色，同时按钮上面的文字变成了"关闭"，表示 TCP 服务器已经成功开启，等待客户端连接。

在接收设备区域，设置接收，数据类型为 ASCII 码。

在手机端打开"网络调试助手 App"，单击"TCP 客户端"按钮，新增 TCP 客户端，设置连接的目标主机地址"192.168.0.113"，端口号为"9800"，设置完成后单击"连接"按钮，连接成功后会在工作区显示"连接成功"。

（3）数据通信

通信双方建立网络连接后，在手机端"网络调试助手"的文本框中输入"I am telephone!"，然后单击"发送"按钮，内容会发送到计算机的"网络调试助手"上。

在计算机的"网络调试助手"的文本框中输入"I'm computer!"，单击"发送"按钮，内容会发送到手机 App 端。

通信双方互相发送字符串数据后的显示效果如图 9-14 所示。

图 9-14　计算机和手机端的"网络调试助手"

（4）ESP8266 模块配置

通过 AT 指令设置 ESP8266 模块为 STA 模式，连接到无线路由器并开启串口透传模式。

STA 模式相关 AT 指令说明见表 9-4。

表 9-4 STA 模式相关 AT 指令

序号	指 令	功 能
1	AT+CWMODE=1	设置模块为 STA 模式
2	AT+CWJAP="TP-LINK","12345678"	连接指定名称为"TP-LINK"的无线路由器，密码为"12345678"
3	AT+CIFSR	查看模块的 IP 地址为 192.168.0.7
4	AT+CIPSTART="TCP","192.168.0.113",9800	使用 TCP 模式连接 IP 地址为 192.168.0.113、端口号为 9800 的服务器
5	AT+CIPMODE=1	设置传输方式为串口透传模式
6	AT+CIPSEND	设置模块开始传输数据，若收到模块返回的">"，则表示可以进行数据传输

当 ESP8266 模块和计算机上的"网络调试助手"建立通信连接后，使用 USB 转串口设备的杜邦线连接 ESP8266 模块的串口引脚，接着将 USB 口插入计算机，然后在计算机串口工具的发送区输入"I am ESP8266!"，单击"发送"按钮，数据成功发送到服务器。在计算机的"网络调试助手"接收区成功收到了该字符串。

在计算机的"网络调试助手"直接单击"发送"按钮，将文本框中的"I'm computer!"发送到客户端，在计算机串口工具的接收区成功接收到该字符串数据。ESP8266 模块和计算机直接通信效果如图 9-15 所示。

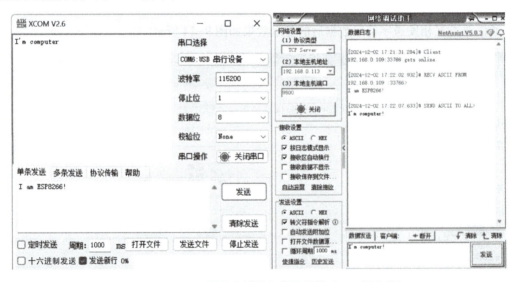

图 9-15 ESP8266 模块和计算机直接通信（TCP 服务器）

此时 ESP8266 模块工作在串口透传模式下，AT 指令也会被当成普通的字符串发送出去，这样会导致 AT 指令无法使用，不能对模块进行相关配置。如果要重新对模块进行配置，就必须要退出透传模式。退出透传模式的方法是发送无换行符号的连续 3 个"+"字符，即在发送区输入"+++"，然后取消勾选下方的"发送新行"复选框，最后单击"发送"按钮。发送完后在接收区中会出现"+++CLOSED"字符串，说明成功关闭了透传模式。

（5）连接掉电保存

关闭模块电源再上电后，连接 TCP 服务器的 AT 配置命令失效，如果需要连接 TCP 服务器，则需要重新进行 AT 指令配置。如果要让模块实现掉电后上电自动连接 TCP 服务器的功能，就必须使用永久保存连接配置的 AT 指令。

> AT+SAVETRANSLINK＝1,"192.168.0.113",9800,"TCP"

该指令执行完成后，再执行串口透传指令，那么掉电后再上电，则会自动连接 TCP 服务器端，自动进入透传模式，不需要重新配置。该指令大大提升了模块的易用性和可靠性，使得模块在复杂环境下能自动连接到服务器，保持通信链路的畅通。

如果要关闭该功能，就要使用退出永久保存连接配置功能的 AT 指令。

> AT+SAVETRANSLINK＝0

该指令执行完成后，模块恢复成原来状态，不再保存掉电连接配置。

2. AP 模式

设置 ESP8266 模块为 AP 模式，手机或计算机可连接该 AP 热点。该模式的优点是不需要其他设备即可实现局域网通信及控制功能；缺点是小范围内有大量的 ESP8266 的 AP 热点，会出现无线信号的相互干扰问题，使得无线设备无法正常连接和通信。

（1）配置模块热点

通过 AT 指令配置模块为 AP 模式，设置热点名称为"ESP-01"，密码为"12345678"。设置为 TCP 通信，让该模块作为 TCP Server 节点，开启多连接后，等待客户端连接。相关 AT 指令说明见表 9-5。

表 9-5　AP 模式相关 AT 指令

序号	指　　令	功　　能
1	AT+CWMODE＝2	设置模块为 AP 模式
2	AT+CWSAP＝"ESP-01","12345678",5,4	配置模块的热点名称为"ESP-01"，密码为"12345678"
3	AT+CIFSR	查看模块的 IP 地址为 192.168.4.1
4	AT+CIPMUX＝1	使用 TCP 模式连接 IP 地址为 192.168.0.113、端口号为 9800 的服务器
5	AT+CIPSERVER＝1,9800	开启串口 TCP Server 模式，端口为 9800
6	AT+CIPSEND＝0,20	客户端连接成功后，服务端开启数据发送模式，发送数据的长度为 20
7	串口调试助手发送数据"I am AP of ESP8266!"	在发送数据提示符">"出现后，输入"I am AP of ESP8266!"，然后单击"发送"按钮，发送数据。注意：发送数据在 5 s 内发送完毕，否则会显示"发送超时"

（2）设备连接热点

执行完"AT+CIFSR"指令后，可以看到模块的 IP 地址为 192.168.4.1。打开计算机或手机连接到该模块对应的热点，名称为"ESP-01"，输入密码为"12345678"，即可连接成功。

（3）网络调试助手配置

在计算机上运行 NetAssist，将协议类型设置为"TCP Client"，远程主机地址设置为"192.168.4.1"，远程主机端口设置为"9800"，单击"连接"按钮。连接成功后按钮变成红色，显示的文字变成"断开"。接收设置选择 ASCII 模式。

（4）数据通信

在 ESP8266 和 PC 上的网络调试助手建立通信连接，并在计算机串口工具的发送区输入发送数据的 AT 指令后，输入"I am AP of ESP8266!"，单击"发送"按钮，数据成功发送到了客户端。在计算机的"网络调试助手"接收区成功收到了该字符串。

在计算机的"网络调试助手"中直接单击"发送"按钮，将文本框中的"I'm TCP client of computer!"发送到服务器端，在计算机串口工具的接收区成功接收到了该字符串数据。模块和计算机直接通信效果如图 9-16 所示。

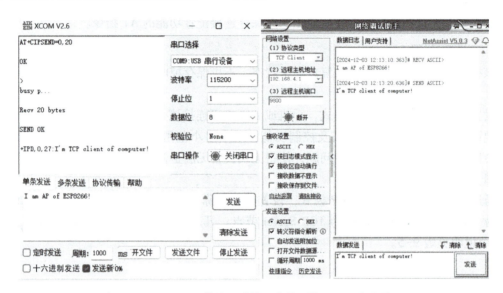

图 9-16　ESP8266 模块和计算机直接通信（TCP 客户端）

ESP8266 作为 TCP 服务器，有超时机制，如果连接建立后，一段时间内无数据来往，ESP8266 TCP 服务器会将 TCP 客户端"踢掉"。因此，在 TCP 客户端连接上 ESP8266 TCP 服务器后，建立一个 2 s 的循环数据发送的心跳包用于保持连接。

9.4.3　系统设计与实现

下面进行系统设计与实现。

1. WiFi 网络控制工作步骤

STM32 单片机使用 WiFi 模块开启 AP 热点，手机或计算机的无线网卡连接该 AP，通过网络调试助手发送指令以控制开发板上的设备工作。根据 ESP8266 的工作模式的不同，可分为以下两种控制方式。

（1）AP 模式

1）设置 ESP8266 为 AP 模式，设置 AP 的名称和密码，设置多连接模式，开启服务器。

2）手机或者计算机通过 WiFi 连接 AP 热点。

3）设置网络调试助手为 TCP 客户端模式，连接服务器的指定端口。

4）网络调试助手按照指令格式要求发送控制指令到 WiFi 模块。

5）USART3 接收数据，数据验证无误后，根据控制指令操作设备。

（2）STA 模式

1）开启无线路由器，记录无线路由器的名称和密码。

2）手机或者计算机通过 WiFi 连接无线路由器，记录获取的 IP 地址。

3）设置网络调试助手为 TCP 服务器模式，开启服务器指定端口。

4）设置 ESP8266 为 STA 模式，连接无线路由器，使用 TCP 协议连接服务器的指定端口，开启串口透传模式，开始透传数据。

5）网络调试助手按照指令格式要求发送控制指令到 WiFi 模块。

6）USART3 接收数据，数据验证无误后，根据控制指令操作设备。

2. WiFi 网络控制功能实现

1）复制并粘贴"91_STM32_智能风扇"文件夹，将文件夹名改成"92_STM32_WiFi 控制设备"，进入 USER 目录，双击打开 STM32PRJ. uvprojx 工程，进入工程主界面。

2）打开 DRV 目录，添加 esp8266. c 和 esp8266. h 两个文件，并添加串口 3 初始化代码到文件中。

① esp8266. h 的代码如下。

```
#ifndef ESP8266_H
#define ESP8266_H
#include "stm32f10x. h"
extern u8 USART3_RXBUF[30];              //接收数据缓冲区
extern u8 USART3_RXF;                    //数据接收完成标志
void USART3_Init(u32 baud);
void USARTx_SendString(USART_TypeDef * USARTx,char * str);
void ESP8266_SetAPMode(USART_TypeDef * USARTx,char * ssid ,char * password,u16 port);
void ESP8266_SetSTAMode(USART_TypeDef * USARTx,char * ssid ,char * password,char * ip,
u16 port);
#endif
```

② 在 esp8266. c 中添加串口 3 初始化函数、中断服务程序、将 ESP8266 设置为 AP 模式和 STA 模式的函数，代码如下。

```
#include "esp8266. h"
#include "dly. h"
#include "stdio. h"
u8 USART3_RXBUF[30] = {0};                    //接收数据缓冲区
u8 USART3_Index = 0;                          //接收数据缓冲区位置
u8 USART3_CHECK = 0;                          //接收数据开始标志
u8 USART3_RXF = 0;                            //数据接收完成标志
void USART3_Init(u32 baud)
{
    //GPIO 端口设置
    GPIO_InitTypeDef GPIO_Conf;
    NVIC_InitTypeDef NVIC_Conf;
    USART_InitTypeDef USART_Conf;
```

```
                    //使能 USART3,GPIOB 时钟
                    RCC_APB2PeriphClockCmd(RCC_APB2Periph_GPIOB,ENABLE);
                    RCC_APB1PeriphClockCmd(RCC_APB1Periph_USART3,ENABLE);
                    USART_DeInit(USART3);                          //复位串口 3
                    GPIO_Conf.GPIO_Pin = GPIO_Pin_10;             //PB10 引脚
                    GPIO_Conf.GPIO_Speed = GPIO_Speed_50MHz;
                    GPIO_Conf.GPIO_Mode = GPIO_Mode_AF_PP;         //复用推挽输出
                    GPIO_Init(GPIOB, &GPIO_Conf);                  //初始化 PB10
                    GPIO_Conf.GPIO_Pin = GPIO_Pin_11;
                    GPIO_Conf.GPIO_Mode = GPIO_Mode_IN_FLOATING;//浮空输入
                    GPIO_Init(GPIOB, &GPIO_Conf);                  //初始化 PB11
                    //USART NVIC 配置
                    NVIC_PriorityGroupConfig(NVIC_PriorityGroup_2); //中断优先级 2 组
                    NVIC_Conf.NVIC_IRQChannel = USART3_IRQn;
                    NVIC_Conf.NVIC_IRQChannelPreemptionPriority=3;//抢占优先级 3
                    NVIC_Conf.NVIC_IRQChannelSubPriority = 4;      //子优先级 4
                    NVIC_Conf.NVIC_IRQChannelCmd = ENABLE;         //IRQ 通道使能
                    NVIC_Init(&NVIC_Conf);                         //根据指定的参数初始化 NVIC 寄存器
                    //USART 初始化设置
                    USART_Conf.USART_BaudRate = baud;              //一般设置为 9600
                    USART_Conf.USART_WordLength = USART_WordLength_8b;  //字长为 8 位数据格式
                    USART_Conf.USART_StopBits = USART_StopBits_1;//一个停止位
                    USART_Conf.USART_Parity = USART_Parity_No;    //无奇偶校验位
                    USART_Conf.USART_HardwareFlowControl = USART_HardwareFlowControl_None;
                    USART_Conf.USART_Mode = USART_Mode_Rx | USART_Mode_Tx;  //收发模式
                    USART_Init(USART3, &USART_Conf);              //初始化串口
                    USART_ITConfig(USART3, USART_IT_RXNE, ENABLE);  //开启串口接受中断
                    USART_Cmd(USART3, ENABLE);                    //使能串口
               }
/******************* 通用 USART 发送数据函数 *********************/
void USARTx_SendString(USART_TypeDef * USARTx,char * str)
{
     while( * str)
     {
          while(USART_GetFlagStatus(USARTx,USART_FLAG_TC)= =RESET);
          USART_SendData(USARTx, * str);
          str++;
     }
}
void ESP8266_SetAPMode(char * ssid ,char * password,u16 port)  //设置 AP 模式
{
     char buf[100];
     sprintf(buf,"AT+CWMODE=2\r\n");
```

```
    USARTx_SendString(USART3,buf);                          //设置为 AP 模式
    dly_ms(500);
    sprintf(buf,"AT+CWSAP=\"%s\",\"%s\",5,4\r\n",ssid,password);
    USARTx_SendString(USART3,buf);
    dly_ms(500);
    USARTx_SendString(USART3,"AT+CIPMUX=1\r\n");
    dly_ms(500);
    sprintf(buf,"AT+CIPSERVER=1,%d\r\n",port);
    USARTx_SendString(USART3,buf);
    dly_ms(500);
}
void ESP8266_SetSTAMode(char * ssid,char * password,char * ip,u16 port)//设置 STA 模式
{
    char buf[100];
    USARTx_SendString(USART3,"AT+CWMODE=1\r\n");             //设置为 STA 模式
    dly_ms(500);
    sprintf(buf,"AT+CWJAP=\"%s\",\"%s\"\r\n",ssid,password);
    USARTx_SendString(USART3,buf);
    dly_ms(500);
    sprintf(buf,"AT+CIPSTART=\"TCP\",\"%s\",%d\r\n",ip,port);
    USARTx_SendString(USART3,buf);
    dly_ms(500);
    USARTx_SendString(USART3,"AT+CIPMODE=1\r\n");
    dly_ms(500);
    USARTx_SendString(USART3,"AT+CIPSEND=0,12\r\n");
    dly_ms(500);
}
/* 函数功能：串口 3 中断服务函数 */
void USART3_IRQHandler(void)
{
    u8 ch;
    if(USART_GetITStatus(USART3, USART_IT_RXNE) != RESET)        //接收到数据
    {
    ch = USART_ReceiveData(USART3);
        if (ch==0x88|ch==0x99)                  //协议头字节出现,0x88 后续备用
            USART3_CHECK=1;
        if (USART3_CHECK==1)                    //开始接收数据
        {
            USART3_RXBUF[USART3_Index++]=ch;
            if (ch==0xFF)                       //协议设置以 0xFF 结尾,表示接收数据完成
            {
                USART3_RXF=1;
                USART3_CHECK=0;
```

```
                            USART3_Index = 0;
                        }
                    }
                }
            }
```

3) 在 oledlib. h 文件中加入"网络控制"4 个汉字的点阵数组 wifi_info，在系统头文件 all_system. h 中加入 esp8266. h 文件。main. c 文件中的代码如下。

```
#include "all_system. h"
int main(void)                                    //入口函数
{
    u8 i,key = 0;
    u8 checkdata = 0;
    u8 work = 0;
    relay_init();                                 //继电器初始化
    led_init();
    key_init();
    relay_init();
    buzzer_init();
    human_init();
    gas_init();
    usart_init(115200);
    USART3_Init(115200);
    OLED_Init();
    OLED_ShowString(16,0,"WIFI",16,1);
    for (i=0;i<4;i++)
        OLED_ShowCN(48+i * 16,0,wifi_info[i],1);    //显示"WIFI 网络控制！"
    OLED_Refresh();
    printf("WIFI 网络控制！ \r\n");
    while(1)
    {
        key = key_reg();
        if (key == 1)
        {
            ESP8266_SetAPMode(USART3,"ESP-01","12345678",9800);
            key = 0;
        }
        if (key == 2)
        {
            ESP8266_SetSTAMode(USART3,"TP-LINK","12345678","192. 168. 1. 115",9800);
            key = 0;
        }
        if (USART3_RXF == 1)
        {
```

```
    USART3_RXF=0;                    //指令处理后重置接收完成标志
    checkdata=USART3_RXBUF[1]+USART3_RXBUF[2];
    if(checkdata==USART3_RXBUF[3])   //数据校验正确
    {
        work=!USART3_RXBUF[2];
        switch(USART3_RXBUF[1])      //判断设备类型
        {
            case 1:                  //D1 灯
                D1=work;break;
            case 2:                  //D2 灯
                D2=work;break;
            case 3:                  //D3 灯
                D3=work;break;
            case 4:                  //D4 灯
                D4=work;break;
            case 5:                  //继电器设备
                RLY=!work; break;
            case 6:                  //控制线
                CTRL=!work;break;
            case 7:                  //蜂鸣器
                BUZ=!work;break;
        }
    }
}
}
}
```

3. 工程编译及调试

　　程序编译无误后，通过仿真器下载代码到芯片中运行，按下 K2 键，WiFi 模块成功连接到服务器后，在"网络调试助手"中发送控制指令来观察实际运行效果。

9.5　任务 3　智能家居控制系统设计

9.5 任务 3　智能家居控制系统设计

任务要求

　　模拟智能家居系统，手机 App 通过 WiFi 模块连接开发板，系统框架如图 9-17 所示。手机 App 可以实时显示传感器数据和设备状态，并可以手动或自动控制 4 个 LED 灯、继电器和蜂鸣器等设备的运行。

9.5.1　系统需求分析

　　随着信息化和"互联网+"时代的到来，人们对于智能化设备的需求越来越高。智能家居系统通过整合各种先进技术和设备，为人们提供了更加智能化、便捷和舒适的家居生活体

图 9-17　智能家居系统框架

验。本节通过开发板和手机 App 模拟智能家居系统，系统需求分析如下。

1. 开发板端

OLED 显示屏在第一行显示"智能家居系统"，第二行显示温湿度，第三行显示环境的光照度，第四行显示和手机 App 通信连接状态。手机 App 显示室内的传感器温湿度、光照度数据，显示 4 个 LED 灯的亮灭状态，显示加湿器、风扇的工作状态。系统实现如下功能。

（1）数据发送

通过定时器周期性地向手机 App 端发送温湿度传感器数据、光照传感器数据、LED 灯状态、继电器状态、蜂鸣器状态和控制线状态。

手机 App 发送控制指令到开发板，开发板执行完指令后发送回复确认指令到手机 App。

（2）按键控制

通过矩阵键盘的按键模拟室内的开关，通过 LED 灯模拟室内的照明灯，实现开关控制灯的功能；通过矩阵键盘的按键模拟继电器、蜂鸣器和控制线的开关，实现设备的开关控制功能。

（3）数据接收

开发板接收手机 App 端发送的控制指令，对指令进行分析和处理。根据指令的不同，可以设置传感器的工作阈值，远程手动控制 LED 灯、继电器等设备工作，也可以设置设备根据传感器数据自动工作。

2. 手机 App 端

（1）系统功能

手机 App 连接到开发板的 WiFi 模块，通过 WiFi 对智能家居设备进行控制。相关功能如下。

1）所有传感器数据和设备状态数据实时显示功能，D1~D3 模拟室内灯。

2）所有设备 App 手动控制功能，矩阵键盘 K1~K4 模拟 4 个 LED 灯的开关，K13~K15 分别对应室内灯、风扇和加湿器的开关。

3）室内灯自动开关功能，当光线暗时，自动打开 D4 灯；光线亮时，自动关闭 D4 灯。

4）风扇自动开关功能，当温度超过设定的阈值时，风扇自动开启，否则风扇自动关闭（继电器）。

5）加湿器自动开关功能，当湿度低于设定的阈值时，加湿器自动开启，否则加湿器自动关闭（控制线）。

（2）系统设计

App 系统标题设置为"智能家居系统"，系统分为状态、设置和网络三个页面。

1）在"状态"页面，实时显示传感器的数据和设备工作状态按钮，并可以通过按钮手动控制设备的工作状态。

2）在"设置"页面，有"温度""湿度"和"光照"三个传感器的文本框，在文本框中显示系统已设置的阈值。在每个阈值文本框后有一个设置按钮，用来将新的阈值发送给开发板。每个工作区都设有"手动控制"和"自动控制"的功能切换按钮。

3）在"网络"页面，显示本地 IP 地址和端口号，可在文本框中填写手机 App 远程连接的 IP 地址和端口号，并通过"自动连接"按钮设置手机 App 和 WiFi 模块的自动连接功能。

（3）数据传输

手机 App 通过 Socket 通信方式接收和发送数据。使用时，首先要和 WiFi 模块建立 TCP 连接，通信连接建立好之后，就可以实时接收开发板发过来的传感器数据和设备状态数据。App 端发出控制指令时，只需要调用 Socket 的发送函数将指定的通信协议发送出去，开发板收到数据后进行解析和处理，并完成指定的功能。

9.5.2 系统通信协议

STM32 智能家居系统上传传感器数据和设备状态数据到手机 App，在手机 App 的界面上显示温度、湿度、光照度数据和设备的运行状态。手机 App 上的控制按钮可以控制硬件系统中的 LED 灯、排风扇、加湿器和蜂鸣器工作。

该模块中单片机程序和手机 App 之间数据通信的协议定义如下。

1. 传感器数据

传感器发送数据的通信协议定义见表 9-6。

表 9-6 传感器数据通信协议

开始字节	传感器类型	数据 1	数据 2	校验码
0x55	0xXX	0xXX	0xXX	0xXX

开始字节：传感器数据传输的开始字节，设置为 0x55。

传感器类型：1 表示温湿度；2 表示光照度；3 表示系统温湿度阈值；4 表示系统光照度阈值。

数据：当传感器类型为 1 时，数据 1 表示温度，数据 2 表示湿度；当传感器类型为 2 时，数据 1 表示光照度的高 8 位，数据 2 表示光照度的低 8 位；当传感器类型为 3 时，数据 1 表示温度阈值，数据 2 表示湿度阈值；当传感器类型为 4 时，数据 1 表示光照度阈值的高 8 位，数据 2 表示光照度阈值的低 8 位。

校验码：取前 3 字节的"累加和"的低 8 位作为校验码。

使用示例：0x55 0x01 0x10 0x36 0x47，表示发送温湿度传感器数据，温度为 16℃，湿度为 54%。

2. 设备状态数据

设备状态发送数据的通信协议定义见表 9-7。

表 9-7　设备状态数据通信协议

开始字节	设备类型	设备状态	校验码
0x66	0xXX	0xXX	0xXX

开始字节：设备状态数据传输的开始字节，设置为 0x66。

设备类型：1~4 表示照明灯 D1~D4，5 表示风扇（继电器），6 表示加湿器（控制线），7 表示报警器（蜂鸣器），9 表示手机发送指令操作成功，10 表示手机发送阈值操作成功。

设备状态：0 表示灯熄灭或者设备停止，1 表示灯亮或者设备工作。

校验码：取前 2 字节的累加和的低 8 位作为校验码。

使用示例：0x66 0x01 0x01 0x02，表示发送 D1 灯亮状态数据。

3. 手机端阈值设置指令

手机端发送设置传感器阈值指令到开发板的通信协议定义见表 9-8。

表 9-8　手机端阈值设置指令通信协议

开始字节	传感器类型	数据 1	数据 2	校验码	结尾字节
0x88	0xXX	0xXX	0xXX	0xXX	0xFF

开始字节：手机端发送设置传感器阈值指令，设置为 0x88。

传感器类型：1 表示温度，2 表示湿度，3 表示光照度。

数据：当传感器类型为 1 时，数据 1 表示温度；当传感器类型为 2 时，数据 1 表示湿度；当传感器类型为 3 时，数据 1 表示光照度数据的高 8 位，数据 2 表示光照度数据的低 8 位。

校验码：取前 3 字节的累加和的低 8 位作为校验码。

结尾字节：单片机接收数据时以 0xFF 结尾。

使用示例：0x88 0x03 0x0D 0xC0 0xD0 0xFF，表示手机端发送光照度阈值给开发板，数据为 0x0DC0，即十进制数 3520。

4. 手机端设备控制指令

手机端发送设备控制指令到开发板的通信协议定义见表 9-9。

表 9-9　手机端设备控制指令通信协议

开始字节	设备类型	控制指令	校验码	结尾字节
0x99	0xXX	0xXX	0xXX	0xFF

开始字节：手机端发送设备控制指令，设置为 0x99。

设备类型：1~4 表示照明灯 D1~D4，5 表示风扇（继电器），6 表示加湿器（控制线），7 表示报警器（蜂鸣器），8 表示发送心跳包，9 表示控制模式，10 表示获取系统传感器阈值。

控制指令：表示设备的工作状态，0 表示灯熄灭、设备停止或手动控制，1 表示灯亮、设备工作或自动控制。

校验码：取前 2 字节的累加和的低 8 位作为校验码。

使用示例：0x99 0x01 0x01 0x02 0xFF，表示发送 D1 灯亮控制指令；0x99 0x08 0x00 0x08 0xFF，表示发送 TCP 连接心跳包指令；0x99 0x09 0x01 0x0A 0xFF，表示发送自动控制指令。

9.5.3　系统程序设计

下面进行系统程序设计。

1. 开发板端

开发板端负责建立 ESP8266 的 TCP 服务器，等待手机端的 App 建立 TCP 连接。主要包括以下任务：

1）调用 OLED 驱动程序，显示系统工作界面。

2）光照度以及温湿度传感器数据采集。

3）按键控制设备程序编写。

4）根据通信协议循环发送传感器数据到手机端的 App。

5）串口接收手机端指令并处理，包括控制设备、设置阈值、设置工作模式。

6）自动工作模式处理，根据阈值自动控制设备工作。

2. 开发板系统设计与实现

1）复制并粘贴"92_STM32_WiFi 控制设备"文件夹，将文件夹名改成"93_STM32_智能家居系统"。

2）在工程文件夹下的 DRV 目录中，创建 smart.c 和 smart.h 两个文件，并将它们添加到工程中。

① smart.h 文件中的代码如下。

```
#ifndef _SMART_H
#define _SMART_H
extern u8 T,H;
extern u16 L;
void system_init(void);
void dsp_screen(void);
void dsp_sensor(void);
void sensor_send(u8 type);
#endif
```

② 从系统头文件 all_system.h 中删除 oledlib.h 文件。加入 smart.h 文件。smart.c 文件中的代码如下。

```
#include "all_system.h"
#include "oledlib.h"
extern u8 TCP;
extern u8 WD_T,SD_T;                        //温湿度阈值
extern u16 LI_T;                            //光照度阈值
u8 T=0,H=0;                                 //温度 T,湿度 H
u16 L=0;                                     //光照度 L
u8 sensor_data[5]={0x66,0x00,0x00,0x00,0x00};  //传感器数据
void system_init(void)/*系统初始化函数*/
{
    delay_init();
    relay_init();                           //继电器初始化
```

```
            led_init();
            relay_init();
            buzzer_init();
            keyboard_init();
            extiint_init();
            adc_init();
            usart_init(115200);
            USART3_Init(115200);
            OLED_Init();
            dsp_sensor();
    }
    void dsp_screen(void)
    {
            OLED_ShowCN(0,0,0,8,smart1,1);                //显示"智能家居控制系统"
            OLED_ShowCN(0,16,0,3,smart2,2);               //显示"温度："
            OLED_ShowCN(64,16,3,3,smart2,2);              //显示"湿度："
            OLED_ShowCN(0,32,0,3,smart3,2);               //显示"光照度："
            OLED_ShowCN(0,48,0,6,smart4,2);               //显示"状态：未连接"
            OLED_Refresh();
    }
    void sensor_send(u8 type)
    {
            u8 data[5]={0};
            switch(type)
            {
                case 1:
                if (dht11_read_data(data)==1)
                {
                        T=data[2];
                        H=data[0];
                }
                sensor_data[1]=type;
                sensor_data[2]=T;
                sensor_data[3]=H;
                sensor_data[4]=sensor_data[1]+sensor_data[2]+sensor_data[3];
                ESP8266_APSend(sensor_data,sizeof(sensor_data));  //发送温湿度数据
                  break;
                case 2:
                  L=get_adc();                                    //光照度
                  sensor_data[1]=type;
                  sensor_data[2]=L>>8;
                  sensor_data[3]=L;
                  sensor_data[4]=sensor_data[1]+sensor_data[2]+sensor_data[3];
```

```
            ESP8266_APSend(sensor_data,sizeof(sensor_data));        //发送光照度数据
            break;
        case 3:
            sensor_data[1]=type;
            sensor_data[2]=WD_T;
            sensor_data[3]=SD_T;
            sensor_data[4]=sensor_data[1]+sensor_data[2]+sensor_data[3];
            ESP8266_APSend(sensor_data,sizeof(sensor_data));        //发送温湿度阈值数据
            break;
        case 4:
            L=get_adc();                                            //光照度
            sensor_data[1]=type;
            sensor_data[2]=LI_T>>8;
            sensor_data[3]=LI_T;
            sensor_data[4]=sensor_data[1]+sensor_data[2]+sensor_data[3];
            ESP8266_APSend(sensor_data,sizeof(sensor_data));        //发送光照度阈值数据
            break;
    }
    dly_ms(100);
}
void dsp_sensor(void)
{
    sensor_send(1);                                                 //发送温湿度
    sensor_send(2);                                                 //发送光照度
    OLED_ShowCN(0,0,0,8,smart1,1);                                  //显示"智能家居控制系统"
    OLED_ShowCN(0,16,0,3,smart2,2);                                 //显示"温度:"
    OLED_ShowCN(64,16,3,3,smart2,2);                                //显示"湿度:"
    OLED_ShowCN(0,32,0,3,smart3,2);                                 //显示"光照度:"
    OLED_ShowCN(0,48,0,3,smart4,2);                                 //显示"状态:"
    if(TCP==0)
        OLED_ShowCN(40,48,3,4,smart4,2);                            //显示"未连接"
    else
        OLED_ShowCN(40,48,0,4,tcp_conn,2);                          //显示"连接成功"
    OLED_ShowNum(40,16,T,2,16,1);
    OLED_ShowNum(104,16,H,2,16,1);
    OLED_ShowNum(40,32,L,4,16,1);
    OLED_Refresh();
}
```

③ main.c 文件中的代码如下。

```
#include "all_system.h"
//ESP8266 AP 模式,本机作为 TCP 服务器
#define AP_NAME "8266"                   //模块设置 AP 的名称
#define AP_PASSWD "12345678"             //模块设置 AP 的连接密码
```

```c
#define AP_PORT 9800                        //模块设置服务器的端口号
//ESP8266 STA 模式,本机作为 TCP 客户端,连接远程服务器
#define ROUTER_NAME "TP-LINK"               //连接路由器名称
#define ROUTER_PASSWD "12345678"            //连接路由器密码
#define SERVER_IP "192.168.1.115"           //远程 TCP 服务器 IP 地址
#define SERVER_PORT 9800                    //远程 TCP 服务器开启的端口号
u8 dev_sta[4] = {0x66,0x00,0x00,0x00};      //设备状态数据
u8 TCP = 0, AUTO = 0;                        //TCP 连接成功标志位、自动控制标志位
u8 WD_T = 28, SD_T = 60;                     //温湿度阈值
u16 LI_T = 2000;                            //光照度阈值
void devsta_send(u8 type,u8 sta)            //设备状态发送函数
{
        dev_sta[1] = type;                  //设备类型
        if (type<=4)                        //LED 设备
            sta = !sta;
        dev_sta[2] = sta;                   //设备状态
        dev_sta[3] = dev_sta[1]+dev_sta[2];
        ESP8266_APSend(dev_sta,sizeof(dev_sta));
}
int main(void)                              //入口函数
{
    u8 count = 0;                           //统计次数
    u8 checkdata = 0;
    u8 work = 0, dev = 0;
    system_init();
    D1 = 0;
    ESP8266_SetAPMode(AP_NAME,AP_PASSWD,AP_PORT);
    D1 = 1;
    while(1)
    {
        count++;
        if (count%30 == 0)
                dsp_sensor();
        if(count == 90)
        {
            TCP = 0;                         //TCP 连接断开
            count = 0;                       //计数值清零
        }
        if(AUTO == 1)                        //自动控制模式
        {
            if (L<LI_T)                      //光线暗时 D4 亮
                    D4 = 0;
                else
```

```
                    D4 = 1;

    if (T>WD_T)                    //温度超过阈值时风扇开
            RLY = 1;
    else
            RLY = 0;

    if (H<SD_T)                    //湿度小于阈值时加湿器开
            CTRL = 1;
    else
            CTRL = 0;
}
if (KEYNUM>0)                      //按键控制
{
    switch(KEYNUM)
    {
    case 1:D1 = ~ D1;devsta_send(KEYNUM,D1);break;
    case 2:D2 = ~ D2;devsta_send(KEYNUM,D2);break;
    case 3:D3 = ~ D3;devsta_send(KEYNUM,D3);break;
    case 4:D4 = ~ D4;devsta_send(KEYNUM,D4);break;
    case 5:RLY = ~ RLY;devsta_send(KEYNUM,RLY);break;
    case 6:CTRL = ~ CTRL;devsta_send(KEYNUM,CTRL);break;
    case 7:BUZ = ~ BUZ;devsta_send(KEYNUM,BUZ);break;
    case 13:                       //AP 模式
    D1 = 0;
    ESP8266_SetAPMode(AP_NAME,AP_PASSWD,AP_PORT);
    D1 = 1;
    break;
    case 14:                       //STA 模式
    D2 = 0;
    ESP8266_SetSTAMode(ROUTER_NAME,ROUTER_PASSWD,SERVER_IP,SERVER_
PORT);
    D2 = 1;
    break;
    case 16:                       //WiFi 发送测试
    D3 = 0;
    //通过 WiFi 模块发送字符串
    ESP8266_APSend("Hello World!",sizeof("Hello World!"));
    D3 = 1;
    break;
    }
    KEYNUM = 0;
}
```

```
        if (USART3_RXF==1)                                      //WiFi 接收到有效数据
        {
            USART3_RXF=0;                                       //清除接收标志
            if (USART3_RXBUF[0]==0x88)                          //手机 App 设置传感器阈值
            {
            checkdata=USART3_RXBUF[1]+USART3_RXBUF[2]+USART3_RXBUF[3];
            if (checkdata==USART3_RXBUF[4])                     //数据校验正确
            {
                dev=USART3_RXBUF[1];
                switch(dev)
                {
                    case 1:
                        WD_T=USART3_RXBUF[2];
                        devsta_send(9,0);                       //回复确认
                        break;
                    case 2:
                        SD_T=USART3_RXBUF[2];
                        devsta_send(9,0);                       //回复确认
                        break;
                    case 3:
                        LI_T=(USART3_RXBUF[2]<<8)+USART3_RXBUF[3];
                        devsta_send(9,0);                       //回复确认
                        break;
                    }
                }
            }
            if (USART3_RXBUF[0]==0x99)
            {
                checkdata=USART3_RXBUF[1]+USART3_RXBUF[2];
                if (checkdata==USART3_RXBUF[3])                 //数据校验正确
                {
                    dev=USART3_RXBUF[1];
                    work=USART3_RXBUF[2];
                    if(dev<=4)                                  //LED 设备,0 表示亮
                        work=!work;
                    switch(dev)
                    {
                    case 1: D1=work;devsta_send(9,0);break;
                    case 2: D2=work;devsta_send(9,0);break;
                    case 3: D3=work;devsta_send(9,0);break;
                    case 4: D4=work;devsta_send(9,0);break;
                    case 5: RLY=work;devsta_send(9,0);break;    //继电器设备
                    case 6: CTRL=work;devsta_send(9,0);break;   //控制线
```

```
            case 7：BUZ=work；devsta_send(9,0)；break；//蜂鸣器设备
            case 8：                                  //客户端每5s发送一次心跳包
                if (TCP==0)
                {
                TCP=1；                               //TCP 连接成功
                ESP8266_APSend("TCP Connected!",sizeof("TCP Connected!"))；
                }
                count=0；                             //计数值清零
                break；
            case 9：                                  //自动控制
                AUTO=work；devsta_send(9,0)；
                break；
            case 10：                                 //发送系统传感器阈值
                sensor_send(3)；                      //发送温湿度阈值
                sensor_send(4)；                      //发送光照度阈值
                devsta_send(9,0)；
                break；
            }
        }
    }
        delay_ms(100)；
    }
}
```

3. 工程编译及调试

1）程序编译无误后，通过仿真器下载代码到芯片中运行，系统运行时自动对 WiFi 模块进行配置。

2）设置 WiFi 模块的工作模式为 AP 模式，开启 TCP 服务器，等待 TCP 客户端的连接。

3）打开手机的 WLAN 网络连接，选择名称为"8266"的 AP 信号，在弹出的对话框中输入连接密码，使手机连接到该无线网络信号。

4）打开手机上的 App，在网络连接界面，单击"连接"按钮进行 TCP 网络连接，如果连接成功，则会在页面上方的网络状态中显示"连接成功"。

5）网络连接成功后就可以打开系统界面，显示所有设备的工作状态，并可以通过触摸图标对设备进行控制。

6）打开控制界面，可以设置温湿度和光照度数据的阈值，通过按钮设置开发板工作模式为"自动控制"或"手动控制"。

开发板屏幕显示及设备工作状态如图 9-18 所示，手机 App 的工作界面如图 9-19 所示。

智能家居控制系统
温度,24 湿度,56
光照度,3404
状态,连接成功
USART1
DHT11

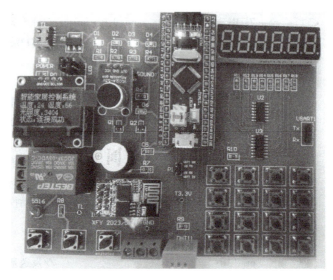

图 9-18　智能家居控制系统开发板状态

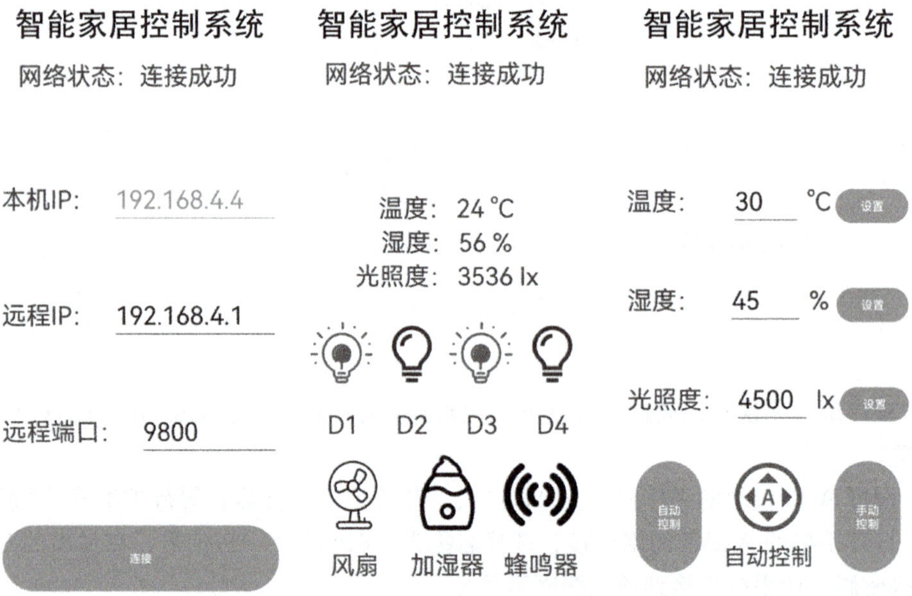

智能家居控制系统
网络状态：连接成功
本机IP：192.168.4.4
远程IP：192.168.4.1
远程端口：9800
连接
智能家居控制系统
网络状态：连接成功
温度：24 ℃
湿度：56 %
光照度：3536 lx
D1 D2 D3 D4
风扇 加湿器 蜂鸣器
智能家居控制系统
网络状态：连接成功
温度：30 ℃ 设置
湿度：45 % 设置
光照度：4500 lx 设置
自动控制
自动控制
手动控制

图 9-19　智能家居控制系统手机端界面

思考与练习

一、简答题

1. 单总线接口的含义是什么？
2. DHT11 传输数据的数据格式是什么？
3. DHT11 主机读数时为何要延时 40 μs？
4. ESP8266 有哪几种工作模式？

5. 什么是串口透传？

6. 工作在串口透传模式后，如何退出此模式？

7. ESP8266 工作在 AP 模式时按顺序执行的指令有哪些？

8. 什么是通信协议？

二、上机操作

1. 编程实现：OLED 屏幕上第一行显示"温湿度控制系统"，第二行显示环境温湿度，第三行显示温湿度报警阈值（初始值分别为 20 和 50）。可以通过矩阵键盘按键动态设置温湿度报警阈值，当温度超过阈值时，LED 灯 D1 和 D2 同时闪烁；当湿度超过阈值时，LED 灯 D3 和 D4 同时闪烁。

2. 编程实现：OLED 屏幕上第一行显示"湿度分级报警系统"，第二行显示环境湿度，第三行显示湿度的 4 个等级（低、中、较高和高）。当环境湿度在 30% 以下时，LED 灯 D1 闪烁、蜂鸣器鸣叫报警；当湿度在 30%~50%（不含）时，LED 灯 D2 亮；当湿度在 50%~70% 时，LED 灯 D3 亮；当湿度大于 70% 时，LED 灯 D4 闪烁、蜂鸣器鸣叫报警。同时串口每隔 3 s 发送一次湿度数据到"网络调试助手"上显示，显示格式为"湿度：52%　湿度等级：较高（换行）"。

3. 编程实现：OLED 屏幕上第一行显示"光照温度控制系统"，第二行显示环境光照 AD 值和温度。当白天温度超过阈值 1 时，继电器闭合、LED 灯 D1 亮；当白天温度不超过阈值 1 时，继电器断开、D1 灭；当夜晚温度超过阈值 2 时，蜂鸣器响、LED 灯 D2 闪烁；当夜晚温度不超过阈值 2 时，蜂鸣器不响、D2 灭。

4. 编程实现：OLED 屏幕上第一行显示"温湿度报警系统"，第二行显示环境温湿度，第三行显示温度报警阈值和湿度报警阈值。可以通过串口动态设置温度报警阈值和湿度报警阈值，当温度超过温度报警阈值时，蜂鸣器响；当温度不超过温度报警阈值时，蜂鸣器不响；当湿度超过湿度报警阈值时，继电器闭合；当湿度不超过湿度报警阈值时，继电器断开。

5. 编程实现：OLED 显示屏上第一行显示"智能灯光控制系统"，第二行显示 4 个 LED 灯的初始状态"灭 灭 灭 灭"（对应的 LED 灯亮时显示"亮"），第三行显示光照度 AD，第四行显示"自动控制：关"。通过"网络调试助手"设置系统自动控制功能，自动控制设置为"关"时，只能通过矩阵键盘控制 4 个灯的状态；自动控制设置为"开"时，可以通过环境光照度自动控制 4 个灯的状态，光线弱时四个灯全开，光线强时四个灯全灭。

6. 编程实现：OLED 显示屏上第一行显示"智慧养殖控制系统"，第二行显示风扇和蜂鸣器的初始状态"风扇：关 蜂鸣器：关"（风扇连接继电器），第三行显示温湿度，第四行显示"自动控制：关"。通过"网络调试助手"设置自动控制功能，自动控制设置为"关"时，只能通过独立按键控制风扇和蜂鸣器；自动控制设置为"开"时，可以通过环境温湿度自动控制风扇和蜂鸣器工作，温度高时打开风扇，温度低时关闭风扇，湿度高时蜂鸣器开，湿度低时蜂鸣器关。同时在"网络调试助手"上每隔 3 s 显示一次温湿度。

参 考 文 献

［1］郭志勇．嵌入式技术与应用开发项目教程：STM32 版［M］．北京：人民邮电出版社，2019．

［2］冯新宇，林泽鸿．ARM Cortex-M3 嵌入式系统原理及应用：STM32 系列微处理器体系结构、编程与项目实战［M］．2 版．北京：清华大学出版社，2024．

［3］陈启军，余有灵，张伟，等．嵌入式系统及其应用：基于 Cortex-M3 内核和 STM32F 系列微控制器的系统设计与开发［M］．2 版．上海：同济大学出版社，2014．

［4］刘火良，杨森．STM32 库开发实战指南：基于 STM32F103［M］．2 版．北京：机械工业出版社，2017．